JN017502

サンダー・キャッツの

発酵の旅

世界中を旅して
見つけた
レシピ、技術、
そして伝統

Sandor Ellix Katz 著
水原文 訳

O'REILLY®
オライリー・ジャパン
Make:

Sandor Katz's Fermentation Journeys: Recipes,
Techniques, and Traditions from Around the World
by Sandor Ellix Katz

Sandor Katz's Fermentation Journeys:

Recipes, Techniques, and Traditions from Around the World

Sandor Ellix Katz

私の生涯にわたる数多くの冒険の旅で
お会いしたすべての素晴らしい人たちへ、
また私の旅に同行してくれた人たち、
特に昔からずっと私の旅の道連れでいてくれている
Todd Weir、Leopard Zeppard/Andrew Williamson、
そしてShoppingspree3d/Daniel Clarkへ。

目次

レシピのリスト

1章｜糖

2章｜野菜

3章｜穀物とイモ類

4章｜カビを育てる

5章｜豆類と種子

6章｜ミルク

7章｜肉と魚

はじめに

私は昔から旅が好きだった。若いころの旅の思い出を振り返ってみると、発酵に本格的な興味を持ち始めるよりもずっと前から、旅によって私は発酵について考えるよう仕向けられていたように思える。旅がなければ、発酵に対する私の考え方はずいぶん違ったものになっていただろう。23歳のころ、大学を出たばかりの私は冒険を求めて、友人のTodd Weirとともに数か月かけてアフリカを旅していた。バスで行けるところまで行き、それからはヒッチハイクしながらアルジェリアを通過して陸路サハラ砂漠を超えるひと月の間、私たちはアルコールをまったく口にすることもなく、目にすることもなかった。しかしニジェールに入り、次第に熱帯西アフリカらしい景色が広がってくると、ビールや地元産のパームワイン――ヤシの木の樹液を発酵させたもの――を見かけるようになってきた。

私たちが出会い、味わったパームワインはすばらしいものだったし、再びアルコールが手に入るようになったのは本当にありがたかった。食卓に出てくるパームワインがボトルに入っていることはなく、決まって口の開いた容器から注がれること、また家内工業で作られているらしいことに私は興味を引かれた。ビールは国内の醸造所で作られていたが、パームワインはすべて自家製か非常に小規模な企業で作られたものだった。私たちは、それを時には買い求め、時には現地の人から歓迎のしるしとして振る舞われた。雑穀ビールなど、ほかの種類の自家製アルコールを振る舞われることもあった。

8年か9年たって発酵に興味を持ち始めてから、私はそのことをよく思い出した。家庭でのビール醸造やワインづくりのアマチュア向け書籍は、あまりにも杓子定規だ。発酵培地を清潔に保つために化学薬品を使いなさい、手順のあらゆるステップで消毒をしなさい、そして特別な機器と市販のイーストやイーストフードを使いなさい。そんなことはちょっとやりすぎのように私には思える。私が出会った、技術もリソースも乏しい辺境の村落でパームワインや雑穀ビールを作っている人たちを思うとき、そういった記述には首をかしげざるを得ない。彼らはカルボイやエアロックをどこから手に入れるというのだろう？　ピロ亜硫酸カリウムやイーストフードは？　そんなものなしに、彼らはどうやってあのすばらしい飲みものを発酵させているのだろうか？　よりシンプルで伝統的な手法とは、どんなものなのだろうか？アフリカを旅した経験がなければ、私がそのような疑問を抱くことはなかっただろう。かの地では、そして世界中どこでも、発酵は食物資源を有効活用するうえで重要な要素となっている——ヤシの樹液だけでなく、ミルクや肉や魚から穀物、豆類、野菜、そして果物に至るまで、あらゆる食物が対象だ。

発酵はまさに全地球的な事象であり、いたるところで実践されて実用的な価値があるだけでなく、世界の人びとは似通ったやり方で発酵を利用している。その数多くのメリットを、いくつか挙げてみよう。発酵は、酸やアルコールなど病原体の増殖を抑えるさまざまな副産物を生成することによって、安全性を向上させる。発酵は多くの食物の風味を高め、チョコレートやバニラ、コーヒー、パン、チーズ、熟成肉、オリーブ、ピクルス、調味料などの好ましい風味も作り出す。発酵は多くの食物の寿命を延ばす働きもしている。キャベツなどの野菜（ザワークラウトやピクルス）、ミルク（チーズやヨーグルト）、肉（サラミ）、そしてブドウ（ワイン）などが好例だ。発酵の形態として最も一般的なアルコール発酵は、ありとあらゆる炭水化物が原料となる。また発酵には栄養を高めるとともにその吸収を容易にし、多くの植物性毒素や栄養阻害物質を分解する効果がある。ある種の発酵食品は、発酵後に加熱せずに食べたり飲んだりすることによって、善玉バクテリアを大量に、しかも生物多様性の高い形で提供する。発酵というプロセスには、このような——そしてさらに多くの——恩恵があるのだ。

1985年、カメルーン北部の熱帯雨林で、私の旅の道連れと私が現地で出会った人たち。

現在では、私たちの食品の原料となるすべての農産物や畜産物に、複雑な微生物コミュニティーが存在することが知られている。つまり微生物による変換作用は、必然とも言えるのだ。世界各地の文化でこの必然は利用され、食品だけでなく農業やファイバーアート、建築などの領域で、微生物による変換作用を効果的に誘導するテクニックが開発されてきた。

とはいえそのテクニックは統一されたものではなく、さまざまなプロセスが発酵には幅広く含まれ、豊富に採れる食品の種類や気候などの要因に応じて、場所ごとに多様な形態をとる。熱帯の発酵食品が北極圏の発酵食品とはまったく異なる原因としては、利用可能な食料資源の際立った違いが第一に挙げられるが、気候条件や実用上の必要性の相違がその差異をさらに著しいものとしている。この本は、読者をその両極端へといざなうものだ。環境の違いがそれほど大きくない場合でも、微生物の活動を利用するために人が編み出す方法は場所によって違う。簡単な例としては、同じミルクから作られるチーズの多様性が挙げられるだろう。さらに、絶えず続く人類の移住やそれに起因する文化的交流のため、どこに住んでいても他の人のやり方やテクニックからの影響は避けられない。種子や家畜や調理法など、ほとんどすべての文化的慣習と同様に、発酵は拡散して行く。

発酵が普遍的なものだとしても、文化の継続性はそうではない。植民地化によって人口集団全体が地上から消し去られたり未知の土地へ追いやられたりすることは、世界中で起こっている。先住民の子どもたちは計画的に家族から引き離され、自分たちの母語を話すと罰を受けるなどして、支配的な文化への同化を強制されてきた。現在の新たな植民地時代では、抑圧の手段が貧困や社会的・経済的周縁化、そして大量収監へと変化している。祖先から受け継がれてきた文化的伝統が破壊、分断、あるいは追放されてしまったため、自分たちの伝統的な発酵プロセスについて、その形跡も情報も見つけられない人たちの話を伺ったこともある。そのような文化的破壊を被らなかったとしても、都市化や専門化、大量生産される大衆市場向け食品など、現代社会のさまざまな要因によって文化の継続性が分断される例は多い。文化的慣習、知識や知恵、言語や信仰は、年々消滅しつつある。文化的表現すべてに言えることだが、発酵もまた意義を持ち続けながら命脈を保つためには実践されなくてはならない。私たちは世界各地で実践される発酵の多様性を尊重するとともに祝福し、文書化し共有しなくてはならないのだ。

* * *

私が書いた発酵食品や発酵飲料の案内書が私を世界旅行に連れ出してくれるとは、誰が想像できただろうか？　少なくとも私は想像もしていなかった。しかし2003年に私の最初の著書『天然発酵の世界』（築地書館）が出版されてから、まさにそれが現実となったのだ。これまでに私は数十か国で教えたし、それ以外に訪れた国もいくつかある。私はどこへ行っても、食べて学ぶ。ほとんど自給自足の生活をしている辺境の村に滞在して、地元の人から発酵の手法を学んだこともある。先住民のコミュニティーに招かれて彼らの発酵の伝統を学び、世界最高峰のレストランの研究開発キッチンで最新の発酵プロジェクトを目にしたり味わったりもした。常軌を逸した実験主義者や、古くからの家族の伝統を守り続けている人たちとも出会った。

私はとてもユニークな立ち位置にいる。時間と資金のある人なら誰でも、私の訪れたすべての国を旅することはできるだろう。しかし発酵の世界で名前が知られていなかったなら、また発酵への情熱を共有するホストがいなかったなら、この本に記した場所や人や手法のほとんどに出会うことは不可能だったはずだ。私はそのような機会を与えられたことを非常に幸運だったと感じ、またそれによって学んだことを分かち合う義務を感じている。この本は、私からあなたへの招待状だ。私と一緒に冒険に加わり、私が味わって作り方を教わった驚くほど多彩な発酵食品や発酵飲料について学んでほしい。

私が旅を通して知った食品や飲料について、いつかは本を書くことになるだろうとは思っていたが、私は旅をするのに忙しかったし、訪れるべき場所も多すぎて、書くことにまで手が回らなかった。新型コロナウイルスのパンデミックが始まったころ、私はオーストラリアで教えていた。タスマニアのFat Pig Farmで開催された、すべてがキャンセルされる前の最後のイベントで、ある生徒——情熱的な発酵愛好家で、おいしい自家製の酢を持ってきてシェアしてくれた——からもらった彼女お手製のマスクがとても役に立った。それからというもの、その後に私が計画していたイベントは次々にキャンセルされていった。私は空路で（彼女のマスクを着用して）帰宅した。その後の数週間で、私がその年に計画していた旅行——アラバマ、ペルー、シカゴ、バーモント、ユーコン、アイスランド、モンタナ、中国、そして台湾への旅行——はすべてキャンセルされてしまった。ついに私は書くための時間を手に入れた。パンデミックのおかげで。

この本を書き始めたとき、私は地理的な領域をもとに章立てをしようと考えていた。しかしある時、私にとって大事なのは中国やコロンビアといった特定の場所で見たことではなく（とはいえ、この本にはそういった記述がたくさん含まれているのは確かだ）、私が目にし、味わい、学んださまざまな食品どうしの関わり合いだと気が付いたのだ。最終的に、そういった関係性を際立たせるため、私はこの本を発酵の培地（糖、野菜、穀物など）をもとに章立てすることに決めた。

私は訪れたほとんどの場所で、わずかな時間しか過ごしていない。国によっては、ホストにすばらしい旅行に連れ出してもらったこともあったが、教える内容が盛りだくさんだったため、その土地のやり方について調べたり学んだりする時間はあまり取れないことが多かった。私が訪れた場所について、味わった食品について、そして学んだ手法について記憶していることは、すべて個人的な印象に過ぎない。どんな地域についても、私がその土地の発酵に関する専門家に成りすますことはできないだろう。

それでもなお、私の旅から得た印象が積み重なって発酵への理解が深まり、広がったことは間違いないし、そうした幅広い経験によって技法のレパートリーも増えた。発酵ライターや教育者としての私の強みは、私がジェネラリストだという点にある。発酵のどの領域を取っても、私よりも知識が豊富な人はたくさんいるはずだ。私は経験から広く浅く学んできたし、この本をテーマ別に章立てしたことも点どうしを結びつけるために役立った。

私がこの本で、そして実際には私のすべての仕事で意図しているのは、世界各地の発酵の伝統の知恵と多様性を尊重し紹介することであり、それらを搾取したり、偽ったり、侮辱することでないのは言うまでもない。文化的な多様性は私にとって最重要事項であり、それが発酵復興主義者としての私の仕事の動機ともなっている。しかし私は、自分を含めた誰かがほかの人たちの文化的な伝統を紹介することには、有害であったり、望ましくなかったり、不正確だったり、文脈を無視する結果となるおそれがあることを認識している。どんな食品や飲料をとっても、それらを食べ、飲み、作りながら育ってきた人々の知識と比べれば、私の知識は表面的なものだ。言葉は、まったく意図しなかった意味に取られることがある。私は、さまざまな手法に幅広く共通する類似性を示そうと熱意を抱く一方で、ある伝統を唯一無二のものとしている特別な要素を無視することがありはしないかとおそれてもいる。私は自覚と敬意を持つように心がけているし、フィードバックは歓迎する。私が取り上げる食品や伝統に密接なつながりのある人たちの声を聴くことに、私はいつも関心を持っている。私のウェブサイトwildfermentation.comから連絡してほしい。

この本は私の旅から生まれたものだが、私が発酵に抱いている関心の大本にあるのは私の自宅と菜園だ。菜園の豊富な収穫物を保存するという実用的な動機から、私は野菜を発酵させる方法を学ぶことになった。そして私の菜園や台所は、今でも私の発酵の実践を支えている。旅を通して学んだことは、すべて自分の台所で実際に試す。食品に対する私の愛と、実際に試してみなければ気が済まない私の性分が、私が発酵に抱く情熱の源泉となっている。本書はインスピレーションの本だ。私にインスピレーションを与えてくれた食品や飲料、プロセス、そして人たちが、次は読者のあなたに発酵の冒険へのインスピレーションを与えることを願っている。

糖 1

SIMPLE SUGARS

最初に取り上げるのは、発酵食品の材料として最も単純なものであり、酵母やバクテリアが容易に利用してアルコールや酸に代謝できる甘味のある糖だ。糖を含むフルーツや植物の樹液、あるいは希釈した蜂蜜や砂糖の発酵は自然発生的な現象であり、止められるものではない。どんな種類のフルーツでも、大量に収穫したことのある人なら、その中には発酵しかかっているものがあることを知っているはずだ。フルーツから果汁を搾り出せば、すぐに発酵し始める。植物の樹液も、植物から採取した直後から発酵を始める。蜂蜜は水分がない状態では発酵しないが、加熱処理されていなければその中には必ず存在する酵母により、たとえ少量でも水を加えると糖の発酵が始まり、蜂蜜はミード（蜂蜜酒）になる。加熱処理された蜂蜜や精製糖（間違いなく加熱殺菌されている）であっても油断はできない。酵母は私たちの周りのどこにでもいて、利用できる糖分はないかと付け狙っているからだ。糖を含むさまざまな原料から、アルコールなどの発酵飲料が世界各地で作られている。

すでに述べたように、私は発酵に特別な興味を抱く前から、西アフリカでパームワインを楽しんでいた。何年もたってから、その作り方について理解を深めた私は、東南アジアで何種類かのパームワインに再会することになった。メキシコでは、乾燥地域に生息する多肉植物マゲイ（リュウゼツランとも）と、それを加工してプルケやメスカルといった酒を造る複雑な文化的伝統の重要性を学んだ。パイナップルを発酵させて**テパチェ**や**グアラポ・デ・ピーニャ**を作るさまざまな手法を、メキシコやコロンビアで実地に見聞したこともある。イタリアではブドウを収穫してワインを作り、世界各地の情熱的なワインの作り手たちとも出会った。柿酢（そしてその搾りかすから作る漬物！）やモービー、フルーツ酵素ドリンクについても学んだ。そしてもちろん、私は今でもミードを作り続けている。炭水化物が豊富に手に入る場所ならどこでも、それを発酵させるための手法が存在するようだ。この章では、発酵のこの分野について私が学んだことをお伝えしよう。

パームワイン

ヤシの木の樹液を発酵させてつくるパームワインは、白く濁ったおいしい飲みものであり、私の経験ではボトルではなく口の開いた容器で食卓に出されるのが常だった。パームワインの強さや甘さ、酸っぱさはバッチごとにかなりばらつきが大きく、また比較的短時間で変化する。それは私が（ニジェールで）最初に出会った、工業製品以外の発酵飲料だった。私はパームワインが大好きになったが、当時の私は発酵について考えたこともなく、その作り方を聞くこともしなかった。

そののち私は、パームワインやリキュールが世界各地の熱帯地域で愛飲されていることに気が付いた。ビルマ（ミャンマーとも呼ばれる）のバガンでは、たまたま入ったトディー酒場で、トディー（toddy）がパームワインの通称であることを知った。ある日の午後、ひとりで自転車に乗り、あちこち寄り道したり探検したりしながら滞在していたホテルへ向かっていた私は、「Toddy」という単語と美しいビルマ文字、そして矢印が描かれたシンプルな看板を見つけた。その矢印をたどって行くと小さなオープンカフェがあり、すでにかなり酔っ払った二人の若者がそこにいて、私がボウル1杯のパームワインを買うのを手助けしてくれた。飲み仲間がいたのは幸いだった。というのも、そのボウルは巨大だったし、トディーはかなり強く、すでに酸っぱくなりかけていたからだ。あらゆるパームワインと同様に、トディーはとても変質しやすい。急速に発酵してアルコールとなり、すぐにまた酢に変わってしまう。

この性質のため、トディーは蒸留してアラック（arak）などと呼ばれる飲みものに加工されることが多い。酢酸菌が活動できないほどアルコール濃度を高め、常温で保存できるようにするためだ。（arakという名称は、中東やその他の地域で、別の蒸留酒を指して使われることもある。）世界中で蒸留がその目的のために利用されていることは、この本のあちこちで目にすることになるだろう。

私はバリ島の農村部にあるアラック蒸留所を訪れたとき、そのスチル（蒸留器）の単純さに驚いた。それは主に土を使ってその場で手作りされたもので、シンプルな燃焼室の上に発酵したトディーを入れる空間が仕切られていた。その空間にきっちりと差し込まれたチューブを通って蒸気が導かれ、冷水の入った樽の中を通り抜けると、蒸気は凝縮して液体となる。こうしてできたアラックが、樽の反対側のチューブから滴り落ちるようになって

ビルマのトディー。黒い陶器の入れ物にはとても大量のトディーが入っていて、ココナッツの殻のコップを使って飲む。

ビルマでの私の飲み仲間。

私たちがバリ島で訪れたアラックの蒸留所。

スチルから滴り落ちるアラック。

ココヤシの樹液が発酵してトディーに変わる。これを蒸留する。

いた。

このスチルの示す当意即妙の才は、当時の私にはとても印象的だった。それというのも、友人のBillyが私の家からすぐのところにShort Mountain Distilleryという蒸留所をオープンしたばかりで、ゴージャスな銅製のスチルを購入するには多額の投資が必要だったことを知っていたからだ。Billyが最初に教えを受けたムーンシャイナー［密造酒の製造者］が作り上げた間に合わせのスチルは、私がバリで見たものとそれほど違ってはいなかった。工業技術が発達する前、天然物や農産物をおいしい食品や飲料に加工する基本的な変換プロセスは、ありあわせのツールや手法で行うのが当たり前だったということは、覚えておいてほしい。

スチルのほかには、ヤシの木から樹液を収穫するところも見た。少年たちが木に登り、膨らみかけたつぼみを摘み取って、ココナッツの殻をあてがい、切り口から滴る樹液を受け止める。少年たちは毎日、朝と午後に木に登って樹液を集める。ココヤシの木は樹液を作り出す。ココナッツの殻は、樹液を集めるのに使われる。そしてココナッツの殻の繊維（コイア）は、トディーに含まれるエタノールを気化させるための燃料となる。私が味見した、発酵しかかったココヤシの樹液はとてもおいしかったが、バリでは蒸留して飲むのが習わしだ。

プルケ

メキシコの乾燥した山岳地帯には、マゲイ（*Agave americana*、リュウゼツラン）が繁茂している。刺だらけで成長の遅いこの植物は、生涯に一度だけ花を咲かせる。品種によっても異なるが、マゲイは7年から20年かけて成長し開花した後、枯死してしまう。古代メキシコの賢い住民たちは、アグアミエル（蜜の水）と呼ばれる樹液――新鮮なものは非常に美味で甘い――を収穫するために、手の込んだテクニックを編み出した。1株のマゲイから、何百リットルもの樹液が収穫できる。しかしアグアミエルは新鮮な状態では長持ちせず、急速に発酵してプルケ（Pulque）という伝説的な飲みものとなる。

プルケは乳白色で多少の粘り気と酸味のある、発泡性のアルコール飲料だ。新鮮なアグアミエルよりもさらにすばらしい飲みものともなるが、風味はバッチごとにかなり異なり、短い時間で大きく変化するようだ。プルケは飲みものとして賞味されるだけでなく、パン・デ・プルケという非常に甘くて軽いパンの膨張剤としても使われる。

世界各地の先住民の発酵飲料がたいていそうであるように、プルケは多くのいわれなき非難を浴びてきた。20世紀初頭、資金力と政治力に勝る醸造業者が腐敗した役人と結託し、プルケは非衛生的だとするキャンペーンが政府によって展開された。プルケは糞尿を使って発酵されているという、根も葉もないうわさも立てられた。工場生産された欧米のビールやコカ・コーラは、伝統的な小規模生産のプルケよりも安全だと宣伝された。私はコロンビアでも同じような話を聞いたことがある。古代から先住民によって小規模に生産されてきた**チチャ**（116ページの「チチャ」を参照）が非衛生的だと非難され、それに代わるものとして近代的で衛生的に工場生産されたビールやソーダが推奨されたのだ。そういった不安をあおる言説に反して、実際にはアグアミエルやトウモロコシや大麦などの食材の安全性は発酵によって担保されている。甘く、炭水化物を多く含む食材の場合、（発酵が進みすぎて大部分の人がまずいと感じるほど酸っぱくなってしまうこと以外に）危険はない。発酵から生じるアルコールと酸が食品を病原体から守り、安全性を高める方向に働くからだ。

プルケが最も素晴らしい発酵食品のひとつであることを、私は幸いにも現地での経験（マゲイはほかの植物のほとんど育たない土地に育つこと、アグアミエルは毎日2回収穫され発酵されてプルケになること）によって学ぶことができた。実際、

泡立つ新鮮なプルケをグラスに注ぐ。

自分のマゲイ畑の中で、発酵ワークショップに参加した生徒たちにプルケを振る舞うEmilio Arizpe。

トラチケロのDon Teoが収穫されたばかりのアグアミエルを、すでに発酵しているプルケの入った桶に注ぎ足しているところ。

プルケはそれが作られている土地以外で手に入れることは難しい。この飲みものの品質を損なうことなく発酵を完全にストップさせる方法は、いまだに知られていないからだ。

私が最初にプルケを味わい、そしてアグアミエルを収穫する様子を見学したVilla de Patosという美しい複合農場は、メキシコ北部のモンテレイからほど近い山中の町ヘネラル・セパダにある。Emilio ArizpeとSofia Arizpeが所有するこの農場にある広大なマゲイ畑では、**トラチケロ**（tlachiquero）のDon Teoがアグアミエルを収穫している。トラチケロとは、「かき取る人」を意味するナワトル語だ。Don Teoをはじめ、私がメキシコで会ったトラチケロたちは、古代からの慣習を伝える年配の家族の仕事を手伝うことによって収穫のテクニックを学んできた。

プルケの発酵は単純そのものだ。アグアミエルは、ほとんど手を掛けることなく自然に発酵する。新鮮な樹液は1日に2回収穫され、通常は一種のバックスロッピングが行なわれる。つまり、すでに発酵しているバッチに新たな樹液を追加してかき混ぜ、引き続き発酵させるのだ。発酵の期間は、プルケの作り手や温度によって変わるが、24時間未満から数日にわたる。匂いと風味の感覚的な評価に基づいて、ある時点で一部のプルケが取

アグアミエルを収穫するための準備として、成熟したマゲイの株を切り込んでla puertaを作っているDon Teo。

り出され、樹液が注ぎ足される。取り出されたプルケは、さらに発酵させたり、前日に収穫されたものとブレンドされることもある。

プルケづくりに必要なスキルとして、飲み頃を判断すること以上に大事なのは、マゲイから樹液を収穫することだ。トラチケロの仕事は、花茎を伸ばし始めている成熟した株を見つけることから始まる。次に、その株の中心部にアクセスして伸び始めた花茎を切り開くため、外側の葉から鋭い刺の生えた縁の部分を取り除かなくてはならない。外側の葉を折り曲げて固定すると、中心部へのla puerta（ドア）が作り出される。マゲイの刺は硬くて深く刺さるし、有毒で刺激性の液汁を分泌する種類もある。マゲイの中心部に安全かつ容易にアクセスできるように、十分な注意が必要だ。中心部からの樹液は1日2回、何か月もかけて最終的にすべて収穫される。

Villa de Patosのトラチケロ、Don Teoの手順は独特なもので、切り込みの入れ方にも大いにこだわりを見せていた。成熟した株の中心にはつぼみが形成されつつあるが、そのつぼみはぴったりと重なり合った多肉葉によって覆われ、保護されている。Don Teoはそれらの葉を大胆に切り開いて取り除く。最も薄い（まだ光合成を行っていない）中心部の葉は、残っている最も大きな葉に突き刺しておく。広大なマゲイ畑の中でも、この株を見つけ

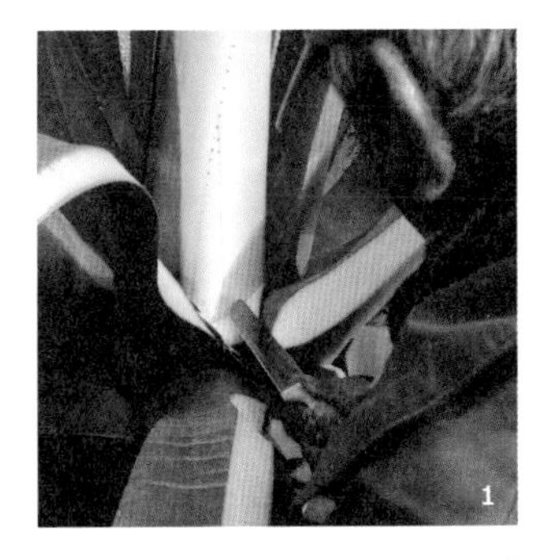

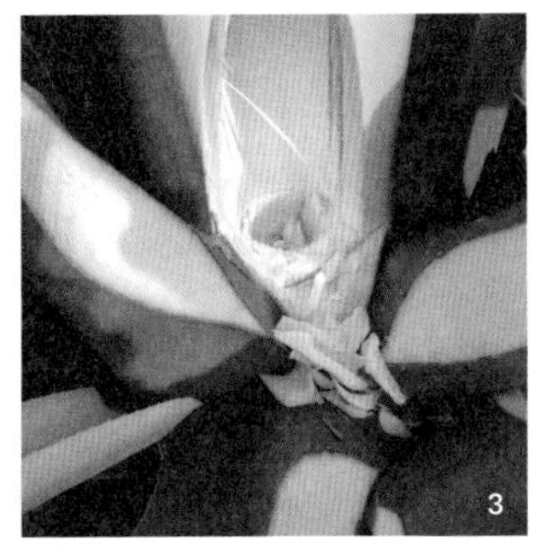

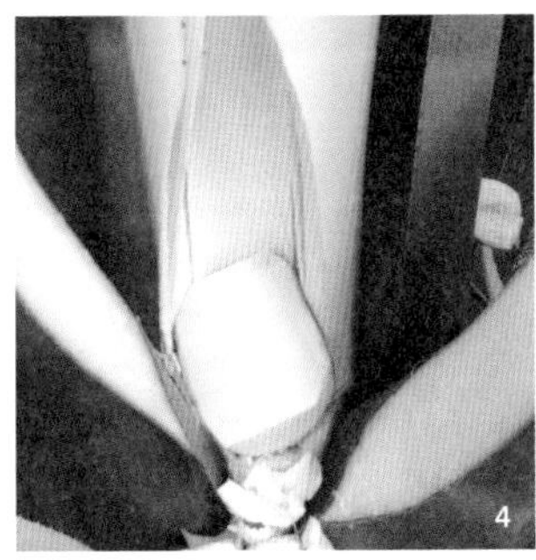

マゲイの**el capazón**（去勢）。Don Teoは伸び始めた花茎を切り開き（1）、折り取り（2）、くぼみを掘り（3）、取り除いた花茎の一部でふたをする（4）。

やすくするためだ。植物の中心にある成長点がむき出しになると、Don Teoはそれをしっかりと手でつかんで根元のほうに折り曲げ、形成されつつある花のつぼみを取り除く。この処置は**el capazón**（去勢）と呼ばれる。そして彼はマゲイの基部を削り取ってくぼみを作り（後に樹液がここから汲み出されることになる）、取り除いた花茎の一部でふたをして、その上にくぼみを作ったときの削りくずをまき散らす。これはおそらく、儀式的なものだろう。

去勢された株はその後数か月放置され、その間に傷は治ってつぼみを膨らまそうと樹液が送り込まれるが、もちろんつぼみが花開くことはない。時を見計らってトラチケロは、かさぶたで覆われた傷口を再び傷つけ——突き刺し、穴を開け、つぶして——また1週間ばかり放置すると、発酵した残渣が空洞から簡単にかき出せるようになる。この空洞（カヘテ、cajete）が、アグアミエルを汲み出す井戸となる。そして日に2回の収穫が始まるのだ！

毎日のアグアミエルの収穫には、主に2つのツールが使われる。ひとつは**アコテ**（acocote）と呼ばれる細長いヒョウタンで、両端には穴が開いており、アグアミエルをカヘテからバケツへくみ出すために使われる。ヒョウタンの一端を、アグアミエルのたまったカヘテに突っ込む。トラチケロは、ヒョウタンをちょうどストローのように使って反対側の穴から息を吸い込み、液体を吸い上げる（株の大きさと収穫時期によって、その量は1株あたり1カップ／250mlから1クォート／1リットル程度まで増減する）。指で穴をふさいで甘い樹液が漏れないようにしながら、樹液を集めるバケツの上まで持って行く。指を離すと、アグアミエルがバケツの中へと流れ落ちる。最後に、トラチケロはツールを使ってカヘテの縁を削って残滓を取り除き、別のバケツに集めて家畜のえさにする。

私が会ったもう一人のトラチケロであるUriel Arellanoはメキシコシティの郊外、テオティワカンのピラミッドが見渡せるオトゥンバという村に住んでいる。彼のやり方はちょっと違っていた。Don Teoがアグアミエルを収穫する準備を始めるまで株には基本的に手を付けないのに対して、Urielは外側の葉を何枚か、**バルバコア**（barbacoa、メキシコの伝統的な肉の穴焼き）のために収穫する。穴の中の焼け石の上にマゲイの葉を並べ、その上に肉を乗せ、断熱のためにもう一度マゲイの葉をかぶせてふたをする。多肉質のマゲイの葉はアグアミエルの甘い蒸気で肉をジューシーに保つとともに、熱を和らげて肉を低温でじっくり調理してくれる。私たちはUrielと一緒に葉を収穫した後で、彼の友だちの道端の露店で羊肉のバルバコアを食べた。とても柔らかくジューシーで、おいしかった。

羊肉とマゲイは、どちらもメキシコ郷土料理の主役だ。マゲイを育てプルケを作る現地の農家の多くは、羊の群れも飼っている。羊は普通マゲイを食べないが、土壌を肥沃にしてくれる。羊の肉はマゲイの葉の上で調理されるし、食事にはプルケが付き物だ。プルケと同様に、バルバコアにも

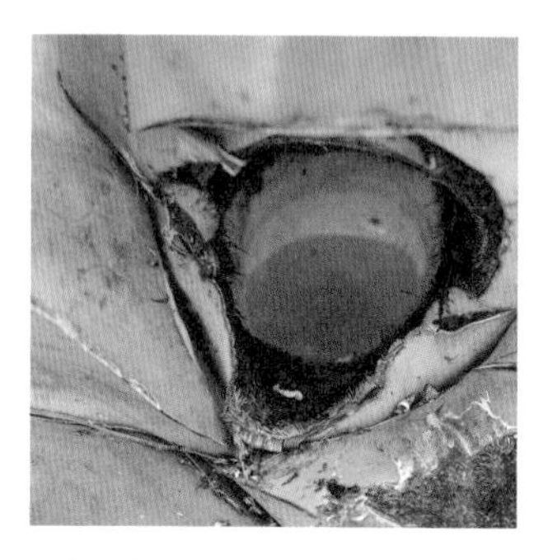

マゲイの株にたまった、収穫前のアグアミエル。

昔からマゲイが使われてきた。しかし、その2つはトレードオフの関係にある。株から葉を1枚取るたびに、その分アグアミエルは減ってしまうのだ。

＊　＊　＊

「アガベの文化活動家」を自称するLaura “Lala” Nogueraが、メキシコシティで私のワークショップを仕切ってくれたGalia Kleimanと私を、Urielに引き合わせてくれた。メキシコシティを出発して混雑する道路をゆっくり運転しながら、彼女はトラチケロだった祖父から娘時代にアグアミエルの収穫とプルケの作り方を教わったことを話してくれた。彼女が思春期に入ると、月経周期が発酵に悪影響を与えてはいけないから、もうプルケづくりには加わるなと祖父に言われたのだそうだ。彼女はタブーを無視して、祖父の助けを借りずにプルケづくりを続けたが、もちろん発酵には何の問題も起こらなかった。

アココテを手にしたDon Teo。

アグアミエルの収穫中、2株のマゲイに挟まれて立つUrielとLala。

COLUMN

Mujeres Milenarias

先日メキシコを訪れた際、オアハカでの大規模な発酵イベントを仕切ってくれたGalia GuajardoとRaquel Guajardoが、私を含めた発表者たちを車に乗せてシエラマドレ山脈へとドライブし、El Almacén Apazcoという山村にある女性のプルケの作り手たちの共同農場Mujeres Milenariasに連れて行ってくれた。GaliaもRaquelも、それ以外の場所では女性のプルケの作り手と出会ったことはない。私たちはトラチケラのBibiana Bautistaとともに収穫に出かけた。その後、私たちは家々を回って、女性たちのプルケを味見させてもらった。その共同農場では誰もが自分でプルケを作っているからだ。強かったり、甘かったり、酸っぱかったり、プルケはそれぞれ少しずつ違っていた。干ばつの時期、時にはプルケが彼らのコミュニティで手に入る唯一の飲みものとなることも知った。

私たちが到着した日に、コミュニティの一員が美しい黄色いキノコを見つけてきた。それはシンプルに**アマリリョス**［黄色］と呼ばれていた。年配の女性が熾火でアマリリョスを焼いて、私たちにも分けてくれた。とてもおいしかった。私たちはプルケを少し買ってオアハカへ持って帰った。数時間たったプルケはすでに少し違った味になっていたし、次の日にはもっと違ったものになっていた。プルケはダイナミックで、常に変化し続けているのだ。

私はその後、プルケについてGaliaとメールのやり取りをするようになった。彼女は痛切にこう訴えている。「スペイン人の来訪以前から現代まで、メキシコの歴史を通じてプルケは文化、伝統、そして料理の重要なよりどころでした。もしプルケを飲んだり作ったりすることをやめてしまえば、マゲイという植物とその栽培や利用に関する文化的知識もまた、失われてしまいかねません。」マゲイは、プルケの原料となるアグアミエルやバルバコアに使われる葉を生み出すだけでなく、蒸留業者によってメスカル（「メスカル」の項を参照）やテキーラを作るために利用され、伝統的にはロープや建築、そして屋根の材料として使われる繊維を提供し、そして植物そのものも土壌浸食を防ぐ役割を果たしてきた。こういったプロセスを利用し続けることが、文化の生存のために不可欠なのだとGaliaは主張する。「文化とは、それを表現する人たちの日々の活動によって維持されている、信念と知識の複雑な体系なのです。」

アグアミエルを収穫する、トラチケラ（tlachiquera、女性のプルケの作り手）Bibiana Bautista。

メスカル

メスカル（Mezcal）は、深く複雑な風味のある、透明で強いアルコールだ。プルケと同様に、メスカルもマゲイから作られる。しかしメスカルづくりには、マゲイの糖分がまったく違う形で利用される。プルケのように株から樹液を採取するのではなく、メスカルには開花前に栄養をため込んだ株自体の芯の部分を使う。マゲイの外側の葉を取り除くと、パイナップルや松ぼっくりに似たこの芯の部分が現れる。実際、これはスペイン語でla piña（ピーニャ）という、パイナップルや松ぼっくりをも意味する名前で呼ばれているのだ。ピーニャはマゲイが成熟して花茎を伸ばし、花をつける直前に刈り取られる。

私の友人であり、オアハカでBoulencという素敵なカフェとSuculentaという発酵のサイドビジネスを営むPaulinaとDanielが、私と少人数の友人

山と積まれた収穫されたばかりのピーニャが、これからローストされるところ。

Laloという通称で知られるメスカレロのEduardo Javier Ángeles Carreñoと私。

ローストしたピーニャのかたまりを私たちは味見した。

コンクリートの床に穿たれた穴と、ローストしたピーニャをパルプ状に叩き潰すための巨大な木製のマレット。

ローストしたピーニャのパルプは水と混ぜられて巨大な木製のタンクで発酵される。中央に浮かぶ十字架に注目。

たちを車に乗せてオアハカ州のサンタ・カタリナ・ミナスへとドライブし、**メスカレロ**（mezcaliero、メスカルの作り手）のEduardo Javier Ángeles Carreñoのところへ連れて行ってくれた。Laloという通称で知られる彼は、家族と少人数の助手のチームでLalocuraというブランドのメスカルを作るメスカレロの4代目だ。Laloの農場では、彼と彼の家族がマゲイを育て、加熱処理し、発酵させ、蒸留してメスカルを作っている。

ピーニャは繊維質で硬いので、何日か穴焼きして繊維を柔らかくし、糖分をカラメル化させる必要がある。私たちが農場に到着したとき、ちょうどローストしたばかりのピーニャが穴から掘り出されたところだった。まだ温かく、素手で扱える程度に冷えたピーニャをLaloの姪が切り分けて、私たちに味見させてくれた。私たちはピーニャを噛んで、豊かな甘味のジュースを吸いつくしてから、残った繊維を吐き出した。

ローストした後、ピーニャは叩き潰してパルプ状にする。Lalocuraでは、この作業は人手で行われていた。コングリートの床に穿たれた長方形の穴に入ったピーニャのパルプは、2つの重たい木製のマレットで叩き潰されたものだ。そしてパルプは水と混ぜられ、巨大な木製の水槽で発酵される。最後に、粘土製の樽型スチルで、伝統的な方法で蒸留される。

同じピーニャから作られるテキーラも、メスカルの一種とみなせる。メスカルはさまざまな種のマゲイから作られるが、テキーラは*Agave tequilana Weber*というただ1種のマゲイから作られるものと定められている。またテキーラの場合、普通ピーニャは穴焼きするのではなくオーブンで蒸し、粘土製ではなく銅製のスチルで蒸留するといった違いもある。

メスカルの製造工程を見学した後、私たちはテイスティングルームへと移動した。そこには何十本ものカルボイ——容量5ガロン／20リットルほどの首の細いガラスびん——が並んでおり、それぞれ違うメスカルが入っていた。たとえばespadinやtobasicheといったメスカルは、原料となるマゲイの品種によって区別される。これらをブレンドしたものもある。珍しいものとしては、pechugaと呼ばれる、マッシュにフルーツや生の鶏肉を加えて蒸留したものもある。その建物自体もさながらマゲイ記念館といったところで、bagaso（メスカルを蒸留した後に残ったマゲイの繊維）から作られた日干しレンガ状の建材から作られていた。

さまざまなメスカルを味わう前には、ちょっとした官能検査の儀式があった。まず、少量のメスカルがヒョウタンに注ぎ込まれ、細かい泡が立つのを観察する。これはlas perlasといい、品質のしるしなのだそうだ。それから各人の手のひらにメスカルがほんのちょっと注がれて、手のひらをこすり合わせてメスカルの感触を確かめる。一部のメスカルは、明らかに他のものよりも粘り気が強かった。そして風味もまたさまざまだった。ひとつひとつ注意を払いながらメスカルを品評するのは、とても面白い体験

粘土製のスチルから滴り落ちるメスカル。

だった。私は好みのメスカルを見つけて、最後にそれを数本買って家に持ち帰った。しかし十数種類のメスカルを味見した後では、到底それぞれの違いを覚えていられる状態ではなかったというのが正直なところだ。

その日から私は、とても特徴的で魅力的な風味があり、とてもスムーズなメスカルが以前にも増して大好きになった。もっと言えば、私はマゲイが好きなのだ。荒れ果てた乾燥した土地に繁茂し、まったく異なる2種類の加工方法で、多くの人を養うとともに文化的にも重要な2種類の飲みもの——メスカルとプルケ——を生み出すとは、なんとすばらしい植物だろう。

さまざまなスタイルのメスカルで満たされたカルボイ。マゲイの繊維でできたbagasoのレンガが背後に見える。

ウンブリア州のワインづくり

2006年、Etainという名の女性が、イタリア中部のウンブリア州農村部にある小さな農場に私を招いてくれた。それまでEtainと私は、規制の及ばないアンダーグラウンドな食品マーケット（彼女はその一員だった）について、活発なメールのやり取りを楽しんでいた。当時私は『The Revolution Will Not Be Microwaved』という、草の根食品活動家たちの運動を取り上げた本を書くために調査活動を行っていたのだ。その本を書き終わって休暇が取れるようになった私に、イタリア中部の緩やかに起伏する丘陵地帯はとても魅力的に響いた。

Etainは小さな群れで羊を飼い、そのミルクからチーズを作ったり、付加価値のある農産物を作ったりしている。最近まで、彼女はそのチーズを街にある農産物直売所で売っていた。しかし現地の慣習と相いれないEU指

Etainの農場、Prataleの納屋。

Prataleの中庭で野菜を加工するEtainとJessieca。

令が定められ、彼女や他の生産者の作るチーズなどの産品は商業規格に適合しなくなってしまった。そこで彼女たちのグループは、場所を固定せずに口コミで集客する、認可外の食品マーケットを始めたのだ。

Etainの農場Prataleに着くとすぐ、私はその家屋や農舎に感銘を受けた——何百年も前に建てられた、すべて石造りの建物だ。その家屋にはベッドルームが数部屋とキッチンがひとつあり、すべての部屋は中庭に通じている。中庭は、その季節にはリビングルームやダイニングルーム、そして作業場としても使われていた。Etainは、パートナーのMartinと自分の息子とともにPrataleに住んでいる。彼らは世界各地からかわるがわるやってくる農場ボランティアやビジターを家に泊めているが、その中には常連客もいるようだ。私がそこにいる間にも、メイン州からのボランティア、フェロー諸島からやってきたビジターの男性、そして客家の中国人女性Jessiecaがドイツ人の夫と一緒に訪れていた。

Prataleのブドウ畑。

Prataleにいるロバのうちの一頭、Otelloが、ブドウでいっぱいになったかごをブドウ畑から納屋まで運ぶ。

Martinがブドウを圧搾機に供給し、つぶしてジュースにする。

Prataleの納屋にある、エアロックの付いたワイン発酵樽。

EtainとMartinは畑を耕したり荷物を運んだりするためにロバと馬を使い、ニワトリやアヒル、そしてハトも飼っている。幸運にも、私はちょうどブドウの収穫期に居合わせた。この農場は、特定の作物を生産するためではなく、家族のさまざまなニーズを満たすために運営されている。ブドウ畑はあるが、小規模なものだ。家畜の群れは、どれも小さい。菜園では、私が訪れたときナスが収穫の最盛期を迎えていた。ザクロや、イチジクの木も見たこともないほどたくさんある。できるだけたくさん食べたり保存食に加工したりしているのだが、どの木の周りにも熟れすぎた果実が地面に散らばっていた。石とレンガでできた、木を燃料とする小さなオーブンもあって、自分たちで食べるパンを焼く。オリーブは私の滞在中にはまだ熟していなかったが、オリーブの木はあちこちにあった。Prataleは、田園での自給自足生活という夢がかなう場所だ。

その1週間で私にとって最も勉強になったのは、ブドウの収穫とワインづくりに参加したことだ。その週の間ずっと私はPrataleのハウスワインをたっぷりといただいていたので、その蓄えを補充する手伝いができたのはうれしいことだった。8人から10人がかりで、私たちのグループが摘んだブドウは緑色だったり深い赤だったり、さまざまな品種が入り混じっていた。Martinにつきっきりで誘導されながら、ロバのOtelloがブドウでいっぱいになったかごをブドウ畑から納屋まで運ぶ。納屋では、年季の入った巧妙な機械式の圧搾機を使ってブドウをつぶす。この圧搾機は、互いにかみ合うように溝が彫られた2本の木製のローラーを備えていて、手回しのクランクでローラーを回すようになっている。ローラーの上には木製のホッパーがあり、そこにブドウを入れる。クランクでローラーを回すと、ブドウがローラーを通り抜ける間につぶされて、下の容器に落ちて行く。

ブドウをつぶすと、ブドウの皮や茎、そして果肉がブドウの果汁に混じったものができる。ブドウをつぶし終わったら、昼食の時間だ（もちろん、前の年にできたワインをお供に）。数時間後にブドウのところへ戻ってみると、すでに泡立ちが始まっていた。熟したブドウには、酵母も、それが繁殖するために必要な栄養素や条件も、すべて豊富にそろっているので、ほとんどすぐに活発な発酵が始まる。EtainとMartinは、泡立ちが収まるまでの数日間は口の開いた容器でブドウを発酵させ、それから液体を濾し、残った固形物からもジュースを搾り出して、その発酵途中のワインをエアロックの付いた樽に移していた。ブドウが良く育つ土地では、いくつかの専門的な器具さえあれば、小規模なワインづくりはシンプルで単純明快にできるのだ。

テパチェ

テパチェ（Tepache）は、パイナップルを軽く発酵させた素晴らしくおいしい発泡性の飲料で、メキシコでよく飲まれている。パイナップルの皮と芯を使って作るため、新鮮なパイナップルの果肉を味わった後にも、普通は捨てられてしまう部分を活かしてそのおいしさをさらに長い間楽しむことができる。

RECIPE

［発酵期間］

2〜5日

［容器］

- 容量½ガロン／2リットル以上の広口の容器と、ふたまたは口を覆う布

［材料］ 約1クォート／1リットル分

- 砂糖[*1]…カップ½／100g（またはそれ以上、量はお好みで）
- パイナップルの皮と芯…1個分（残りの果肉は食べてしまおう！）、1〜2インチ／3〜5cmの大きさに切り分ける
- シナモンスティック1本、クローブ（ホール）数個、またはそれ以外のスパイス（オプション）

［作り方］

1. カップ1／250ml程度の水に砂糖を溶かしておく。
2. パイナップルの皮と芯、オプションのスパイスを容器に入れる。
3. 砂糖水をパイナップルの上から注ぎ、必要に応じてパイナップルが浸る程度に水を足す。
4. 緩くふたをするか布で覆って、毎日かき混ぜる。
5. 温度と好みの発酵の程度に応じて、2〜5日間発酵させる。何日か経つと泡が出てきて、はっきりとした酸味が感じられるようになる。
6. 2日たったらその後は毎日味見して、風味の変化を確かめる。
7. 風味に満足したら、濾して固形物を取り除く。
8. そのまま飲むこともできるし、冷蔵庫で数週間保存することもできる。
9. もし酸っぱくなりすぎてしまっても、あきらめない！　濾して固形物を取り除いた後、表面を空気に触れさせた状態で放置すれば、1〜2週間でパイナップルビネガーができる。

＊1　できればピロンシージョやパネラなどの未精製糖が望ましいが、どんな種類の砂糖でもおいしくできる。

グアラポ・デ・ピーニャ

グアラポ・デ・ピーニャ(Guarapo de piña)は、また別の発酵パイナップル飲料で、私はコロンビアのボゴタで初めて味わった。その作り方をボゴタ発酵フェスティバルで実演してくれたPachoという男性は、Matapiと呼ばれるコロンビア・アマソナス地方の先住民族の出身だった。

グアラポ・デ・ピーニャの作り方は、驚くほど簡単だ。熟したパイナップルを(皮ごとすべて)すりおろし、そのマッシュを自然発酵させてから、濾して飲む。パイナップルを大量に必要とするので、パイナップルの産地でしか作られない。下の写真に示したのは、Pachoが使っていた道具の一部だ。単なる飲みものではなく、グアラポ・デ・ピーニャがMatapiの文化で重要な役割を果たしている儀式的な意味について学べたことも興味深かった。

その儀式について私に説明してくれたのは、私のコロンビアでのホストであるEsteban Yepes Montoyaだった。Estebanによれば、暦や天体の位置ではなくセミやカエルの出現といった生物の行動に基づいて決まる時節ごとに、Matapiの人たちはmalocas(大きな儀式用の建物)に集まり、季節の移り変わりを告げる儀式を執り行うのだという。この儀式は、ほかの生き物との持ちつ持たれつの関係を祝福するものであり、タバコ、コカ、そしてパイナップルという特に神聖な植物を使って行われる。参加者は何日もの間、グアラポ・デ・ピーニャ以外の食べものや飲みものは一切口にせず、歌い踊る。Estebanが私に説明してくれたところでは、これによって彼らはトランス状態になり、「今ここにある季節に身をゆだね」て「パイナップルの神聖なエキスに拝礼する」という。世界中の多くの先住民の伝統が示すように、発酵の産物は神聖な相互の結びつきを具現化しているのだ。

左:すりおろしたパイナップルの果肉をおろし器から取り除いているところ。
中央:Matapiの言葉でjualapaと呼ばれる、グアラポ用のおろし器。
右:グアラポ・デ・ピーニャの入ったtotuma(ヒョウタンのカップ)。

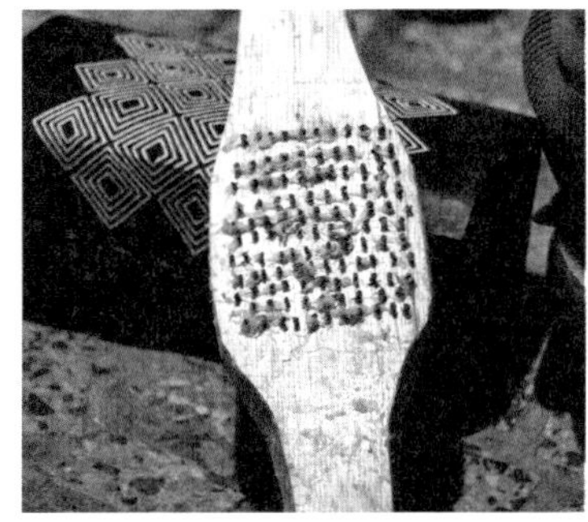

モービー

カリブ海に浮かぶセントクロイ島を訪れたとき、私はモービー（mauby、スペイン語ではmabí）を探し出そうと心に決めていた。これはモービーの木（*Colubrina elliptica*、ソルジャーウッドとも呼ばれる）の樹皮から作られる、軽く発酵したソフトドリンクで、カリブ海の島々の多くで愛飲されている。モービーは苦くて甘く、そして樹皮に含まれるサポニンのため非常によく泡立つ。シナモン、ナツメグ、メース、スターアニス、ショウガなど、さまざまなスパイスで風味付けされる。

その何年か前、私は『天然発酵の世界』を読んだプエルトリコ人の女性が郵送してくれた樹皮とレシピを使って、それまで一度も味わったことのないモービーを私なりに何度か作ってみた。唯一の問題は、私がモービーのスターターとして何を使えばよいのか、彼女にもわからなかったことだ。通常は前回のバッチをスターターに使うバックスロッピングが行なわれる。私は試しにウォーターケフィアを使ってみたら、非常にうまくいった。私の経験では、スターターはだいたい代用が効くようだ（特に、軽く発酵した甘い飲みものの場合には）。

セントクロイ島の土曜の朝の農産物直売所で、自家製のモービーを売っている女性を見つけて私はとても感激した。モービーは再利用されたプラスチック製のボトルに入っており、発酵による圧力で膨らんでいた。かの地の暑さの中で飲んだ冷たいモービーは、さわやかでおいしかった！　私はスターターとして使うために小さなボトルを何とか自宅に持ち帰り、モービーを作るたびに少量を（冷蔵庫に）取りおいて、これまで10年以上バックスロッピングを続けている。

乾燥したモービーの樹皮。

[発酵期間]

3日から1週間

[容器]

- 容量1ガロン／4リットル以上の、かめなどの容器
- ソーダ水の入っていたペットボトルなど、密封できるボトル。プラスチックのボトルを使う利点は、モービーの圧力がどれだけ高まっているか触ってわかるため、冷蔵庫に入れて破裂を防止できることだ。

[材料] 1ガロン／4リットル分

- モービーの樹皮＊1…ふんわり詰めてカップ1／40g
- 少量のリコリスやショウガなどの根茎、またはシナモンやスターアニス、クローブ、オールスパイスなどのスパイス（失敗を恐れずに実験してみよう！）
- 塩…ひとつまみ
- 砂糖＊2…カップ2／400g（量はお好みで）
- 前に作ったモービー、ウォーターケフィア、ジンジャーバグなどの活力のあるスターター…カップ1／250ml、あるいはイーストひとつまみ

[作り方]

1. ½ガロン／2リットルほどの水にモービーの樹皮と根茎やスパイスを入れて少なくとも30分、できれば1時間以上煮て風味を抽出する。
2. モービーとスパイスの煮汁を濾して発酵容器に入れる。
3. 熱いうちに塩と砂糖を加えて溶かす。
4. 冷水を加えて全体の体積を1ガロン／4リットルにする。（最初の½ガロンの水は蒸発したり樹皮やスパイスに吸収されたりした分だけ少なくなっているので、½ガロン以上の水が必要になるはずだ。）
5. スターターを加える。よくかき混ぜ、虫よけの覆いをして、数日間発酵させる。
6. 毎日、数回かき混ぜる。
7. 泡立ち始めてきたら（一般的に言って、暖かい気候や元気なスターターで発酵させると早く泡立つ）、ボトルに詰める。次に作るときのためのスターターとして、ジャーに少し移しておくこと。残りを密封可能なプラスチックボトルに入れる。触って中の圧力を感じ取り、発泡の強さを判定できるようにするためだ。
8. スターターの入ったジャーとプラスチックボトルを、一晩または数日、ボトルの中の圧力が高まるまで発酵させる。
9. でき上がったモービーは冷蔵庫に入れて、冷えた状態で召し上がれ。
10. スターターは冷蔵庫で1年以上保存できる。

＊1　カリビアンマーケットやインターネットで購入できる
＊2　できればパネラやジャガリーなどの粗糖が望ましいが、どんな砂糖でもよい

柿酢

私は柿が大好きだ。一番好きなアメリカガキ（*Diospyros virginiana*）は、小粒で柔らかく、ジューシーでキャラメルのような味がする。私が住んでいるテネシーの森では、9月から12月までが森の地面から熟した柿を拾い集める季節だ。木によって柿の味はそれぞれ違い、私にとって特別にお気に入りの木も何本かあるが、どの柿の実もおいしい。未熟な柿の実はとてつもなく渋いので、十分に熟した柿の実の見分け方を学んでおく必要があるだろう。これから説明する柿酢はアメリカガキでも、もっと入手しやすいアジア原産の柿でも作れる。

私はこの素晴らしく簡単な柿酢の作り方を、かつての私の生徒でありオーストラリアへの旅を手配してくれたSharon Flynnから学んだ。詳細は彼女の美しい本『Ferment for Good』に載っている。Sharonによれば、彼女はこの方法を最初は韓国で知り、その後Nancy Singleton Hachisuの素晴らしい本『Preserving the Japanese Way』でも見たのだそうだ。

この酢は心地よく甘酸っぱい柿の風味がするだけでなく、副産物の柿の果肉が漬け床として利用できるという素晴らしい利点もある（24ページの「柿の漬け床」を参照）。

この柿酢に必要な材料は、柿だけだ。どんな種類の柿でも良い。Nancy Singleton Hachisuは、柿がまだ硬い（「野球のボールのように硬い」）うちに使うことを勧めている。彼女は富有柿（硬いうちから甘い品種）と蜂屋柿（柔らかくなるまでは渋い品種）を混ぜて使っている。北アメリカ原産の柿を使う場合には、完全に熟したものを使うようにしてほしいが、いくつか未熟なものが混じっていても問題ない。発酵によってタンニンは分解されるはずだ。このレシピは、柿の収穫期である秋に作り始め、冬にかけて長期間じっくりと発酵させることを意図している。

[発酵期間]

冷涼な環境で３か月ほど

[器材]

- 陶器のかめやボウルなど、非反応性の容器
- 容器を覆う布と、それを止めるひもかゴムバンド
- ざるとその中に敷く目の細かい布（綿モスリンなど）
- 密封可能な細口のボトル

[材料] 約カップ２／500ml分

- 柿の実…２ポンド／1kg／250ml

[作り方]

1 柿の実からへた（てっぺんの果肉のない部分）を取り除く。

2 柿の実を天地返しできるほどの大きな容器に、柿の実を入れる。

3 容器を布で覆い、ひもかゴムバンドで止めて虫が入らないようにする。

4 数日間発酵させる。「かめは日の当たる場所に置き、あとは自然に任せましょう」とNancyはアドバイスしている。

5 数日たったら様子を見てみる。柿の皮にカビが生え始めたら、切り取って捨てる。柿を少しかき混ぜる。柿は次第に柔らかく、ジューシーになってくるはずだ。

6 毎日あるいは1日おきにかき混ぜると、どんどん柿はジューシーになってくる。ジュースは発酵に伴って泡立ち始める。ジュースを味わい、甘味からアルコールへの変化を楽しもう。

7 泡立ちが収まり、少し酢の味がしてきたら、布で覆って虫の侵入を防ぎながら空気に触れさせ、数か月置く。

8 毎週あるいは1週おきに味見して、酢への変化を確かめる。表面にはマザー（酢母）ができることもあれば、できないこともある。いずれにしても、心配する必要はない。

9 柿酢は若いうちに軽いドリンクとして楽しむこともできるし、2〜3か月発酵させて酸味を強くすることもできる。暑い季節になるまでには仕上げてしまうこと。

10 酢を仕上げるには、目の細かいざるに綿モスリンなどの目の細かい布を敷いて濾す。数時間置いて柿のマッシュから自然に水分を流れ出させてから、布の四隅を中央に向かって折りたたみ、重石として適当な重さのボウルや鍋（その中に別の重石を入れても良い）などを乗せて、果肉からさらに液体を搾り出す。液体が出てこなくなったら、残った果肉を布の中で丸め、手で押してジュースをできるだけたくさん搾り出す。

11 柿酢はそのまま、密封した瓶に入れて保存する。

12 果肉は、次のレシピ「柿の漬け床」に説明しているように、漬け床として使える。

柿の漬け床

柿酢づくりの素晴らしいところは、その副産物を漬け床として利用できることだ。果肉と種の混じった搾りかすには柿の風味が十分に残っており、それを生かした酸っぱい野菜の漬物が作れる。この本の後の章にも出てくるように、ひとつの発酵プロセスの副産物が別の発酵の出発点として使われることはよくあるのだ。日本の漬物のスタイルは非常に多彩で、驚くほどさまざまな漬け床が使われる。その多くは、酒粕（80ページの「粕漬け」を参照）やこの柿の漬け床のように、発酵の副産物だ。

RECIPE

［発酵期間］

数日間

［容器］

- 小さなかめ、広口のジャーなど、容量1クォート／1リットル以上の非反応性の容器

［材料］½ポンド／250g分

- ダイコン、カブ、ニンジン、キュウリなど（他の野菜でも実験してみよう）…½ポンド／250gほど
- 粗塩…大さじ1〜2
- 22ページの柿酢の搾りかす…1ポンド／500gほど

［作り方］

1. 根菜は、漬ける前に数日間天日干しにする。これには根菜をしんなりとさせ、水分量を減らして漬け床が水っぽくなることを防ぎ、さらには柿の風味をより多く野菜に吸収させる効果がある。
2. 野菜を、見つけやすく取り出しやすい大きさに刻む。
3. キュウリを使う場合には、漬ける前に塩をして、ざるにあげて数時間水を切ってから、水洗いして乾かす。
4. それ以外の野菜は、切り口に粗塩をすり込んでから漬ける（表面に傷をつけ、風味と栄養がより早く移行するようにするため）。
5. 柿酢の搾りかすの漬け床に、切った野菜をうずめる。野菜が互いに触れないようにして、表面全体を漬け床に接触させること。
6. 野菜を漬け床の中で2・3日発酵させてから取り出す。野菜に付着した漬け床とともに、スライスして召し上がれ。
7. この漬け床は一度か二度は再利用できるが、次第に柿の風味は弱くなり、酸味が強くなってくるだろう。

フルーツ酵素

私はアジアのあちこちで、フルーツ酵素に熱中している人たちに出会った。その人たちが微生物ではなく酵素にこれほどまでの情熱を傾けている理由は、私にはわからない。実際、発酵にはすべて酵素——微生物を含めた各種の細胞によって産生されるタンパク質——が関与しており、そのおかげで細胞は栄養素を消化吸収することができる。酵素愛好者の関心事は、大きく2つに分かれるようだ。ひとつは飲みものづくり。一種の若いカントリーワインで、フルーツとブラウンシュガーと水を数週間発酵させたものだ。もうひとつはフルーツや野菜のくずを使ったクリーナーづくりで、農業やバイオレメディエーション［生物的環境浄化］にも利用される。

中国の雲南省で私の一行は、大理に住んでいる友人のJaredからかの地に酵素「カルト」が存在すると聞いて、がぜん興味を持った。彼の手配で私たちは、集団生活をしながらベジタリアン食を実践している魅力的で真剣な酵素の信者たちと会って食事を共にすることになった。このグループは、タイのRosukon Poompanvong博士の弟子であるマレーシアの酵素プロモーターJoean Oong博士を信奉していた。

酵素がすべての問題の解決策である——汚染された水をきれいにし、オゾン層を復活させ、土壌を再生する——と主張しているこの酵素プロモーターは、もしかするとカルトの領域に踏み込み始めているのかもしれない。Rosukon博士の手法や思想については、彼女のウェブサイトEnzymesos（http://www.enzymesos.com/）に英語の情報がたくさん掲載されていた。パンフレットに載っている図には、「地球温暖化：灼熱の地球」対「エコ酵素：クールダウンする地球」という、2つの対照的な未来が示されている。別のところには、「エコ酵素を作ることは、地球を救うための簡単ですが効果的な方法です」とある。それほど単純なものであればいいのだが！

大理の酵素愛好者たちを訪ねた数週間後、私は日本の京都を訪れた。数年前に知り合った、小川智子という日本の女性が、発酵食堂カモシカというカフェに私を連れて行ってくれたのだ。彼女によれば、発酵食堂は英語に翻訳すると「Fermentation Diner」となる。そこで私はまず、発酵フルーツ酵素のドリンクに焼酎と炭酸水を混ぜたおいしいカクテルを楽しんだ。それから自家製の味噌を使ったみそ汁と漬物、そして発酵玄米のおいしいディナーをいただいた。トイレに行ったとき、石鹸のかわりにフルーツ酵素が置いてあることに私は気づいた。あたりを見回してみると、いたると

私たちに味見させるために、酵素ドリンクのボトルを開けようとしている中国の酵素愛好者。

さまざまなフルーツ風味の酵素ドリンク。

発酵中の酵素クリーナー。

ころにフルーツ酵素の（日本語の）プロモーション素材が置いてある。このカフェで働く人たちはマレーシアやタイの導師のことは知らないようだったが、日本の酵素協会に所属していると言っていた。違った場所で繰り返しこのような酵素の活用を目にしたことは、酵素に対する関心が広まっていることを私に確信させ、その作り方を学ぶ理由を与えてくれた。

酵素ドリンクを作る基本的な手順は次の通りだ。まず2ポンド／1kgのフルーツ（どんな種類でもよい）を用意する。ブドウやベリー類以外のフルーツは、食べられる果皮はつけたまま乱切りまたは薄切りにする。容量1ガロン／4リットルのジャーやかめに、フルーツとカップ2／400gほどの未精製糖かブラウンシュガー（あるいは蜂蜜などの甘味料）を層にして敷き詰め、カルキ抜きした水をひたひたに注ぐ。容器には多少のエアスペースを残しておく。ゆるく蓋をして、頻繁にかき混ぜながら2〜3週間ほど発酵させる。発酵が落ち着いてきたら、濾してフルーツを取り除き、賞味する。

酵素クリーナーはフルーツや野菜のくずを使って作られるため、「ガーベッジ・エンザイム（ごみ酵素）」と呼ばれることもある。重量比でフルーツや野菜のくず（柑橘類の果皮を含む）3に対して砂糖1と水10を混ぜる。多少のエアスペースを残して、密封したバケツかプラスチックボトルの中で発酵させる。はじめのうちは頻繁に圧力を逃がし、かき混ぜて浮遊物を水中に沈める。最低でも3か月発酵させてから使う。固形物を濾して取り除き、残った液体を一般的には希釈して利用する。保存は室温で。友人のMara Jane King（私と一緒に中国を旅行した話はあとで出てくる）は、何年も酵素クリーナーを作って使っている。「掃除にはすごい効き目があります」と彼女は熱を込めて言う。「バスルームのカビは取れるし、タイルは白くなるし、ペットがおもらししちゃったときにも役に立ちます。」

ミードと蜂蜜

蜂蜜は、最も一般的で手に入りやすい糖分の原料だ。このため、蜂蜜を発酵させたミードが、最初の意図的な発酵食品であると一般的には考えられている。私はこの説はちょっと怪しいと思う。私にとって、蜂蜜の発酵が天然発酵への入り口だったのは確かなのだが。私が最初にワインづくりの実験を試みる際に参考にした、アマチュア向けの一般的な書籍には、ブドウの実に付いた野生の酵母をカムデン錠で殺菌してから、購入したイーストとイーストフードを加えると書いてあった。私はその手順に従いながら、西アフリカの辺境の村々で味わったパームワインやその土地の発酵食品を思い出していた。彼らはなぜ、そういったテクノロジーを一切使わずに、あれほどおいしい飲みものを発酵させることができているのだろうか？

防護服に身を包み、ミツバチの群れを巣箱に移しているJames Creagh。

よりシンプルで、より伝統的な方法とはどんなものなのだろうか？

私が見つけた最初の手がかりも、アフリカにあった。エチオピア料理の本に、タッジ（t'ej）のレシピが載っていたのだ。それは、びっくりするほど簡単なものだった。蜂蜜1に対して水4を加えて溶かし、風味付けの植物材料を加え、毎日かき混ぜながら2～3週間発酵させてから、飲む。化学薬品も、イーストも、イーストフードも必要ない。蜂蜜を加熱する必要もない。それでうまくいくのだ！　私はこの方法でもう30年近くもおいしいミードを作り続けているが、現在はもっと長い期間発酵させて強くドライなミードを作るようになったし、ボトルに詰めてからさらにエージングしている（30ページの「ターメリックのミード」を見てほしい）。

私は旅した先々で、養蜂家から素晴らしい蜂蜜をもらった。ミツバチは素晴らしい生き物で、複雑な社会組織の中で魅力的な生活を送っている。生態系における、そして経済システムにおけるミツバチの重要性はいくら強調しても足りないほどであり、それはミツバチが行なう受粉という行為のおかげだ。ミツバチは花から花へと飛び回るとき、花の蜜を集めながら花粉を運ぶ。集めた花の蜜は食料となり、また「濃縮」されて蜂蜜となる。

私はこれまでに3回ワークショップのためにオーストラリアを訪れているが、その際にはまずサウスウェールズ州の片田舎にある旧友のJames Creaghの家を訪ねることにしている。彼は（他にもいろいろと手がけてはいるが）養蜂家なのだ。最後に立ち寄ったときには、ミツバチの群れが枝の上に群がっており、Jamesが完全装備の防護服に身を包み、ミツバチの群れを揺すって女王バチとともに別の巣箱に移そうとしているのを、私は感嘆しながら眺めていた。

私もずっとミツバチを飼っていて、ミツバチが巣箱を出たり入ったりするのをうっとりと眺めていることがある。私はトップバー巣箱を自作しているが、ミツバチが失踪（abscond）してしまったことが2度ある。これは、巣箱にいるミツバチの群れが荷物をまとめて出て行ってしまうことを指して養蜂家が使う言葉だ。もしかすると何かの危険から逃れるためなのかもしれないし、もしかしたらもっといい花畑があるという知らせを受け取ったからなのかもしれない。誰にも明確な理由はわからないようだ。今年、私が巣箱に招き入れた新しいミツバチの群れは、順調に数を増やし、大いに蜂蜜をため込み、そして元気に育っているように見える。

＊　＊　＊

テッラ・マードレでの楽しい思い出のひとつは、蜂蜜の多様性を視覚と味覚の両方で体験できたことだ。世界中のさまざまに異なる地域の蜂蜜が何百種類も並んでいるのは実に壮観だったし、その色も透明から黒までさまざまな色調にわたっていた。好きなだけ多くの種類を味わうことができたので、もちろん私はたくさん味見した！　私は食感と風味の劇的な違いに感銘を受けたが、その違いは主に蜂蜜のもととなった植物の種類によるものだそうだ。

蜂蜜だけで発酵を行うことも可能だが、そうすることはめったにない。たいていのミードには、植物性の風味付けが含まれている。伝統的には非常に限られた種類の植物が使われるが、私自身の実験や他の人の作ったミードを味わった経験からは、どんな植物の食べられる部位ならほぼ何でも、ミードの素材として使えるようだ。風味やアロマといった植物のパワーを楽しむためには、ミードがぴったりだ。また、植物が付加的にもたらす酵母や相補的な栄養素によっても、ミードはさらにおいしくなる。

これまでに私がはたくさんのミードを味わった——素晴らしくおいしいものも、それほどではないものも。ハーブ栽培者や採集者などの植物愛好家を中心に形成されたミード分かち合いサークルの文化のおかげで、私は多種多様なミードに出会うことができた。その中には、シンプルなハーブやフルーツで風味付けされたものや、深遠なテーマに沿ったハーブやスパイスで風味付けされたものもあった。個人的には、私はシンプルなもののほうが好ましく感じることが多い。次に紹介するレシピは、私がターメリックを育て始めてからこのかた作り続けている、おいしくて美しいミードだ。

テッラ・マードレの蜂蜜味見エリア。

ターメリックのミード

私の住んでいる土地でもターメリックが育てられることを知ったのは、数年前のことだ。ターメリックは美しい植物で、成長期を経るたびに株が作り出す驚くほど大きな根茎は、しっかりマルチングを行えば冬を越すことができる。そして私は、ターメリックのミードが大好きなのだ。鮮やかでバランスの取れた風味と、愛らしい暖かな色合いがある。私は黒胡椒も少し加えるようにしている。風味に微妙なアクセントを加えるとともに、ターメリックに含まれる抗炎症成分クルクミンの吸収率を向上させると言われているからだ。

たいてい私は、ミードを少なくとも丸1年は発酵させてからボトル詰めしている。最初の容器で6か月、濾してサイフォンで別の容器に移してさらに6か月。もちろんもっと早く、1か月たったらいつ飲み始めてもおいしいのは確かだ。しかし、若くて甘い状態で飲むことに決めたら、それをボトルに詰めて長期間保存しようとは考えないほうがいい。ボトルに詰めて長期間エージングするためには、発酵が完了していることが肝要なのだ。

花をつけたターメリックの株。

発酵中のターメリックのミード。

RECIPE

［発酵期間］

非常に甘く若いミードは1か月、エージングできるドライなミードは1年

［作り方］

1. ターメリックの根茎を水に浸す。ブラシか手を使ってよくこすり、浮いた皮を取り除いてからすすぐ。
2. ターメリックの根茎を薄い輪切りにして、小さいほうの広口の発酵容器に入れる。好みに応じて、粒黒コショウを加える。

［器材］

- 1クォート／1リットル（またはそれ以上）の陶器製のかめ、または広口のジャー
- 1ガロン／4リットルのガラス製のジャグ（りんごジュースの入れ物になるようなもの）
- エアロックとカルボイ栓（ビールやワインづくり用品の店では数ドルで売っている。あれば便利だが、なくてもよい）
- ボトルとコルクなどの栓、サイズは任意だが全部で1ガロン／4リットル（ミードを発酵させた後にエージングしたい場合）

［材料］1ガロン／4リットル分

- ターメリックの根茎…8オンス／250gほど
- 粒黒コショウ…大さじ1～2（オプション）
- 蜂蜜…カップ3／1kg（できれば生のもの）

3 ターメリックに蜂蜜を加えて混ぜる。この段階で、次のステップで指示するように水を加えても良いのだが、私はターメリックをまず蜂蜜に漬け込むことにしている。蜂蜜がターメリックから引き出すわずかな水分によって、十分に発酵はスタートする。ターメリックと蜂蜜の混合物を1日に1回混ぜるか振るかしながら2～3週間待ち、いい感じに泡立たせるのが私のやり方だ。

4 ターメリックを漬け込んだ蜂蜜がうまく泡立ってきたら、ジャグに移す。ここに加えるために、3クォート／3リットル強のカルキ抜きした水を用意しておこう。カップ1ほどの水をもとの容器に注いで振り、中に残った蜂蜜をすべて溶かし切ってから、ジャグに加える。さらに1クォート／1リットルの水をジャグに加え、振って蜂蜜を溶かす。最後に、ジャグの首が細くなっているところまでカルキ抜きした水を加える。首の部分には約2インチ／5cmのエアスペースを残しておく。蜂蜜が完全に溶けるまで、よく混ぜる。

5 エアロックを持っている人は、それを使って栓をする。風船、コンドーム、あるいはびんのふたなど、大まかにふたができて空気をわずかに通し、中の圧力を逃がせるようなものでも代用できる。

6 数か月かけて、泡立ちがまったく見えなくなるまで発酵させる。この時点でおいしく飲めるが、まだかなり甘くアルコール濃度は比較的低い。続けてさらに発酵させることもできる。

7 濾してターメリックの薄切りを取り除く。取り除いたターメリックはおいしいおやつとして食べたり、料理に使ったりしてほしい。

8 このまま飲むか、ボトルに入れて冷蔵するか、ガス抜き機構の付いたボトルに移す。この段階でボトル詰めしてエージングするのは一般的には時期尚早であり、栓が飛んだり爆発したりするおそれがある。

9 さらに発酵を続けたい場合には、濾したミードをサイフォンでジャグに戻す。サイフォンには、液体を空気に触れさせて「スタック」した発酵を再開させる働きがある。取り除いたターメリックや、サイフォンの際に残ったおりの分だけ容積は少なくなっているはずだ。必要に応じて、蜂蜜水（水カップ1／250mlに対して大さじ4の割合で蜂蜜を加える）を足す。再びエアロック（あるいはその代用品）の付いた栓をする。さらに数か月かけて、泡立ちがまったく起こらなくなるまで発酵させる。この完全に発酵したミードをサイフォンでボトルに移してエージングする。

野菜 2

VEGETABLES

野菜の発酵をきっかけとして、私は発酵の道に入った。またそれは、最初に手掛ける発酵プロジェクトとしておすすめできる。プロセスがわかりやすく本質的に安全であること、比較的すぐに得られた成果を楽しめること、私たちはみなもっと野菜を食べる必要があること、そして発酵野菜は非常においしく栄養たっぷりで、プロバイオティックなバクテリアを豊富に含むことなどがその理由だ。最初にザワークラウトを作って数十年このかた、私は自分のキッチンで野菜を発酵させ続けている。その間、私はさまざまな発酵のスタイルを試すとともに、新たな手法について常に学んできた。基本的な手順は非常に単純なものだが、発酵はさまざまに応用でき、ほとんど無限のバリエーションがある。

ザワークラウトの歴史やその起源にまつわるあらゆる逸話は、塩漬け発酵野菜の源流が中国にあることを示している。私が中国へ旅行したとき特に興味があったのは、私たちが先祖から受け継いできたピクルスが中国ではもともとどういうものだったのか突き止めることだった。この章では、野菜を発酵させる中国の手法について私が学び得たことをお伝えする。また、世界のその他の地域における野菜発酵の伝統についても、私が知り得た範囲で紹介する。例えば、南東ヨーロッパのキャベツをまるごと発酵させる手法や、まるごと発酵させたキャベツの葉で具を包んだ料理（サルマ）、発酵させたブドウの葉で包んだ料理（ドルマ）などだ。日本の木曽町への私の旅にもお付き合いいただきたい。そこでは住民たちが伝統に従い、200年以上の昔から前年の漬け汁を使ってバックスロッピングを行いながらまったく塩を使わずに野菜を発酵させてきた。私が出会った発酵食品づくりの名人たちが披露してくれた、何度でも使えるターメリックの漬け床や粕漬け、そしてとても素晴らしいビーツクワスなどのレシピもある。最後に、発酵野菜を乾かす実験的なアプローチについての考察でこの章を締めくくる。

菜園の中の私。

豊富な収穫を保存する

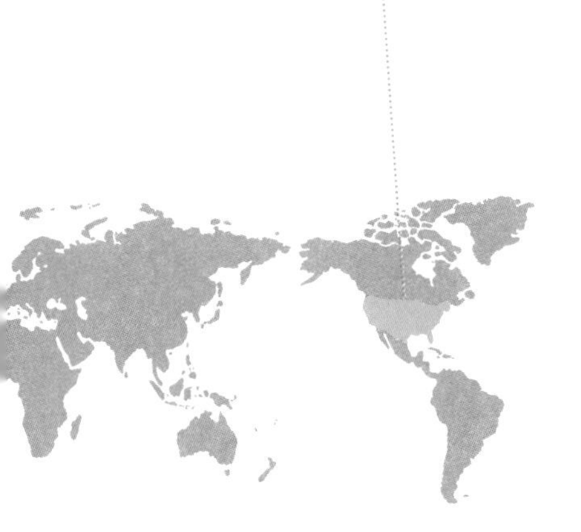

そもそも、私が野菜を発酵させる方法を学ぶ現実的な理由となったのは、私の菜園の収穫だった。その後の私の遍歴はすべてそこから始まっている。いつも私が旅をするとき気がかりなのは、菜園の手入れができなくなることだ。それほど私は菜園を離れがたく感じている。だから私は、長年にわたってお気に入りのワークショップが数多く開催されてきた農場へ旅するときにはいつも親しみと仲間意識を感じるし、私の菜園へのアイディアやインスピレーションも受け取っている。

私が最も頻繁に教えに行ったテネシー州レッドボイリングスプリングスのLong Hungry Creek Farmという農場を営んでいるのは、友人のJeff Poppenだ。私がJeffと初めて会ったのはもう四半世紀以上も前のことで、そのとき彼は有機園芸・農業イベントで野菜を無料で配っていた。それ以来、彼が外出する先々で野菜を配っているのを私は見てきた。何年もの間に、私や私の友人たちは文字通り何トンにものぼる野菜を彼からもらい、それを（大部分）発酵させたことになる。とはいえ、彼は自分の育てた野菜をすべて配っているわけではない。Jeffは地域に支えられた農業プログラムを通して多くの野菜を販売しているし、一部はレストランにも卸している。しかし彼の最も大きな喜びは、豊富に野菜を作り、それを無料で分かち合うことにあるようだ。

少なくとも15年の間、毎年私はJeffの農場で秋の収穫ワークショップを開催してきた。私は野菜発酵ワークショップで教え、それから500ポンド［250kg］もの野菜を自宅に持ち帰って発酵させたり配ったりする。Jeffはワークショップを主宰し、宣伝し、一年分のキムチを漬ける。しかし実際には、ワークショップはその日の活動の脇役にすぎない。私にとって、その日の主役は収穫作業だ。

Jeffの野菜畑は彼の広大な農場のあちこちに点在しているので、彼と助手たちは干し草ロールをトレイラーの荷台に積み上げて参加者をその上に座らせ、トラックでトレイラーを農場のあちこちへ牽引して行く。その後に続くもう1台のトラックには、私が自宅へ持ち帰る野菜が山と積まれる。その年の気候や条件によって、Jeffが豊富に収穫する野菜は違ってくる。いつもたくさん取れるのは、ダイコン、白菜、パクチョイといったところだ。今年は紅芯大根とパクチョイが豊作だったため、私が収穫物で作ったザワークラウトの巨大なバッチ（53ガロン／200リットル）はホットピンクに染まっ

ダイコン畑で受講者たちと話すJeff Poppen。

た。ダイコンが豊作の年もあれば、白菜の年もある。そのときどきに応じて、豊富な収穫を取り合わせることに変わりはない。世界中どこでも、要するにそれが発酵の動機であり、誘因なのだ。

少なくともここ10年、私のところで主催する5日間の発酵研修プログラムはJeffの農場への旅と重なるように日程を組んでいて、近くの友人たちにも参加を呼びかけている。そんなわけで私の一行はたいてい20人ほどになるし、Jeffの側からも普通は同じくらいの人数が来る。私たちは全員を干し草ロールに座らせ、散在するJeffの畑に連れて行く。トレイラーが止まるたびに、Jeffは彼の農業のやり方について少し話し、質問に答え、それから私たちは畑へ出て行って収穫する。Jeffはバイオダイナミック農法を取り入れており、最も重要な作物は土壌微生物であると熱を込めて語る。グループが畑に散らばって根菜を収穫するとき、Jeffが私たちに懇願するのは土を根菜から取り除き、畑に返してほしいということだ。彼は自分の農場の豊饒の証である何百ポンドもの野菜を、喜んで私たちと分かち合う。しかし彼にとっては、その豊饒の源である土のほうがずっと大切なのだ。

私はこのイベントが毎年待ち遠しい。とても楽しいからだ。みんなの精神を高揚させるのは、豊饒の感覚だ——野菜の大きさ、延々と続く畝の連なり、そして収穫した作物が私たちの腕を、ブッシェルかごを、さらにはピックアップトラックの荷台を満たして行く速さ。2倍、3倍、4倍と収穫しても、まだ畑には作物が残っていることだろう。

トラックいっぱいのダイコンやラディッシュと受講者たち。Jeffの農場で収穫したばかりだ。

中国の発酵野菜

2016年、私は数週間かけて中国を旅した。かの地の発酵の手法についてもっと学びたいと思ったからだ。中でも興味があったのは、中国の人たちがどのように野菜を発酵させているかということだった。ザワークラウトに関するどの歴史資料にも、発酵によって野菜を保存する中国の手法を中央アジアの遊牧民が西方へ伝え、ヨーロッパにもたらしたという記述が繰り返し現れる。野菜の発酵に関するアジアの特定地域の伝統——特に日本と韓国——については豊富な資料が存在するが、中国の手法について英語で書かれた文献は非常に少ない。そのため私の中国への旅の少なくとも一部は、ザワークラウトの歴史的ルーツの探求にあてられた。

私の旅の道連れには、3人の中国語話者がいた。私のかつての教え子で友人でもあるMara Jane Kingは香港で育った。彼女の母親Judy Kingは生粋の香港人で、非常に旅好きで食べものに関する造詣も深い。そしてイタリア人の映像作家で私たちの友人Mattia Sacco Bottoは標準中国語を学んで会得し、現在は中国に居住してイタリア語のリアリティーテレビ番組を制作

COLUMN

People's Republic of Fermentation
(発酵人民共和国)

私たちの中国の旅は、それぞれ発酵の特定の領域に的を絞った8本の短い(それぞれ約10分の)ビデオにまとめられている。そこには、この本に取り上げた人や出来事や手法などの多くが収録されている。これらのビデオを撮影し、監督し、そして編集してくれた非常に才能のあるイタリア人映像作家のMattia Sacco Bottoは、伝統的な食品に注目しており、標準中国語も堪能だ。小気味いいテンポで美しい映像が流れるこれらのビデオは、発表された年(2017年)の**Saveur**誌ベストフードビデオブログに選ばれた。これらのビデオは、YouTubeで「People's Republic of Fermentation」と検索すれば見つかる。

している。この本のあちこちで、私は中国で見聞きし学んだ体験を紹介している。この素晴らしいチームがなければ、中国で私は何も理解することはできなかっただろう。

正直に言うと、実は中国での短い滞在期間中にザワークラウトの手法（刻んだ野菜に塩をまぶす）に出会うことはできなかった。それでもなお、中国の多種多様なスタイルの発酵野菜に出会うことはできた。ショウガ、唐辛子、ニンニク、そしてネギをそれぞれ塩水に漬けて発酵させたものが、炒め物の材料として使われていた。野菜やタケノコをまるごと塩水に漬けたものは、あちこちで見かけた。真っ赤な色でスパイシーな、さまざまに刻まれた野菜の発酵食品もあった。パリっとした酢漬けの野菜を発酵豆ペーストやピーナッツ、ゴマ、ラー油であえた料理。そして素敵に鮮やかで得も言われぬスパイスの効いたパオツァイには、キクイモまで入っていた。実にさまざまな漬物が、市場の売り場だけでなく、私たちが招かれた個人の家やレストランのキッチンにも並んでいた。

中国にこれほど多くのバラエティーに富んだ発酵野菜が存在するのは、少しも不思議なことではない。どの市場も、野菜の豊富さ、多様さ、そして品質の高さには目を見張るものがあるからだ。中国の人たちはたくさん野菜を食べる。野菜が好きなのは私も同じだ。野菜そのものが手に入りやすいだけでなく、発酵容器もまた市場のあちこちで売られている。このことは、家庭での発酵食品づくりが今もなお、少なくともある程度の広がりを持って行われていることを示すものだ。

中国のあらゆる地域に、さまざまなスタイルの発酵野菜が存在していることは間違いない。以下に示すレシピは、私が中国南西部での短い滞在期間に学んだものだ。

すばらしく豊富で多種多様な、実に美しい野菜が中国の市場には並んでいる。

市場の陶器売り場。中国では、伝統的な発酵に使うかめがいたるところで売られている。

丁佳蓉夫人のパオツァイ

丁佳蓉夫人が私たちに食べさせてくれた、
キクイモ入りのパオツァイ。

丁佳蓉夫人が自宅の台所で、彼女の漬け方を私たちに
教えてくれているところ。

私たちは中国での初日に、何の予定も立てていなかった。成都で宿の近くをぶらぶらしていると、通りに面したアパートの窓の外側にソーセージがぶら下がっているのに気付いた。私が立ち止まって写真を撮っていると、そこに住む丁佳蓉夫人が自分の作ったソーセージが撮影されているのを見て、外に出てきて私たちと話し始めた。それから彼女は私たちを昼食に招き、彼女の発酵プロジェクトをすべて私たちに披露して、作り方を教えてくれたのだ。

パオツァイ（泡菜）は中国式の発酵野菜であり、その最も際立った特徴は、漬け汁を何度も繰り返し使う点にある。私がパオツァイを最初に見かけたのは、丁佳蓉夫人の家だった。彼女のパオツァイの漬け汁は、何年も使い込んだものだった。漬け汁が熟成すると、野菜はとても早く漬かるようになる。彼女が私たちに食べさせてくれたものは、複雑でおいしい味がしたが、わずか12時間ほど漬けたものだったそうだ。しかし、新しい漬け汁に最初に漬けた野菜が良い風味に漬かるには、もっと長い時間——環境にもよるが、1〜2週間は——かかる。

次に示すレシピは入門用の手引きだが、私たちが食べたものとはどれも少しずつ違うものなので、材料を削ったり足したりして自由に実験してみてほしい。私は漬け汁に乾かしたリコリスの根を少し加えているが、まるで違った素晴らしい味になる。

RECIPE

丁佳蓉夫人のパオツァイ

［発酵期間］

漬け汁が育って最初の野菜が漬かるまでに1〜2週間、その後は成り行きで

［容器］

- 2クォート／2リットルのジャーなどの容器

［材料］ 2クォート／2リットル分

- 塩…大さじ1
- 砂糖*1…大さじ1
- ショウガの薄切り…3枚（量はお好みで）
- 四川唐辛子…小さじ2（量はお好みで）
- 乾燥唐辛子…5個（量はお好みで）
- ブラックカルダモン…2さや（量はお好みで）
- 乾かした、またはせん切りにしたリコリス…小さじ1（オプション）
- 漬ける野菜*2…1ポンド／500gほど、中程度の大きさに刻む*3

［作り方］

1. カップ5／1.25リットルの水を用意する。丁佳蓉夫人は、まずその水を煮立たせてくださいと言っていた。私は自宅の井戸水が好きなのでそのアドバイスには従っていないが、それでもおいしくできる。私はカップ1ほどの水を煮立たせて麦芽糖を溶かしてから、冷水を加えて薄めている。
2. 容器の中に水と塩と砂糖を入れて溶かす。
3. 漬け汁が冷えたら、スパイスと漬ける野菜を加える。
4. 最初のバッチの野菜は、発酵するまでに1〜2週間かかる。発酵した野菜は、パリっとした食感があって、穏やかな酸味とスパイスの効いた豊かな風味になる。定期的に味見して、風味の変化を観察する。
5. 漬かったと判断したら、食べたいときに食べたいだけ野菜を漬け汁から取り出す。全部食べ終わってから次の野菜を加えると、発酵はずっと速く進み、1日か2日で漬かる。漬け汁が熟成すればするほど、速く漬かるようになる。
6. 漬け汁の中の塩や砂糖やスパイスは、野菜にしみ込んで取り出されて行くので、だんだん少なくなってくる。味見して風味を確認し、必要に応じて塩や砂糖、スパイスを加える。
7. 漬け汁の表面に酵母の膜ができた場合には、強い蒸留酒を大さじ1杯加えるのが丁佳蓉夫人のテクニックだ。

＊1 丁佳蓉夫人は「ディンディンタン（叮叮糖）と呼ばれる特別な種類の麦芽糖（41ページの「ディンディンタン」を参照）を使っているが、普通の麦芽糖や水あめ、あるいは顆粒状のきび砂糖でもおいしくできる

＊2 ダイコン、キャベツ、タマネギ、ニンジン、キュウリなどのどれか、またはその組み合わせ

＊3 漬け汁の中で見つけやすく取り出しやすい程度には大きく、しかし漬け汁がしみ込みやすいように表面積を広くするため

COLUMN

ディンディンタン

丁佳蓉夫人は、パオツァイに使う砂糖は中国で**ディンディンタン（叮叮糖）**と呼ばれるものに限る、と力説していた。それは引っ張るとどんどん伸びるため、私の目にはターキッシュタフィー［ヌガーに似た菓子］のように見えた。切り分けるためには、強くたたいて割らなければならない。この奇妙な性質を、Maraは「非ニュートン粘性」を持つ、と表現していた。

ディンディンタンは実際には一種の麦芽糖であり、モルト処理された（発芽した）穀物から作られる。この名前は丁佳蓉夫人とは関係なく、行商人が自分の存在を知らせるために街を歩きながら立てる音に由来している。行商人はのみとハンマーを、ディンディンタンを割るために使うだけでなく、歩きながら叩き合わせて音を立てるのだ。どういうわけか、この砂糖は市場で手に入れることはできず、こういった流しの行商人から買うことしかできないようだ。

私たちはディンディンタンを目にしてそれにまつわる話を聞いて以来、この音が聞こえないかと耳を澄ますようになった。ある日、私たちは貴陽でその音を耳にして、行商人からディンディンタンを買った。彼はこのタフィーに似た砂糖のかたまりを背負いひもの付いたかごに入れ、背中にしょって道具を叩き合わせながら歩いていた。彼はまず、のみを使って割る場所を示し、私たちが買いたい分量が判明すると、のみを砂糖のかたまりに当て、ハンマーでたたいて割り、ビニール袋に包んで渡してくれた。ディンディンタンを中国以外で見つけることはできなかったが、麦芽水あめ（多くの自然食品店で手に入る）や麦芽糖（多くのアジア食材市場で手に入る）が最も近い代用品になるだろう。顆粒状のきび砂糖などを使っても（あるいは砂糖を全く使わなくても）、おいしくできる。

中国の貴陽でディンディンタン麦芽糖を売る行商人。

言子と从各のパオツァイ

私たちは中国での初日に大都市で家庭の発酵愛好者に出会うという幸運に恵まれたが、中国の都市化に伴って、発酵などの伝統的な慣習を受け継ぐ人は減り続けている。農業で生計を立てる人は減り、スペースや時間に余裕のある人も減っているし、お金を出せばたいていの発酵食品は（その他の出来合いの食品も）買えるからだ。ほとんど世界各地で同じことが起こっている。その理由も同じだ。

そんなわけで、私は言子と从各に会えてとてもうれしかった。このカップルは、私に言わせれば中国の「大地に帰れ」主義者だ。彼らは武漢で育ち、出会ったが、（私と同じように）大都市を離れて違った種類の生活を送る決心をした。雲南省の大理という、チャーミングなカウンターカルチャーの交差点の郊外で、ユルト［遊牧民のテント］に住み、野菜を育てて保存食に加工し、子どもたちを自宅で教育している。中国で、私自身と似通った生き方をしている人と出会えたことに、私はとても感激した。急速に都市化する中国にあって、自然や大地との結びつきを求め、発酵のようにかつてはどこでも行われていたプロセスの重要性を認識する、対抗軸となる社会運動の存在を示しているからだ。中国での旅を通して私たちが出会った発酵は、主に年配の世代や伝統的な村落で行われていた。伝統的な慣習に再び携わろうとする若い人たちと出会えたのは素晴らしいことだ。言子と从各は、彼らに感銘を与えた本を見せてくれた。それは、ヒッピーの前の世代のニューイングランドの「大地に帰れ」運動を象徴するHelen NearingとScott Nearingの著書『Living the Good Life』を中国語に翻訳したものだった。そして彼らは私たちに、パオツァイの作り方も見せてくれた。

中国の雲南省の大理の郊外で、ユルトの前に立つ言子と从各。

野菜は漬ける前に天日干しする。

从各がパオツァイに漬ける野菜の上から水を注いでいるところ。

言子と从各の手法で特徴的なのは、漬物のパリパリ感を保つために一部の野菜を丸1日、発酵前に天日干しすることだ。私たちが彼らの住居に着いたときには、からし菜の葉が物干しロープにかけられたり、かごやざるに広げられたりして日の光を浴びていた。

RECIPE

[発酵期間]

少なくとも1週間

[容器]

- 容量2クォート／2リットル以上の、広口の容器

[材料] 2クォート／2リットル分

- ニンニク…6かけ（量はお好みで）
- ショウガ…薄切り3枚（量はお好みで）
- 唐辛子…3本（量はお好みで）
- 四川唐辛子…小さじ2（量はお好みで）
- 塩…大さじ2
- 野菜[*1]…2ポンド／1kgほど、洗って、可能であれば数時間天日干しし、大きめに切り分けたもの

[作り方]

1 スパイスと塩を容器の底に入れる。丁夫人とは違って、言子と从各はパオツァイに糖分は加えない。

2 切り分けた野菜を加え、野菜が完全に浸るまで水を加える。

3 翌日、漬け汁を味見して塩が適量かどうか判断する。必要に応じて、塩または水を加える。

4 少なくとも1週間（お好みでもっと長い間）発酵させる。野菜をジャーから直接取り出して賞味する。発酵させ続けたくなければ、冷蔵庫に入れてもよい。

5 漬け汁は果てしなく再利用できる。野菜を加え、必要に応じて塩とスパイスを追加する。

*1 からし菜、白菜、ダイコン、ニンジンなど

重湯漬け

このレシピは、貴州の洗米村という村で出会った女性から教わったものだ。私が家に帰って彼女に言われた通り作ってみると、この漬物はとてもおいしかった！　デンプンの溶け込んだ重湯によって、すばらしく特徴的な風味が加わる。長く発酵させるほど、おいしくなる。

RECIPE

［発酵期間］

1週間から1か月、あるいはもっと長くてもよい

［容器］

- 1クォート／1リットルの広口のジャー、あるいは小さなかめ

［材料］1クォート／1リットル分

- 生のもち米…カップ½／115g
- 塩…大さじ1ほど
- 野菜[*1]…1ポンド／500グラムほど、刻む
- ニンニク…数かけ（量はお好みで）
- ショウガの薄切り…数枚（量はお好みで）
- ミーチュウ［米酒、米から作る中国の蒸留酒］または日本酒…大さじ2〜3（オプション）

［作り方］

1. 重いフライパンに油を引かずに中火にかけ、もち米を炒る。頻繁にかき混ぜながら、もち米から香ばしい香りがして黄金色に色づくまで炒ること。
2. カップ3／750mlほどの湯を沸かし、炒ったもち米に加える。10分ほど煮る。
3. ボウルか鍋の上にざるを置いてフライパンの中身を空け、米粒を取り除き（取り除いた米粒はおいしく食べられる）、残った重湯を常温まで冷ます。
4. 野菜に塩をして発酵容器に入れる。ニンニクとショウガを加える。
5. 冷ました重湯を注いで野菜を浸す。
6. **ミーチュウ**（または日本酒）を使う場合には、ここで加える。全体を混ぜてなじませる。
7. 少なくとも1週間、あるいは好きなだけ長く発酵させる。密封したジャーで作る場合には、毎日（特に最初の数日は）ふたを緩めて、発生した二酸化炭素の圧力を逃がすこと。冷涼な気候で長く置くほど味は良くなる。

＊1　キャベツや白菜など、からし菜、ダイコン、ニンジン、タマネギなど

COLUMN

伝統的な発酵容器と ありあわせの発酵容器

四川省の山の中、成都から数時間かかる場所で私たちを泊めてくれた農家のお母さん、張太夫人が私たちに漬物を見せてくれた。彼女のパオツァイは、クラシックな中国のデザインのガラスの容器に入っていた。その容器の口の周りには溝が彫られていて、そこに水を入れてふたをすると中の発酵食品が空気に触れないようになっている。しかし張太夫人は、唐辛子とタケノコは再利用したプラスチック製の容器で発酵させていた。中国では、そして世界各地で、こうしたありあわせの材料が臨機応変に活用されている。

漬物を見せてくれている張太夫人。

官孝シェフの漬物小屋

成都から1時間ほどの郫県にある巨大な（500席以上ある）郫県紅星飯店の官孝シェフが、少し離れたところにある彼の漬物小屋に私たちを連れて行ってくれた。壁はなく、片流れ屋根の下に、丸みを帯びた陶器製の巨大なかめが何列も並んでいる。私の見たところでは、かめの容量はそれぞれ20ガロン／75リットルはありそうだ。この漬物小屋の規模は目を見張るものがあったし、レストランで私たちが楽しんだ宴会の席でも漬物は存在感を放っていた。私たちは食事とともにさまざまなおいしい漬物を楽しんだ。漬物は多くの料理の材料としても使われていた。

漬物小屋に置かれたかめはどれもラベルが付いておらず、どれもまったく同じように見えた。官孝シェフは、発酵中の十六ササゲを私たちに見せたかったのだが、目的のかめを見つけるまでには目印の付いていないかめを半ダースも開けて回ることになった。官孝シェフは、かめからさまざまな野菜を取り出した。ひとつのかめから、彼は巨大なダイコンを抜き出した。別のかめからは、まるごと漬けられたパクチョイを取り出した。また別のかめには、ぎっしりと唐辛子が入っていた。そしてやっと、十六ササゲが見つかった。

かめの漬け汁の表面には産膜酵母の薄皮ができていたが、官孝シェフは躊躇することなくそれを漬け汁に混ぜ込んだ。私たちがカメラやビデオで撮影しているというのに、その動作の自然さに私は感心した。漬け汁の表面にできるカビや酵母の膜は、野菜の発酵を始めたばかりの欧米人にとって最大の悩みであることが多い。微生物は恐ろしいものだと思い込んでいて、本当に危険なものとそうではないものとの区別がついていないのだ。官孝シェフが無造作に混ぜ込んでいたものと同じ膜ができたからといって、大量のピクルスやザワークラウトが不必要に廃棄されている。このプロセスを熟知した人たちにとって、産膜酵母の成長は野菜の発酵には付き物であり、まったく心配いらないものなのだ。

郫県紅星飯店の官孝シェフが、まるごと発酵させたパクチョイを私たちに見せているところ。後ろで見ているのは私の旅の道連れのMara Jane King。

すんき

大部分の伝統的な発酵野菜には塩が使われる一方で、塩を一切使わないものもある。日本の木曽——東京から西に数時間の山中にある——では、歴史的に塩の入手が難しかった。そのため、この地域では塩なしで野菜を発酵させるテクニックが発達することになった。

私は間部百合とともに木曽を訪れた。彼女とはその数年前、日本の雑誌に掲載する私の写真を撮ってもらったときにアメリカで知り合った。百合はクィアであることを公言している日本の女性で、私が属している田舎のクィアコミュニティに非常に興味を持っていた。私たちは連絡を取り合い、私が日本に行くことを彼女に伝えると、彼女は私を旅に誘ってくれたのだ。

百合は、この旅が私にとって良い学びとなるよう、塩麹などの発酵食品（156ページの「塩麹」を参照）に関する数冊の本の著者である、おのみさに連

木曽の町並み。

発酵したすんきを包装する前に水気を切って、翌年のバッチの漬け汁に使うために取っておく。

茎の付け根の部分のすんき。

すんきを作っているキッチンから顔を覗かせる私。

絡を取ってくれた。そして二人は、普通とはかなり違う――日本の中でも独特な――発酵の伝統の地に私を連れて行くことに決めた。その地が木曽であり、塩を使わずにカブの茎と葉を発酵させたすんきと呼ばれる伝統的な漬物には、スターターとして前年のバッチの漬け汁が使われる。みさは、もうひとりの発酵愛好家、都竹亜耶とも知り合いだった。木曽へ移住して小規模な博物館とカルチャーセンターを併設した地域の研究所で働いている亜耶は、私たちのために手配をし、ガイドを務めてくれた。

すんきは愉快な食べものだ！　酸っぱく、色鮮やかで、驚くほど歯ごたえがあってパリっとしている。私たちはすんきをそのままたくさん食べたが、すんきは幅広い料理にも使われる。スープにすんきの入った素晴らしくおいしいすんきそば、すんきのオムレツ、すんき入りのおかゆ、そして鰹節と醤油であえたすんきサラダ。実際、私たちがどこで食事をしてもすんきは出てきた。木曽谷の文化、アイデンティティー、そして経済にしっかりと根付いた郷土料理だ。

すんきは、地元で栽培される開田カブの茎と葉から作られる。（カブの根の部分は、別の方法で漬けられる。）茎と葉は洗って刻み（かつてはまるごと漬けられていた）、かなり熱いが煮立ってはいない程度のお湯（140°F／60℃）でさっと温める。私の想像だが、この処理は野菜をくたっとさせる酵素を変性させるためだろう。一般的には塩を使ってこの酵素の働きを抑えるが、塩なしで発酵させた野菜はへなへなで物足りないものになってしまうことがある。湯通しした野菜はさっと洗って冷やしてから、冷蔵しておいた前年のバッチの漬け汁（野菜の重量の20パーセント程度の比率）に漬ける。

すんきの作り手たちは、前年の漬け汁を「すんき種」と呼んでいる。おいしい酸っぱさがあり、私ならコップ1杯は飲めそうだ。私はこれも一種のバックスロッピングだと思う。つまり、何かを以前に作った際の残りを次に作る際のスターターとして使うことだ（ヨーグルトやサワー種、酢、ビールなど発酵の文脈で一般的だが、私はスープストックでも行われているのを見たことがある）。このバックスロッピングが、すんきの品質には重要なのだ。すんきの作り手たちによれば、バックスロッピングは200年以上も続いており、元のすんき種がどこから来たのかは誰も知らないという。起源とは、常にとらえがたいもののようだ。すんき種に漬けたカブの茎と葉は、暖かい場所において24時間だけ発酵させ、それから涼しい場所で保管すれば冬の間じゅう食べられる。出荷の際に落とした余分な漬け汁は、翌年のために取っておく。

すんきの作り手たち。ボトルに入った発酵漬け汁が左下に見える。

亜耶が手にしているのは、すんきづくりに使われる開田カブ。木曽のビニールハウスで収穫したばかりだ。

すんきを作っているのは、全員がお年寄りの女性だった。彼女らが作業している共有の業務用厨房スペースでは、ほかにも餅づくりなどの小規模な食品加工事業が行なわれていた。彼女らは自分たちの仕事と、仲間との交流を楽しんでいるようだった。私たちの滞在中、彼女らはテーブルに座り、談笑しながら手作業ですんきを包装していた。

興味深いことに、ネパールにも塩を使わずにダイコンを発酵させるスタイルが存在し、シンキ（sinki）という、ほとんど同じ名前で呼ばれている（『発酵の技法』を参照）。百合はネパールのシンキの話を聞いてとても興奮していた。彼女が私に話してくれたところでは、古代に遠く離れたブータンの地から日本を訪れた人の記録が残っているという。そしてブータンは、ネパールのすぐ近くなのだ。名前の類似は、古代の文化間交流があったことを示しているのだろうか、それとも単なる偶然の一致なのだろうか？

私たちの旅のお供に、みさは豆腐と卵の塩麹漬け（156ページの「塩麹」を参照）を持ってきてくれた。この地の特別な発酵の伝統について学び、守る手伝いをしたいという思いで木曽に移住してきた亜耶は、手作りの6種類の味噌を持参してきた。どれも違った特徴のある、おいしい味噌だった。豊かで多彩な、しかし今ではあまり一般的ではなくなってしまった食の伝統が存在する地域社会でスキルを学び、実験し、そしてシェアしているという意味で、みさと亜耶は私と同じ復興主義者なのだ。

亜耶が、お手製のさまざまなスタイルのみそについて私に説明してくれている。

Adam Jamesのターメリックペースト漬け床

Adam Jamesはかつての私の教え子で、あちこち旅をしてさまざまな発酵の伝統を見て回り、その後タスマニアのホバートでRough Riceという自分の発酵ビジネスを立ち上げた人物だ。私たちは連絡を取り合っていて、私が2020年の初頭にタスマニアを訪れた際、彼は自分の家に招待してくれた。Adamがごちそうしてくれたランチは、とても印象的なものだった。その食事は、ご飯と彼がダイビングして獲ってきたウニ、そして多種多様な漬物と発酵調味料という、概念的にはシンプルなものだった。

ピクルスの皿の中で最も目を引いたのは、風味豊かな明るい黄色の発酵ターメリックペーストと、それに漬けられてターメリックの色と風味を吸収したダイコンだった。Adamはターメリックペーストを漬け床として使っているのだ。漬物もそれが漬けられていたペースト（それ自体で調味料として使われる）も、ゴージャスで風味満点だった。彼のアパートの外にしつらえた小さなテラスには、どれも容量100リットル以上はありそうな大きな陶器製のかめが並んでいた。そのひとつには、鮮やかな黄色がかったオレンジ色のターメリックペースト――そのペーストは実際にはターメリックにニンニクとカブをブレンドしたものだった――と、それに漬けられた野菜が入っていた。実はこのペーストは作ってから数年たっていて、パオツァイや日本のぬか漬けのように、野菜を加えては数日から数週間後に取り出すことを繰り返しながら、Adamはそれをずっと漬け床として使っているのだった。Adamが親切に教えてくれたターメリックペーストのレシピは、次のペー

タスマニアのホバートにあるアパートで、発酵食品がたっぷり入ったかめに囲まれてテラスに立つAdam James。

Adamの大きなかめのひとつには、ターメリックとニンニクのペーストが入っていて、彼はこれをずっと漬け床として使っている。

Adamのターメリックとニンニクのペーストで漬けたカブ。

ジに掲載してある。それ以来、私は自分のキッチンで、自分の菜園で取れたターメリックとニンニクやカブを使った漬け床を作り、それにさまざまな野菜を漬け込んで楽しんでいる。いまの私のお気に入りは、タマネギ（半分に切ったもの）と、セロリだ。どうしてもペーストは次第に水っぽくなってくる（塩が野菜の水分を引き出す）ので、小さなレードルで水分を取り除き、その風味たっぷりの液体はドレッシングやマリネ液、ソースなどに使っている。

Adamは次のように説明している。

> これは間違いなく、最もお気に入りでよく使う調味料のひとつだ。この素晴らしくおいしい組み合わせは、果てしなく応用が効くようだ。酸っぱくて土の香りのする、重層的でガツンと来る風味と、力強く生き生きとした色合いがある。私がこれを作り始めたのは、農家の友だちからターメリックとニンニクを大量にもらったのがきっかけだった。それ以来、作り続けてもう4年以上になる。「はくれい」という種類のカブを加えると、風味が和らぐとともにコクが出る。ほかのペーストの組み合わせも試してみた。ターメリックとニンニクに、唐辛子、ショウガ、パクチーの根、こぶみかんの葉を加えた、イエローカレーペーストのようなもの。発酵唐辛子ソース。そしてビーツ、カブ、クミン、そしてニオイクロタネソウ（ブラッククミン）を加えた「ボルシチ」漬け床などだ。ターメリックペーストは定期的にかき混ぜ、ときどきカブを補充し、必要に応じて塩を足し、そして年に一度ターメリックとニンニクを加えている。

RECIPE

Adam Jamesのターメリックペースト

［発酵期間］

ペーストができるまでに約1か月、
野菜の発酵に少なくとも1週間

［器材］

- フードプロセッサーまたはハンドブレンダー
- 容量2クォート／2リットル以上のジャーまたはかめ、内ぶたまたは外ぶた付きのもの

［材料］ペースト約1.5クォート／1.5リットル分

- ターメリックの根茎…14オンス／400g
- 皮をむいたニンニク…10オンス／300g
- 「はくれい」など、小さくて柔らかいカブ…14オンス／400g
- 塩…大さじ3（ターメリックとニンニクとカブの重さの4パーセントほど）
- 野菜（ダイコン、カブ、ニンジン、セロリなど）…¾ポンド／350gほど、漬け床が十分に熟してから漬ける

［作り方］

1. フードプロセッサーかハンドブレンダーを使って、ターメリックの根茎、ニンニク、「はくれい」カブ、塩に、必要十分なだけの水（おおよそカップ2／500ml）を加えてすりつぶし、濃厚なペースト状にする。
2. このペーストをジャーまたはかめに入れて1月ほど、定期的にかき混ぜながら発酵させる。最高の結果を得るため、内ぶたかラップでペーストの表面を空気から遮断する。
3. 1月ほどたつと、ペーストは活性化し漬け床として十分に使えるようになっているはずだ。シンプルに、野菜をまるごとペーストにうずめる。カブやダイコンは密度が高すぎないので、本当にうまく漬かる。
4. 温度、野菜のサイズや密度、そして漬け床の活力にもよるが、野菜は1週間ほどで漬かるはずだ。しかし私は、1か月かもっと長く漬けておくことが多い。でき上がった漬物は、濃い黄色を帯び（白い野菜が望ましいもうひとつの理由）、水分を失ってわずかにしんなりし、かじると素晴らしい酸味と土の香りが感じられる。
5. このペーストそのものも、調味料（ムール貝や牡蠣にぴったり）として、サラダや野菜のドレッシングのベース（オリーブオイルと水、少量の米酢を加える）として使えるし、ファイヤーサイダー［りんご酢にさまざまなスパイスを漬け込んだ強壮飲料］や発酵ホットソースに加えてもおいしい。あるいはシンプルに、すりおろしたショウガを加えて煮詰め、ココナッツクリーム1〜2缶と良質の（できれば自家製の）魚醤を少々、レモンかライムの搾り汁を加えれば、最高においしいカレーペーストができる。私はこれを、農産物直売所で振る舞う玄米粥の基本調味料としても使っている。また塩麹に加えると、強く「フレッシュ」な、ガツンと来るうまみが楽しめる。

クロアチア

「私にとって、うちの食品貯蔵庫の豊かさを人に見せるのは、トップシークレットを明かすようなものです(笑)」と書いてきたのはクロアチアの男性Miroslav Kisだった。彼は私の本『The Revolution Will Not Be Microwaved』を読んでくれたのだ。彼とパートナーのKarmelaは熱心な園芸家であり、Karmelaの発酵や食品の保存の取り組みについても彼は熱を込めて語ってくれた。またMiroslavは、クロアチアのおいしい食べものについても教えてくれた。kajmakと呼ばれるチーズ——温めたミルクにできるクリーミーで濃厚な膜を重ねて作られる——や、cevapciciと呼ばれるソーセージなどだ。「ひとことで言えば、今も豊かな伝統が息づいているのです」と彼は書いている。

それでもMiroslavは、彼の見る最近の風潮について憂慮していた。「これらはすべて現在も生き残っていますが、以前ほどの勢いはありません。工業製品に押されてなくなったものもありますが、輸入品との競争に負けてしまったもののほうがはるかに多いのです。」クロアチアの豊かな食の伝統が、より安価な輸入食品に取って代わられてしまうことを彼は恐れていた。その後も活発な文通が続き、2008年に私はMiroslavとKarmelaの家を訪れた。彼らの家は、クロアチアの中でもイタリアに最も近いイストリア地方にある。

MiroslavとKarmelaは、すばらしいホストだった。美しく興味深い風景を見に連れて行ってくれ、彼らの友だち数人にも紹介してくれた。ある日、私たちは今では使われていない古い水車小屋へとハイキングした。別の日には、モトブンに住んでいる彼らの友だちを訪問した。モトブンは、狭い石畳の街路が入り組んだ、驚くほどよく保存された中世の城塞都市だ。しかし何よりも私がこの旅で印象に残っているのは、Karmelaが料理してくれた素晴らしくおいしい食べものだった。

KarmelaとMiroslav。

Karmelaが教えてくれた食べもののひとつ——私はそれが本当に大好きになって、それ以来よく食べている——がアイバル(ajvar)だ。これは、焼いたパプリカとなすから作られる、濃厚で鮮やかな色をした調味料のスプレッドだ(通常は発酵食品ではない)。またKarmelaは、キャベツを細切りにせずまるごと発酵させるテクニックや、発酵させた大きな葉をサルマ(一種のロールキャベツ)に使うことも教えてくれた。悲しいことに、Miroslavは2016年に亡くなった。しかしKarmelaと私は連絡を取り合っている。以下に示

すアイバルとまるごとキャベツのザワークラウト、そしてサルマのレシピは、彼女が親切に教えてくれたものだ。

Karmela と Miroslav が連れて行ってくれた、今では使われていない古い水車小屋。

COLUMN

テッラ・マードレで振る舞われたクラウト

私は2008年にクロアチアのKarmelaとMiroslavを訪問した後、イタリアのトリノへ向かった。隔年で開催される国際的なスローフードのイベント、テッラ・マードレに参加するためだ。ブリュッセルの発酵活動家Maria Tarantinoもテッラ・マードレに来ていて、仲間の発酵愛好家たちとともに、何キロもの発酵野菜を真空パックして持ってきていた。彼らの持ってきたクラウトの中で私の一番のお気に入りはパセリの根から作ったもので、それまで私は一度も食べたことのないものだった。ブリュッセルの発酵を愛する友人たちが発酵食品を作って配布していたのは商売のためではなく、健康的な食品を作るスキルを教え、伝統を復活させ再創造するツールとするためだ。同志たちよ!

その年のテッラ・マードレで私がダントツに気に入った点は、来場者にクラウトが提供されていたことだ。豊富に提供されていた試食品は肉やチーズ、そして魚――私が大好きなものばかりだ――といったこってり系の動物性食品や、パン、キャンディー、油脂、酢、ワイン、そしてビール――これらも私は大好きだ――などが多く、野菜類は非常に少なかった。そういった重めの試食品を食べすぎた後には、おいしい発酵野菜を少々つまんでみたくなるものだ。

私は世界中から来た人たちと、すばらしい会話を楽しんだ。その中にJosé Antonioという、キューバのハバナにある小さな市民教室で、発酵をはじめとした食品を保存するスキルを教えている人物もいた。私たちは提供された発酵野菜を前にして、それらをさまざまな言語で説明する言葉のリストを作り始めた。食べものを振る舞うことは、どんな時でも人と打ち解けるきっかけになる。

2008年のテッラ・マードレは、世界的な金融危機［日本で言う「リーマン・ショック」］の中で開催された。私は帰路、このように書いている。「私たちを取り巻く国際金融市場が崩壊しつつある中、幻想への投機という絵空事の豊かさと対比させて、登壇者は口々に経済安全保障の核となる基盤、すなわち食料の持続的な生産の重要性を訴えていた。」私は今の時代にもこれが真実だと確信している。世界中のどんなコミュニティーや地域も、持続的な方法で食料を生産する能力を高めることが望ましい。非集中的な食料生産は、本物の安全保障にはどうしても欠かせないからだ。

2008年のテッラ・マードレで、ブリュッセルの発酵活動家Maria TarantinoとSabina Terzianiが発酵野菜の試食品を提供しているところ。

アイバル

これはアイバル（ローストしたパプリカとナスのスプレッド）のKarmelaのレシピを、私がアレンジしたものだ。アイバルは発酵食品ではないが、それでもとてもおいしい！

RECIPE

［調理時間］

数時間

［器材］

- フードプロセッサーまたはひき肉器
- 密封可能なジャー

［材料］約1.5クォート／1.5リットル分

- パプリカ…4.5ポンド／2kg
（一部を唐辛子と置き換えれば、辛いアイバルができる）
- ナス…2.25ポンド／1kg
- 皮をむいたニンニク…1玉
（量はお好みで）
- 塩…小さじ2／4g
- 植物油…大さじ5／75ml

［作り方］

1. パプリカを丸のまま焼く。バーベキュー用のコンロを使うか、ガスレンジの直火であぶるか、高温のオーブンまたはグリルを使う。頻繁にパプリカの向きを変え、表面がむらなく焦げるようにする。パプリカが柔らかくなるまで焼く。
2. 焼いたパプリカを丸のまま、まとめて袋か容器に入れ、蒸らしながら冷ます。冷めたら皮と種を取り除く。
3. ナスを450°F／235°Cのオーブンに入れて約45分間、柔らかくなるまで焼く。半分に切り、柔らかい身をくりぬいて、皮は捨てる。
4. フードプロセッサーかひき肉器を使ってパプリカ、ナス、ニンニクをすりつぶす。
5. すりつぶしたものを大きな鍋に入れ、塩と植物油を加える。
6. 火にかけて、沸騰したら火を弱める。1時間ほど、とろみが出てくるまで煮る。ふつふつと煮立った状態を保ちながら、頻繁にかき混ぜること。この手順はちょっと厄介だ。煮ている間、台所中にアイバルが飛び散ることを覚悟しておこう。
7. アイバルを熱いままジャーに移して密封する。粗熱が取れたら、冷蔵庫で保存する。
8. アイバルは、調味料、スプレッド、あるいはディップソースとしておいしく食べられる。

クロアチアのまるごとサワーキャベツ

クロアチアだけでなく南東ヨーロッパのバルカン諸国では、キャベツをまるごと発酵させるのが一般的だ。これによって風味はより強く、土臭くなる。発酵させたキャベツを細切りにして食べる場合には、食卓に出す直前に細切りにする。

Karmelaが私に教えてくれたレシピは、55ポンド／25kgものキャベツを使い、巨大な樽で発酵させるものだった。私はそれをキャベツ18ポンド／8kgまでスケールダウンして、5ガロン／20リットルのかめかプラスチック製バケツで作れるようにした。Karmelaは現代風に、樽の内側に入れたポリ袋の中で発酵させている。ポリ袋は密封されて空気の流通が遮断されるので、表面での好気性のカビや酵母の成長が抑えられる。クロアチアでは、このために使う大きな食品グレードのポリ袋が流通している。しかし他の多くの場所では見つけるのが難しいかもしれない。また、ポリ袋を使いたがらない人もいる。「かつてはポリ袋を使わずに樽で発酵させ、表面をすくって取り除いていました」とKarmelaは書いている。ポリ袋を使わずに作ろうとすれば、表面にカビや酵母が成長するかもしれない。もしそうなったら、すくい取って捨ててしまおう。Karmelaはこう付け加えている。「昔ながらのやり方では、コショウの粒や乾燥させたトウモロコシの粒を加えていました（おそらく発酵を促進するためでしょう）。」

キャベツをまるごと発酵させるには、寒い季節が一番だ。Karmelaは、最初に暖かい屋内で2週間ほど発酵させてから、涼しいセラーや屋外に移してさらに1か月間じっくり発酵させ続けることを勧めている。

62ページのサルマのレシピに使ったり、葉で具を包むのに使ったりしてほしい。発酵させたキャベツを細切りにすればザワークラウトになる。

芯をくりぬいたキャベツと、くりぬかれた芯。

RECIPE

クロアチアのまるごとサワーキャベツ

［調理時間］

6週間以上

［器材］

・容量5ガロン／20リットルのかめまたはプラスチック製バケツ
・大きな食品グレードのポリ袋（オプション）
・キャベツの重石になるもの

［材料］ 18ポンド／8kg分

・キャベツ…18ポンド／8kg
・塩…10オンス／300g
・粒コショウ（量はお好みで、オプション）
・乾燥させた全粒トウモロコシ…ひとつかみ（オプション）

［作り方］

1 キャベツの外側の葉と芯を取り除く。よく切れる包丁を使って、キャベツ全体の高さの半分くらいまで続いている円錐形の芯をすべてくりぬく。こうすることによって、芯を残しておくよりもずっと速く漬け汁が中心まで行き渡る。

2 キャベツの穴（芯をくりぬいたところ）に塩を詰める。残った塩は、水に溶かしておく（以下のステップを参照）。

3 塩の詰まった穴が上になるようにして、キャベツを容器にきっちりと詰め込む。キャベツの大きさと容器の大きさによっては、詰め込むのが難しい場合もある。そんなとき私は、1個か2個のキャベツをくさび型に切り分けて、丸のままのキャベツの周囲に詰め込むようにしている。粒コショウやトウモロコシの粒を使う場合には、キャベツ全体にまんべんなく振りかける。

4 キャベツが浸るまで、カルキ抜きした水を注ぐ。これには、水が2ガロン／8リットルほど必要になるはずだ。

5 キャベツは水に浸っているべきだが、完全には浸っていなくてもあわてる必要はない。必要であれば、少量の水を足すこともできる。しかし、数日たてば塩がキャベツから水分を引き出すため、キャベツは少し縮んで水かさが増すはずだ。焦らず、水面から出ているキャベツを押し下げてみよう。ポリ袋を使っている場合には、水が上がってから水没したキャベツの上でポリ袋の口をしっかりと閉じ、可能な限り空気を追い出して、袋を結ぶかゴムバンドやひもを使って固定する。かめやバケツを使っている場合には、重石（皿で十分かもしれない）を使ってキャベツを漬け汁の中に沈める。プラスチック製バケツを使っている場合には、ふたをしっかりと閉める。

6 2週間ほど常温で発酵させてから、屋外か暖房のないセラーでさらに1か月発酵を続ける。ポリ袋を使う場合には、サワーキャベツを食べる時まで袋を開けないようにしてほしい。

ルーマニアの
まるごとサワーキャベツ

このプロセスはクロアチアのまるごとサワーキャベツ（59ページ）と同様だが、塩と重石だけを使ってキャベツからジュースを引き出し、水は加えない。私はルーマニアに行ったことはないが、私の本の読者（名前を出さないように希望されている）がルーマニアで見かけた際の写真と作り方の説明を私に送ってくれた。「これは私が今までに食べた発酵キャベツの中でも、ダントツに最高です」と彼は書いている。「ルーマニアにいる数か月の間、食べすぎるくらい食べていました。」

キャベツの芯をくりぬいて、空洞に粗塩を詰める。風味付けを加える。ホースラディッシュやマルメロ、乾燥させたトウモロコシの粒など。

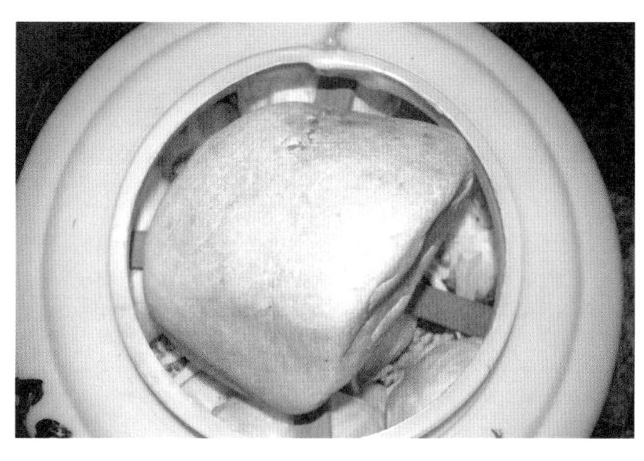

キャベツの上には木の薄板を乗せ、大きくて重い石を置いて、ふたをする。底のほうに塩水がたまってきたら、一部を汲み出してキャベツの上からかける。溶け残った塩の結晶が底にたまったら、それも上に戻して再循環させる。

サルマ

これは具を発酵キャベツの葉で包んだ料理で、以下に示すのはKarmela流の作り方だ。とてもおいしい！「伝統的にサルマは冬の季節に大量に作り、温め直して食べます」と彼女は言う。「何度も温め直すほど、おいしくなるのです。ソースが足りなくなったら、温め直す際にトマトペーストを水で薄めて加えてください。」

RECIPE

［調理時間］

準備に1時間、調理に3時間ほど

［器材］

- 厚底の大鍋

［材料］ キャベツの葉20〜25枚分

- サワーキャベツ…1〜2個
  （59ページのクロアチアのまるごとサワーキャベツ）
- 牛ひき肉…2ポンド／1kg
- 生米…カップ1／200g、洗って水を切っておく
- 塩…小さじ1
- 燻製ベーコン…1ポンド／500g
- トマト缶またはトマトジュース…2クォート／2リットル

［作り方］

1. 具を包むためのキャベツの葉を慎重にはがす。（中心部の小さな葉は使わないように。中心部の葉は、具を包んだ葉と一緒に鍋に入れて煮るとよい。）葉を破かずに折り曲げられるように、それぞれの葉の裏側（外側）の筋の太い部分を切り落としておく。
2. 葉を1枚ずつ洗って、粘り気や余分な塩を取り除く。
3. 具を用意する。生の牛ひき肉に、米と塩を混ぜる。Karmelaによれば、豚と牛の合いびき肉を使う人もいるそうだ。彼女は具の材料をあらかじめ調理しておくことはせず、具には調味料も使わない。「違うやり方をする人もいますが、私たち家族のやり方はこうなのです」と彼女は説明してくれた。好みに応じて、タマネギのみじん切りなどの風味付けや野菜、ほかの穀物を加える。私はいろいろと実験してみるのが好きだ。
4. 鍋を準備する。キャベツの外側の一番大きな葉を数枚、あるいははがすときに破いてしまった葉があればそれを、鍋の底に敷く。具を包んだサルマを並べた上にもキャベツの葉を乗せて、さらにベーコンを乗せるようにする。

5 準備した葉で具を包む。葉の大きさに応じて、1枚に大さじ2〜3の具を乗せる。煮ている間に米が膨らむので、具を入れすぎないようにする。葉の両側を中心に向かって折り曲げてしっかりと具を包み込み、それから根元から先端に向かって葉を巻き上げ、巻き終わりを下にして鍋の中に並べる。「具を包んだサルマを重ならないように並べます」とKarmelaは説明する。「ベーコンを何枚か乗せて、また同じ手順を繰り返します。」残ったキャベツの中心部の葉を乗せてもよい。たいてい、Karmelaは鍋の深さの半分くらいまでサルマを入れる。

6 サルマが浸るまでトマト缶またはトマトジュースを注ぐ。必要に応じて水を混ぜる。

7 サルマの浸った鍋を火にかけ、じっくり3時間ほど煮る。

8 さあ召し上がれ！ 「普通、サルマはマッシュポテトと一緒に食卓へ出します」とKarmelaは言っている。

9 温め直しについて。サルマは温め直すたびにおいしくなるということに関しては、私もKarmelaと全く同じ意見だ。「私は大きな鍋でサルマを作って、4回か5回温め直して食べます」と彼女は言う。温め直すときには弱火で、必要に応じて水とトマトを足す。

ドルマ

これはサルマと非常によく似た料理だ。発酵させたキャベツの葉の代わりに、より小さな発酵させたブドウの葉を使って具を包む。興味深いことに、サルマもドルマもトルコ語の単語で、ドルマは「詰めたもの」を意味し、サルマは「巻いたもの」を意味するが、ここでは詰めると巻くの違いは些細なことのように思える。葉を使って具を巻く（あるいは詰める）ためのテクニックは、ほとんど同じだからだ。

私は夏の間キュウリのピクルスを少しずつ作っていて、作るたびにブドウの葉を何枚か使う。ピクルスを食べるときには、ブドウの葉とニンニクをジャーに集め、漬け汁に浸して取っておく。残った漬け汁は飲んだり、夏の冷たいスープやサラダのドレッシングなどの料理に使ったりする。ニンニクのピクルスはそのまま食べてもいいし、料理に使ってもいい。そしてブドウの葉は、おいしいドルマになる。私はいつもドルマを常温か冷蔵して食べるが、熱いドルマが好きな人もいることは承知している。Claudia Rodenの『The New Book of Middle Eastern Food』によれば、熱いドルマは具に肉が入っていて、冷たいドルマには入っていないのが一般的だそうだ。私は肉なしのドルマしか食べたことがない。サルマと同様に、ほかの穀物や野菜、ハーブ、あるいは風味付けを使って実験してみてほしい。私は最初、先述の本に載っているRodenのレシピからドルマの作り方を学んだ。エジプト人の母親から教わったレシピだと彼女は言っている。具には米、トマト、タマネギ、パセリ、ミント、シナモン、オールスパイス、塩、そしてコショウが使われている。私が持っている美しいイラク料理の本、Nawal Nasrallahの『Delights from the Garden of Eden』には、ひよこ豆、ニンニク、ディル、松の実、そしてカラントを具に使うドルマのレシピが載っている。お好みに応じて具の材料を変え、自由に実験してみてほしい。

RECIPE

[調理時間]

準備に1時間、調理に1時間ほど

[器材]

- 厚底の鍋

[作り方]

1 ブドウの葉を点検し、裂けたりちぎれたりしているものは取り分けておく。そういったものは鍋底に敷くのに使う。ブドウの葉を味見して、塩辛さを調べる。とても塩辛い場合には、ブドウの葉を熱湯に15分浸して塩気を抜く。その必要がなければ、このステップは飛ばしてよい。塩漬けではなく新鮮なブドウの葉を使う場合には、沸騰した湯で数秒間湯がいてしんなりさせる。

［材料］ドルマ約25個分

- 発酵させたブドウの葉
  …25枚（プラス予備に数枚）
  （新鮮なものを使ってもよい）
- 生米…カップ1／200g
- トマト…1〜2個、みじん切りにする
- タマネギ…1個、みじん切りにする
- 新鮮なパセリやディル、あるいは乾燥ミントのみじん切り
  …大さじ3〜4（量はお好みで）
- カラント、レーズン、あるいは松の実
  …大さじ2（量はお好みで、オプション）
- シナモンパウダーかオールスパイス
  …ひとつまみ
- 塩とコショウ
- 皮をむいたニンニク…数かけ
- オリーブオイル…カップ½／120ml
- レモン汁…1個分（お好みで）

2 カップ2／500mlほどの湯を沸かし、米の上に注ぎ、乾いた部分が残らないようによくかき混ぜる。冷水ですすぎ、水を切っておく。

3 トマト、タマネギ、新鮮なハーブを米に混ぜ入れる。

4 カラント、レーズン、あるいは松の実（使う場合）、スパイス、そして塩コショウを好みに合わせて加えて具の材料を作り、よく混ぜてなじませる。

5 鍋を準備する。傷のあるブドウの葉、トマトの薄切り、あるいはキャベツの外側の葉を鍋底に敷く。この層は、ドルマを煮る際に保護する緩衝材のような役割をする。

6 具を葉で包む。葉脈のあるほうを上にして、葉を広げる。葉が裂けている場合には、その上にもう一枚の葉を重ねる。葉が特に小さい場合には、オーバーラップするようにもう一枚の葉を重ねて面積を大きくする。小さじ1〜2の具（葉の大きさによって調整する）を、葉の中央に乗せる。茎と葉の根元の部分を上側に折り曲げてから、両側を中央に向かって折りたたむ。最後に、具の入った部分を葉の先端部分へ向かって巻き上げる。具の入った葉を手でやさしく押さえて円筒状に形作り、外側が下、巻き終わりが上になるように鍋に入れる。

7 具か葉がなくなるまで、この作業を繰り返す。鍋にサルマを重ならないように並べ終わってから、その上の層を並べ始めるようにする。具を包んだ葉のすき間に、ところどころニンニクを丸のまま差し込む。

8 オリーブオイルとレモン汁をカップ½／120mlほどの水と混ぜ、具を包んだブドウの葉の上から注いで浸す。具を巻いたブドウの葉がオリーブオイルとレモン汁から顔を出している場合には、水少々を加えて浸す。

9 煮ている間に巻いた葉がほどけないように、鍋の内径に合った耐熱性の小さな皿を上に載せる［落し蓋をする］。

10 鍋に蓋をして中火にかけ、煮立ったら火を弱めて、じっくり1時間ほど煮る。必要に応じて水を加え、ドルマが水面から上に出ないようにする。

11 鍋に入ったドルマを冷まし、常温で、または冷やして召し上がれ。

COLUMN

スイス山中のクラウト工場

私がスイスで気に入った点のひとつは、電車でどこへでも——たとえばブルギシュタインのようなごく小さな町にも——行けることだ。ブルギシュタインはベルンから30分ほどのところにあり、そこにあるMäder Sauerkrautfabrikという小さな農場併設のザワークラウト工場で講演をしたことがある。私の話を聞きに来てくれたのは食べものに興味のある専門家やマニアたちで、月に一度ほどのペースでいろいろな場所に集まって、さまざまな食品がどのように作られているかを学んだり、関心のある食品の話題について話し合ったりしている。講演の前に、工場のオーナーが私たちをツアーに案内してくれた。現在製造に使われているのは1台あたり数千リットルもの容量がある巨大なプラスチックのタンクで、キャベツを刻んだり混ぜたりするには機械を使っている。しかし別の建物で見せてくれた直方体のコンクリートのタンクと巨大な木製のマレットはもっと昔のもので、50年ほど前まで使われていたものだった。

Mäder Sauerkrautfabrikで現在使われているプラスチックのザワークラウト製造タンクの前に立つ私。

Mäder Sauerkrautfabrikで以前使われていたザワークラウト製造タンク。

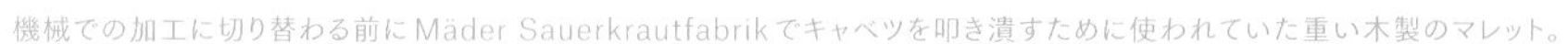

機械での加工に切り替わる前にMäder Sauerkrautfabrikでキャベツを叩き潰すために使われていた重い木製のマレット。

ザワークラウトのチョコレートケーキ

ザワークラウトでできたチョコレートケーキというアイディアに当惑する人は多いようだ。しかしそれはとてもおいしくてしっとりとしていて、キャロットケーキのせん切りニンジンやズッキーニパンのズッキーニと同様に、ザワークラウトが甘いケーキとよく融合している。クラウトの酸っぱさは、アルカリ性の重曹と反応してほとんど中和され、その反応はケーキを膨らませるためにも役立っている。

私がザワークラウトのチョコレートケーキをはじめて食べたのは、ウィスコンシン州アメリーで開催された素晴らしい発酵祭りの席だった。デザートコースを担当していたのはパティシエのLeigh Yakaitesだ。Leighが私に話してくれたところでは、ウィスコンシン州フォンドゥラック出身の彼女の祖母が、Leighが小さいころにザワークラウトのチョコレートケーキを作ってくれたことがあり、そのときは「もちろん、それにザワークラウトが入ってるなんて、食べ終わるまで教えてくれなかった」そうだ。

Leighは家庭のレシピを受け継いではいないが、カナダ人のフードブロガーBernice Hillが自分のウェブサイトDish 'n' the Kitchen（dishnthekitchen.com）で公開しているレシピを紹介してくれた。私はレシピに従うことができない性格をしているので、彼女のレシピをアレンジしたうえで、読者がさらにアレンジするためのたたき台として紹介する。

ケーキの層の間にはジャムを塗る。私はマーマレードが最適だと思ったが、果実味のあるジャムなら何でもおいしくできるだろう。Leighは素晴らしいチョコレートとバルサミコ酢のグレーズを掛けていた――そのレシピも示してある。シンプルなチョコレートのアイシングやホイップクリームも合うだろう。

ザワークラウトに関しては、せん切りキャベツと塩以外の材料をあまり使っていない、非常にシンプルでプレーンなものをお勧めする。

［調理時間］

冷ます時間を含めて２時間ほど

［器材］

- 8インチ／20cmの丸いケーキ型２台
- オーブンペーパー
- 泡立て器または電動ミキサー

［材料］8インチ／20cmの丸いケーキ２層分

- バター…カップ¾／170g、常温に戻しておく
- 砂糖…カップ1½／300g
- 卵…３個
- バニラエッセンス…小さじ1
- 小麦粉…カップ2¼／380g
- ココアパウダー…カップ½／75g
- 重曹…小さじ1
- ベーキングパウダー…小さじ1
- 塩…小さじ½
- ザワークラウト…カップ1／160g、水気を切って余分な水分を搾り、細かく刻む
- カカオニブ…カップ½／65g（オプション）
- ケーキの層の間に塗る、お好みのジャム…カップ½／120ml

チョコレートとバルサミコ酢のグレーズ

- バルサミコ酢…カップ⅔／160ml
- 砂糖…大さじ３
- 製菓用ビタースイートチョコレート…1.5オンス／45g、すりおろすか細かく刻む

［作り方］

1. オーブンを350°F／175℃に予熱する。
2. ８インチ／20cmの丸いケーキ型を準備する。内側に薄くバターを塗り、小麦粉を振って、底にオーブンペーパーを敷く。
3. 泡立て器か電動ミキサーを使って、バターと砂糖を滑らかになるまでクリーム状に泡立てる。
4. 卵を1個ずつ加え、そのたびに滑らかになるまで混ぜ込む。
5. バニラエッセンスを加え、滑らかになるまで混ぜる。
6. 別のボウルに粉の材料を合わせ、バターと砂糖と卵を混ぜたものにゆっくりとふるい入れながら、スプーンまたはスパチュラでよく混ぜる。かき混ぜながらカップ1／250mlの水を少しずつ加え、滑らかな生地を作る。
7. ザワークラウトとカカオニブ（使う場合）を加え、かき混ぜて完全になじませる。
8. この生地を、準備しておいた２台のケーキ型に注ぎ入れる。
9. 30分焼き、ケーキの中心につまようじかフォークを突き刺して生地が付いてこないことを確かめてから、ケーキをオーブンから取り出す。生地が付いてくる場合には、さらに５分焼く。
10. ケーキをラックに乗せて、触れるようになるまで自然に冷ます。ケーキを型から取り出して、底からオーブンペーパーをはがす。
11. グレーズを作る。バルサミコ酢と砂糖をソースパンに合わせ、泡だて器で混ぜ合わせながら火にかけて、沸騰しない程度に温める。砂糖が完全に溶けたら火からおろし、泡だて器で混ぜながらチョコレートを加えて溶かす。
12. 片方のケーキを大皿かケーキスタンドに置き、その上にジャムを塗り、ジャムの上にもうひとつのケーキを乗せる。ケーキの上と側面にグレーズを掛ける。
13. さあ、どうぞ召し上がれ！

メキシコ風キムチ

トウモロコシと斑インゲン豆とキヌアのテンペ。

2019年のファーメント・オアハカのイベントで、私は「文化の垣根を超える発酵：キムチ、ドーサ、麹、そしてトウモロコシやその他の地元産品を使った発酵食品」と題して講演した。その準備を兼ねて、これらすべてとその他いくつかの発酵食品にトウモロコシを使う実験を自宅でしてみたところ、大成功だった。特にうまく行ったのは、トウモロコシと斑インゲン豆、そしてキヌアを使って作った、写真に示すテンペだった。

私は全体会議の数日前に、オアハカに到着した。オアハカについてはそれまでもいろいろとおもしろい話を聞いていたので、ついにそれをこの目で見て経験できることにわくわくしていた。到着した次の日の朝、私は巨大な屋内食品市場、Mercado Benito Juárezへ行った。この市場は市街の中心部にある迷路のような場所で、小さな店が何百件とひしめいている。私の目的は、メキシコ風キムチの材料をそろえることだった。私の

COLUMN

ピーナッツバターとキムチのサンドイッチ

私は初めてピーナッツバターとキムチのサンドイッチを口にしたとき、とてもびっくりした。この組み合わせは私にとって目新しいものだったが、ピーナッツバターはほとんど何にでもよく合うので、驚くほどのことではなかったかもしれない。ピーナッツバターはキムチを引き立てる食材としては完璧で、このふたつが合わさると魅力的なサンドイッチになる。私は全粒粉パンを使ったオープンサンドイッチをよく作るが、これは私のお気に入りのおやつのひとつになった。ほかのナッツやシード（種子）バターともキムチを組み合わせてみてほしい。間違いなくおいしいはずだ。

チャプリネスとパイナップルの入った、私のオアハカ風キムチ。

チカタナアリの入った、友人のDanielとPaulinaのキムチ。

頭の中にあった大まかなコンセプトは、新鮮なマサ生地（ニシュタマリゼーションしたトウモロコシを挽いたもの）をスパイスペーストのベースにするというものだった。マサは市場で簡単に見つけられたし、必要なスパイスや野菜を見つけるのも簡単だった。**チャプリネス**（Chapulines）——メキシコの一部の地域で広く食べられている、サクサクした食感のスパイスのきいたバッタ——とパイナップルはどちらも市場で豊富に出回っていたので、これらを使うことにしたのは自然なことだった。それぞれ少しずつ買ってみたところ、チャプリネスは韓国のキムチに入っているアミエビの塩辛とほとんど同じように使えることがわかった。

これは従うべきレシピというよりも、典型的に使われる材料を豊富に手に入るもので置き換える手法の例だと受け取ってほしい。私はチャプリネスのキムチを作った後、友人のDanielとPaulinaの店Suculentaを訪問した。彼らは**チカタナ**（chicatana）というアリで作った、おいしいキムチを味見させてくれた。

メキシコ風キムチ

［発酵期間］

数日から1週間

［容器］

- 容量2クォート／2リットル以上の、かめ、広口のジャーなどの容器

［材料］ 2クォート／2リットル分

- キャベツ、ダイコンなどの野菜…3ポンド／1.5kg
- 塩…大さじ6
- 生または乾燥唐辛子（どんな種類でもよい）…ほどほどの辛さなら数本、辛いのがお好みならさらに多く
- マサ…大さじ4／70gほど
- ニンニク…1玉（お好みで）
- 新鮮なショウガのすりおろし…大さじ4（量はお好みで）
- パイナップル…1個
- タマネギ…大1個または小2個（あるいはネギ数束）、粗みじんに切る
- チャプリネス…大さじ4／20g（量はお好みで、オプション）

［作り方］

1 野菜を粗く刻んでボウルまたは鍋に入れる。刻みながら野菜にたっぷり塩をする。

2 ひたひたに水を張り、上に皿を乗せて野菜が水面から上に出ないようにする。野菜を塩水に漬けたまま、調理台の上に24時間ほど置いておく。

3 乾燥唐辛子を使う場合には、洗って少々の水に漬け、少なくとも数時間（あるいは24時間まで）かけて戻しておく。スパイスペーストを作る準備ができたら、唐辛子を水から出し、戻し汁は次のステップの水の一部として使う。生の唐辛子を使う場合には、このステップは飛ばす。

4 ペーストを作る。小さなソースパンに、マサとカップ1／250mlの冷水（唐辛子の戻し汁があればそれを含めて）を合わせる。よくかき混ぜてマサを水となじませ、中火にかけてじっくりと加熱する。焦げ付かないようにかき混ぜ続けること。数分間煮ると、デンプン質で粘り気のあるペースト状になる。とろみはあるべきだが、流動性もあるべきだ。煮詰めすぎたと思ったら、水少々を加えてよく混ぜる。マサペーストを火からおろしてそのまま冷やす。

5 唐辛子を種も一緒に細かく刻む。ニンニクの皮をむき、荒く刻む。

6 唐辛子、ニンニク、そしてショウガをマサペーストに混ぜ込み、よくかき混ぜてなじませる。

7 野菜を塩水からあげて水を切る。しっかりと水気を切り、軽く押して水分を押し出す。野菜を味見して塩気を確かめる。最初に塩をしたのは主に野菜から水分を引き出すためだが、その塩分はあまり野菜には吸収されない。塩気が感じられなければ、小さじ1〜2の塩をスパイスペーストに加える。あまりないことだが、野菜の塩気が強すぎる場合には、水洗いすればよい。

8. パイナップルを準備する。皮と芯は取り除き、テパチェを作るために取っておく（18ページの「テパチェ」）。甘く柔らかい身を小さく切る。
9. すべてを混ぜ合わせる。大きなボウルに、水気を切った野菜を入れる。スパイスペーストを加え、混ぜて全体に行き渡らせる。タマネギ、パイナップル、チャプリネスを（使う場合には）加える。すべてをよく混ぜ合わせる。
10. キムチを容器に詰める。きっちりと詰め込み、ペーストあるいは液体が野菜の上に上がってくるまで押し付ける。野菜に重石を乗せて、水面から顔を出さないようにする。ジャーを使う場合には、膨張する分だけスペースに余裕をみておく。
11. キッチンの目の届くところにおいて発酵させる。密封ジャーを使う場合には、最初の数日は毎日ふたを緩めて圧力を逃がすことを忘れないように。ふたを開けたら、（清潔な！）指を使って野菜を漬け汁の中に押し下げ、数日たったらキムチを味見してみる。日数を重ねるたびに甘味は薄れ、酸味が強くなってくる。フルーツ入りのキムチを作る場合、私はフルーツの甘味が残っているうちに食べるのが好きだ。風味のコントラストを楽しめるからだ。そのため、1週間以上は発酵させないようにしている。もっと短くてもいいかもしれない。
12. 十分に熟成した味になったと感じたら、冷蔵庫に移す。

COLUMN

食料としての昆虫

バッタやアリはおいしくて栄養価が高い。ほかの多くの昆虫も同様だ。昆虫を食べることに関しては、私はとても冒険心があるとは言えないし、私がこれまでに会った、非常に好奇心旺盛な人たちには及びもつかない。私が自分でつかまえた昆虫（セミ）を料理して食べたことは一度しかない。それでも、私の自宅のキッチンや、私の属するテネシー州の田舎に広がるクィアコミュニティで、そしてアフリカ、メキシコ、中国への旅で、さらにはオランダの高速道路のサービスエリアでも、私は多種多様な昆虫を食べてきた。私がこの本に取り組んでいる間、私のパートナーは家の床下で見つけたカマドウマを殺して冷凍庫で保存し、調理しておいしいディナーを作ってくれた。スパイシーでサクサクとした外骨格は絶品だ。

西洋の文化では、昆虫食は野蛮だとみなされることが多い。食に関してあまり冒険心のない欧米人は、昆虫食というアイディアにあからさまな嫌悪感を示すのが典型的な反応だ。この嫌悪感は先天的なものではなく、獲得されたものだと私は思っている。植民地主義を正当化するために、先住民の伝統的な慣習はさげすまれてきた。そこには多くの場合、食料源としての昆虫の利用が含まれる。「そんな気持ち悪いものを食べる人たちは、とても人間とは呼べない」と、ねじ曲がった論法は続く。「文明人は、そんなものを絶対に食べたりしない」というわけだ。食料そのものが、どんなにおいしくて栄養価が高く、役に立つものであったとしても、それを食べる人たちの人間性を否定する口実とされてしまう。

しかし世界のあらゆる場所で、昆虫は伝統的に食料源とされてきた。実用的に見ても、急速に増加する世界人口への食料供給に重大な懸念が存在する現在、昆虫食には大きな可能性がある。食の伝統とは、その環境で豊富に存在するものを食べて生きるということであり、数が多いと気持ち悪がられたりもする昆虫の多くは栄養価が高く、しかも食欲をそそる方法で調理することも可能だ。私も最近本を読んで知ったのだが、トマトスズメガは食べるとおいしいらしい。もっと早く、数か月前に私の菜園でトマトやパプリカからトマトスズメガを駆除したときに、そのことを知っていれば！　来年は、菜園の植物が食べつくされる前に、トマトスズメガを食べてしまうつもりだ。

昆虫食に関して、実用的な情報が載っている本を２冊挙げておく。

Stefan Gates, Insects: An Edible Field Guide (London: Ebury Press, 2017).

David George Gordon, The Eat-A-Bug Cookbook, Revised (Berkeley, California: Ten Speed Press, 2013).

チャプリネス、揚げたバッタ。

COLUMN

ポーランド風キムチ

　私が旅の途中で出会った、大胆な実験で私に強い印象を与えた人物に、ポーランドのシェフAlexander Baronがいる。Baronシェフはポーランド語で発酵に関する本を書いており、彼の小さなレストランSolec 44で、私のためにワークショップを開催してくれた。私がこれまでに取り上げた、独立した研究用キッチンのあるレストランとは対照的に、このレストランはそれ自体が実験室で、発酵中の野菜やハーブ、そしてフルーツが所狭しと棚に並んでいた。こういった発酵食品は、おいしくて気取らない料理や楽しい飲みもの（アルコールの入っているものも、そうでないものも）の材料となる。私が気に入ったのは、ヤマドリタケとホースラディッシュ、パプリカ、ニシンなど地元のおいしい食材を取り入れた、彼の「ポーランド風キムチ」だ。Solec 44は閉店したが、Baronは今でもBaron the Familyというレストランを兼ねた小売店を経営し、発酵ババガヌーシュ（baba ghanouj、なすのペースト）などの発酵食品や保存食を販売している。発酵によっておいしくなる食品は数限りない！

彼のレストランの発酵プロジェクトの棚の前で、彼の著書と私の著書を手にするAlexander Baron。

Cultured Pickle Shop

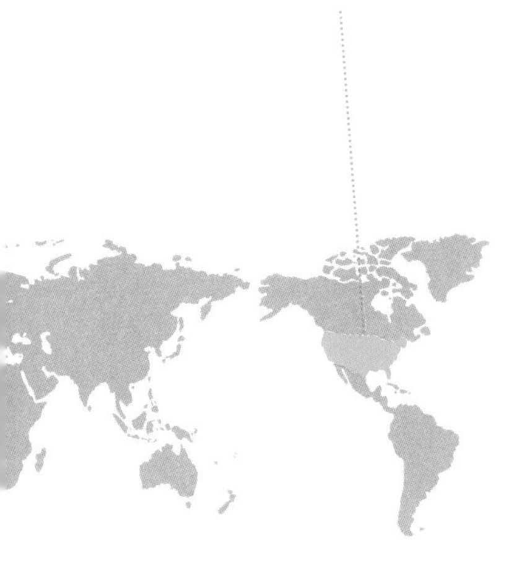

私は旅をする中で、多くの中小規模の発酵ビジネスを訪れた。ザワークラウトの製造であれ発酵のその他の領域であれ、これらの企業で働く人たちは発酵によって日々の暮らしを立てている。私はいつも彼らから学んでいる。

私はいくつもの小規模なビジネスが生まれ、成功するのを見てきた。その中には規模を小さく保っている――ひとりかふたりだけ、あるいは従業員数名の――事業もあるが、一方では全国規模のブランドに成長し、より大きな企業にそのブランドを売却した例もある。壮大な夢とともにスタートしたビジネスが、厳しい規制や資金繰りの現実に押しつぶされる例も見てきた。非公開の企業が従業員所有事業となる例も見てきた。また単なる実業家ではなく、職人であることにこだわる人たちにも会ってきた。野心に満ちた起業家ではなく、シンプルに自分の持つスキルで生計を立てることを望む人たちだ。

私はこれまでに訪れた世界中のほぼすべての場所で出会った、さまざまな規模でさまざまな食品を作っている人たちに畏敬の念を抱いている。誰一人けなすつもりはないのだが、ここでは私が最も頻繁に（ここ10年以上、サンフランシスコ・ベイエリアへ行くたびに）訪れている小規模な作り手にスポットライトを当てようと思う。それはカリフォルニア州バークリーにあるCultured Pickle Shopだ。その小さな店舗と作業場は、バークリーの繁華街の喧騒から遠く離れた場所にある。そこでAlex Hozvenと彼女の夫であるKevin Farley、そしてパートタイムの助手たちの小規模なチームが作っているのは、私がこれまでに出会った中でも最高においしい唯一無二の発酵食品だ。

AlexとKevinは素晴らしいザワークラウトやキムチやピクルスを作っているが、彼らが最も得意にしているのは季節ごとに創作される1回限りのユニークな発酵食品だ。カリフォルニアでは新鮮な野菜やフルーツのパレードが果てしなく続くので、多彩で新鮮な材料に事欠くことはない。また彼らの使うテクニックも非常にバラエティーが豊かで、その多くは日本の漬物に使われる漬け床の幅広いレパートリーにヒントを得ている。

テネシー州ナッシュビルにあるYazoo Brewing CompanyのEmbrace the Funkサワー・アンド・ワイルド・ビア・プログラムの醸造長を務めるBrandon Jonesが、ビールを熟成する新しい**foeders**（巨大な樽）を見せてくれているところ。

Cultured Pickle Shopの発酵食品。上段：アスパラガスのキムチ、セルタスをハラペーニョとディルとともに発酵させたもの、**ラッキョウを梅干し**のスタイルで発酵させたもの。中段：たくあん、タンジェリンと赤カブのコンブチャとレモンとビーポーレンとミントのコンブチャ、スイカの皮を唐辛子とヒソップで漬けたもの。下段：ショウガとターメリックの漬け汁に漬かったニンジン、カボチャの粕漬け、金町小カブの粕漬け。

Cultured Pickle ShopのAlexとKevinと彼らのチーム、そして私。アーティストのDouglas Gayetonにより、彼の作品Lexicon of Sustainabilityの一部として2011年に制作されたフォトコラージュ。

ある年、私が彼らを訪ねて行くと、私の大好きな日本の漬物**たくあん**を作るために、店の裏窓には所狭しとダイコンが――葉の付いたまま――吊り下げられ、日干しにされていた。別の機会には、同じ裏窓に干し柿がびっしりと吊り下げられているのを見た。最近は私の冷蔵庫に何か月も埋もれていた、彼らの粕漬け（151ページの「酒粕」を参照）の残ったジャーを見つけた。冷蔵庫に入っていた粕漬けには、ごく薄切りにしたセルリアックが、1年がかりでじっくりと酵素によって分解されて土の香りを帯びた甘辛い酒粕のペーストに漬かっていた。（その作り方については、80ページのAlexとKevinによる説明を参照してほしい。）

AlexとKevinの創り出す発酵食品は、遊び心があって革新的だ。時には思いがけない野菜やフルーツ、ハーブ、風味付け、そして漬け床をブレンドして彼らが作り上げるどの発酵食品にも、魅力的でバランスの取れた風味と食感がある。彼らを観察し、彼らと話し、そして彼らと一緒に作業場で試食していると、最も重要な発酵の変数、つまり時間に、彼らが非常な注意を払っていることがよくわかる。彼らは日常的にしょっちゅう味を確かめ、制作途中のバッチの育ち具合や仕上がりについて対話を欠かさない。時にはバッチの一部を収穫し、残りを発酵するに任せて、その後の育ち具合を観察することもある。彼らが秘蔵している、とても土の香りのする、非常に年季の入った発酵食品のいくつかを、私は味見させてもらった。

AlexとKevinは、野菜以外にも格別においしいコンブチャを作っている。彼らは茶葉とハーブを残したままコンブチャを発酵させるため、マザーにはコンブチャ以外の植物成分がたくさん取り込まれる。そして彼らは、搾りたての果汁と野菜汁をコンブチャに混ぜて二次発酵させる。私が味見したカブのジュースのコンブチャは、これまで私が飲んだ中で一番おいしいコンブチャだったかもしれない。近年では、週末に作業場はRice & Picklesランチサービスを提供する小さなレストランとなり、そこでは彼らの完璧なペアリングのセンスとデザインの美学とともにピクルスを味わうことができる。

粕漬け

この項の筆者はAlex HozvenとKevin Farley

私たちが作業場で粕漬けを作り始めてから、もう15年近くになる。私たちは、粕漬けを作るには恵まれた状況にあった。アメリカで最大手の日本酒醸造業者のひとつTakara Sakeが、私たちの作業場からほんの数ブロックしか離れていないところにあるのだ。彼らはカリフォルニア米を使ってオーガニックな**純米酒**を作っている。その酒粕は色が薄く、風味は穏やかで、まるで（圧搾されたシートではなく）ペーストのように感じられるほど十分に水分を含んでいる。

私たちは粕漬けを作り始めるまで、それを食べたことも作ったこともなかった。伝統的な日本の作り方を研究して、大まかな方向性を定めた。数年間の試行錯誤の後で、私たちのスタンダードな粕床には、酒粕と砂糖と塩を10:3:1の割合で使うことに落ち着いた。私たちは、きび砂糖と上質の海塩を使っている。

まず野菜に、その重量の6パーセントの海塩をまぶし、重石を掛けて2日間下漬けする。塩漬けすることによって野菜からかなりの量の液体が出てくるが、これには二つの意味がある。ひとつは食感を保つため、もうひとつは塩分の濃い粕床に入れたときに野菜がへたる（水分が抜けてしまう）のを最小限にとどめるためだ。野菜がへたると、ペースト状だった粕床がスラリー状になり、発酵のバランスが崩れてしまうおそれがある。私たちの酒粕と塩と砂糖の比率と発酵期間（平均で9～18か月）ではどんな野菜でも漬けることは可能だが、おすすめはビーツやカブ、ゴボウなどの実の詰まった根菜だ。西洋カボチャや日本カボチャ、丸のままのネギやレッドハラペーニョなども良い結果が得られている。より繊細な野菜、たとえばサラダ菜やキノコなどは、食感が失われてしまう可能性が高い。私たちは大部分の野菜はまるごと使うが、冬カボチャや大きなビーツなど大型の野菜は割って使う。2日間塩漬けした後の野菜は水洗いして、丸一日自然乾燥させる。その日の終わりに、だいたい1対1の割合で野菜と粕床をかわるがわる容器に敷き詰め、ラップ（表面が空気に触れないようにするため）をかけてふたをする。

食品を保存加工するためには、タイミングを見計らうことが大事だと私たちは考えている。まず、私たちが保存したい瞬間の野菜の状態――味や食感や色――を見極めなくてはならない。それから野菜を加工した後で、その野菜の風味や食感が保たれ高められた瞬間、つまり保存と変換作用のバランスの取れた瞬間をとらえなくてはならない。よい素材を調達することが、私たちの仕事には不可欠だ。私たちの使う保存のテクニックは、素材の欠点を補うためではなく、素材の最高の状態を保ち、さらに高めるためのものなのだ。

私たちの塩と砂糖の比率では、漬物は何か月もの間、とても食べられたものではない。突き刺すような塩気が強く感じられ、甘味は舌にまとわりつく。酒粕の中で生きている酵母が糖を代謝するにつれてアルコール濃度が急激に高まるため、蒸発させて角の取れた味にしなくてはならない。そんなわけで、容器の中のバランスが取れてくるまでには9か月ほどかかるのが普通だ。塩気は和らいで、まろやかな味になってくる。これはスイートピクルスに近いものだが、糖分は代謝されて心地よい甘味に変わり、熟成したアルコールは元の日本酒のまろやかさを取り戻す。野菜は中心まできれいに漬かり、生の部分は残っていないが、根本的な野菜の性質の多くは失われていない。食感は驚くほど保たれている——かじったときに感じられる最初のわずかな弾力と、その後のみずみずしい歯ごたえ。風味も食感と同様に、軽いカラメルの香りに続いて新鮮な生野菜の風味が卓越する。私たちがそれを目指して収穫、梱包、冷蔵し、原材料の色や風味や食感を保ちながら粕床の変換作用を引き出そうとした成果だ。さらに発酵させると漬物は非常に美しく熟成するが、野菜の風味は失われ、熟成した粕床の風味が勝ってくる。2〜3年の間に最初は軽く、そして次第に重く、野菜はカラメルの色と風味を帯びるようになり、5〜7年もたつとチョコレートを思わせるものになる。7年を超えると、リコリスやブラックベリー、そしてタバコの風味が支配的となり、わずかに残っていた元の野菜の風味は完全に失われてしまう。

Fab Fermentsの Bubonic Tonicビーツクワス

私がとても気に入っている、もうひとつの小規模な作り手がオハイオ州シンシナティのFab Fermentsだ。Fab Fermentsのオーナーで経営者でもあるJennifer De MarcoとJordan Aversmanのカップルは、だいぶ昔に私の研修プログラムに参加したことがあり、またシンシナティまで私を講師に呼んでくれたこともあったのだが、さまざまな会議に出席するたびにちょくちょくお目にかかってもいた。彼らの製品プロモーションが、私の講義と重なることも多かったからだ。私は旅をしている間、できるだけ多く発酵野菜を食べたり発酵飲料を飲んだりして、元気をつけるようにしている。私はまったくえり好みはせず、ほとんどどんなものでもおいしくいただけるのだが、ときどき普通とは違って特別おいしく感じるものもある。

私はJennとJordanに会うたびに、彼らのビーツクワスをなるべくたくさん飲むようにしている。これはビーツの漬け汁を思わせる、すばらしく酸っぱい発酵ビーツ飲料だ。Fab Fermentsでは、数種類の風味のバリエーションでビーツクワスを作っている。私の一番のお気に入りは、彼らがBubonic Tonic®と名付けている、強烈なホースラディッシュとショウガとニンニク風味のものだ。この名前は「風邪から疫病まで、どんな病気との戦いにも使われた」伝統的な免疫サポート強壮飲料をインスパイアしたものだ、とJennは説明してくれた。彼女は、実験してみることを勧めている。「さまざまなビーツの品種やハーブ、スパイス、それ以外の栄養価の高い食材を組み合わせて、あなた自身のプロバイオティックな強壮飲料を作り出してください」と彼女は語った。「私たちはインスピレーションのおもむくままに、食材を加えています！」

「基本となるのはビーツと水、そして塩です」とJennは言う。「重要なのは水です。塩素やクロラミンやフッ素化合物を含まない水を使うことによって、最高の結果が得られます。」

[発酵期間]

2〜3週間

[容器]

- 1クォート/1リットルのジャー

[材料] 約カップ3/750ml分

- ビーツ[*1]…¼ポンド/125g
  (あるいはもっとたくさん)
- キャベツ…¼ポンド/125g
- タマネギ、ショウガ、ニンニク、ホースラディッシュ、そしてハラペーニョ…全部で¼ポンド/125g
- 海塩…大さじ1ほど

[作り方]

1 野菜を粗く刻み、ジャーに入れて混ぜる。

2 浄水器を通した水か井戸水のぬるま湯カップ2/500mlに、塩を溶かす(ぬるま湯なのは塩を溶けやすくするため)。この塩水を冷ましてから野菜の上に注ぎ、ジャーがほぼいっぱいになるまで必要に応じて水を加える。ジャーに圧力がたまらないように、ネジぶたをゆるく締める。

3 72°F/22℃ほどの温度で2〜3週間発酵させる。気温が高ければ速く発酵するし、低ければ遅くなる。(気温が高すぎると、ビーツクワスがねばついたり糸を引いたりするかもしれない。)数日ごとにジャーを振り混ぜ、泡立ち具合を観察する。振るときにはネジぶたを締めるが、ジャーの圧力を逃がすため、忘れずにふたを緩めておくこと。

4 「クワスがガツンと酸っぱくなるまで発酵させましょう!」とJennは言っている。

5 濾して液体から固形物を取り除く。液体は冷蔵庫に保存して飲む。残った野菜の切れ端は、ピクルスとして賞味してほしい。

＊1 皮付きのものが望ましいが、必須ではない

ラペソー

ビルマの市場でラペソー(発酵させた茶葉)を売る人。

ビルマ料理は、茶葉を飲みものだけでなく食品としても使うという点で異彩を放っている。伝統的には茶葉を発酵させ、その酸っぱくて苦い茶葉を、たくさんの対照的な風味や食感の食材とともにサラダに入れて食べる。おそらく他の料理にも使われるのだろう。発酵させた茶葉は、現地の市場では小規模な作り手から直接買うことができる。私の印象では、ビルマ(ミャンマー)の大部分の人は自分でラペソーを作らずに、地元の作り手から買っているようだ。発酵させた茶葉は、包装され輸出もされている。ラペソーはアメリカ国内の移民向け食料品店やインターネットでも時折見かけるが、あまり供給は安定していないようだ。

私はビルマを訪れる前にもラペソーを食べたりそれについて書いたりしていたので、現地の市場で探してみようと思った。見つけるのは簡単だった。ほかに目にした(匂いがした)ものの中には、発酵させた魚やエビのペーストや、すばらしい魚の干物、たくさんの漬物、中国で見たのと同じような発酵豆腐、納豆に似た発酵大豆、そして発酵させた豆を円盤状に固めて乾燥させたもの(213ページのトゥアナオ)もあった。しかしビルマの市場で見たもののほとんどは、私にとって謎だった。私は旅行者として、自国の友人と一緒に、しかし現地の言葉を話せる仲間はいない状態で、ビルマを訪れていたからだ。それは中国や日本などを訪れたときとの大きな違いだった。多少の情報を拾い集める手助けをしてくれる人は見つけられたが、詳細な質問に詳細な回答を得ることは通訳なしでは難しかった。

私が大まかに理解しているところでは、ラペソーは新鮮な茶葉から作られる。一般的には、若く柔らかい茶葉は食べるために選別され、比較的古い葉は乾燥させて飲むために使われるようだ。茶葉は蒸され、素焼きまたは竹製の容器にきっちりと詰め込まれて、数か月間発酵される。私は自分で試したことは一度もない。

茶の木を育てている地域以外では、新鮮な茶葉を手に入れることが難しいからだ。それでも私は何とか工夫して、乾燥済みの緑茶から作るバージョンのラペソーに挑戦してみようと思った。私がこの作り方を、自宅からそう遠くないナッシュビルで開催されたTennessee Local Food Summitで学んだ。そこで私は、Tennessee Immigrant & Refugee Rights Coalitionの主催する移民や難民の園芸家のプレゼンテーションに参加していた。発表者のひとりはビルマから来た若い女性で、彼女がアレンジしたバージョンの乾燥茶葉を使うラペソーを教えてくれた。

RECIPE

［発酵期間］

2日

［器材］

- 小型のフードプロセッサー
- 容量カップ2／500ml以上のジャー

［材料］ 約カップ2／1パイント分

- 砕けていない緑茶の茶葉 …2.5オンス／70g
- レモン汁…1個分
- ニンニク…3かけ、皮をむいて刻む
- ハラペーニョ唐辛子…1本、刻む
- 新鮮なショウガ …大さじ1～2、皮をむいてみじん切り、またはすりおろす
- ガランガル …小さじ1、皮をむいてみじん切り、またはすりおろす（手に入れば）
- 塩…小さじ1
- 植物油…大さじ2

［作り方］

1. 茶葉を点検して小枝があれば取り除く。
2. 茶葉を1クォート／1リットル以上のお湯（沸騰しない程度）に10分以上浸して、茶葉から苦味を抜く。
3. お湯を捨て、硬い茎が見つかれば取り除き、水洗いする。
4. 茶葉を1クォート／1リットル以上の冷水に1時間浸し、水気を切って、さらに硬い茎が見つかれば取り除き、もう一度水洗いする。
5. 余分な水分を搾り出す。
6. 小型のフードプロセッサーに、茶葉、レモン汁、ニンニク、ハラペーニョ、ショウガ、ガランガル（使う場合）、塩、そして植物油を入れる。ペスト［バジルペースト］程度の粘りが出るまでフードプロセッサーに掛ける。
7. ジャーに入れて密封する。常温で、直射日光を避け、2日間以上発酵させる。
8. サラダやサンドイッチに入れたり、おいしい調味料として使ったりしてほしい。発酵させた茶葉は冷蔵庫で保存する。冷蔵庫でも茶葉はゆっくりと発酵し続ける。

オリーブ

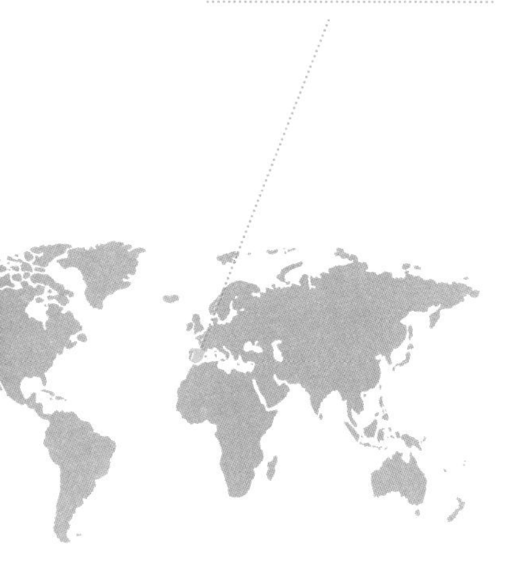

私がオリーブを好きになったのは、比較的最近のことだ。大人になってもしばらくの間、オリーブをまるごと食べることは避けていたが、刻んだものや別の食材に入ったり振りかけたりしてあるものは次第に食べられるようになった。いまの私はオリーブが大好きだし、多少のこだわりもある。ワークショップの舞台として最も記憶に残っている、スペインのマジョルカ島のバルデモサ村とそれに隣接するSon Moraguesという農場では、広大な丘の中腹にオリーブの古木が生い茂っていた。

そのワークショップを主宰していたのはAna de Azcárateという、マドリードに住むベネズエラ人の女性だった――ヨーロッパ、北アメリカ、そしてラテンアメリカ各地で私が出会った、悲惨な状況から逃れてきた膨大な数のベネズエラ離散民のひとりだ。Anaは、マジョルカ島にある彼女のいとこの農場のワークショップに教えに来るよう、私を招待してくれた。

私たちがワークショップの準備をしていた日、AnaのいとこのBruno Entrecanalesが彼の農場を見学させてくれた。まず彼が見せてくれたのは、かつて使われていたオリーブオイルの圧搾機だった。彼が現在使っているものはステンレス製で油圧式だ。別の建物には、鋼鉄製の歯車の付いた19世紀の機械式圧搾機と、もっと古い石でできた圧搾機が保存されていた。かつての圧搾室の床には、オイルを流すための溝が彫られていた。

次に彼は、私を外に連れ出してオリーブの木を見せてくれた。起伏の多い地形で、彼は私を乗せてオープン2シーターのオフロードカーを運転した。古代の石畳の道をひたすら上り、石造りのテラスを通過し、どこまでも続くオリーブの木立を通り過ぎる。樹齢数百年の節くれ立った木もあった。この農場ではそれ以外の農産物（トマト、タマネギ、レモン、マルメロ、その他のフルーツなど）も育てているが、主力はオリーブ――それも膨大な数――で、それをオリーブオイルや塩漬けに加工している。私たちが丘の頂上に着いたとき、予想もしていなかった光景が目に入った。崖の下には、地中海の輝くように青い水面が広がっていたのだ。

Son Moraguesにあった19世紀の機械式オイル圧搾機。現在は油圧式のものに置き換えられている。

さらに古い、石でできたオリーブオイルの圧搾機。

農場をめぐる石畳の道。

Son Moraguesの丘の頂上から、地中海を望む。

レモン入り発酵オリーブ

Nereaの発酵オリーブ。

Nerea Zorokiain Garínは、スペインのバスク地方の都市パンプローナを拠点とする発酵教育者だ。Nereaはそこで小さな学校を運営しており、私をパンプローナでのワークショップに呼んでくれたことがあって、*Fermentación*というスペイン語の発酵に関する著書がある。Nereaはオリーブの発酵食品を大量に作る。スペインではオリーブが豊富に採れるからだ。次ページに示すのは、オリーブを簡単においしく発酵させる彼女のレシピだ。プロセスは2つのステップに分かれる。まず、あく抜きをするためにオリーブを軽くつぶして水に漬け、毎日水を替える。それから風味付けした塩水に漬けて発酵させるのだ。

「塩水に漬けたオリーブは、地中海で最もよく知られた発酵食品のひとつです」とNereaは言う。「オリーブに含まれる栄養素や脂肪酸を——もちろん食物繊維も——保存する、最も優れた方法なのです。」彼女の手法は、オリーブを発酵させる方法のひとつにすぎない、と彼女は指摘する。「家族の数と同じくらい、オリーブを加工する方法はたくさんあります。どの家族も、独自のレシピを受け継いでいるからです。」他の香りのよい食材を使って実験してみてほしい。Nereaの本には、ゴージャスなオリーブの漬け汁のバリエーションがたくさん載っている。

［発酵期間］

1週間から数か月

［容器］

- 容量1.5クォート／1.5リットル以上のジャーまたはかめ

［材料］ 2ポンド／1kg分

- オリーブ…2ポンド／1kg
- 塩…大さじ5／70g
- レモン…2個、半分に切る
- ニンニク…3かけ（量はお好みで）
- ローズマリー…2枝（量はお好みで）
- パクチー…1株（量はお好みで）
- カイエンヌペッパー…2個（量はお好みで）

［作り方］

オリーブをあく抜きする

1 最初に、オリーブを割る。びんの底や、包丁の柄などを使って、割れ目が入るまでつぶせばよい。つぶしたとき、オリーブから液体がしみ出してくることを確認する。

2 オリーブをすべて割ったら、水を張った容器に入れて酸化や褐変を防ぐ。カルキ抜きした水か、できるだけ自然の状態に近い水を使うこと。伝統的には、雨水が使われていた。

3 5～20日間、毎日水を替えながらあく抜きをする。最初の数日が過ぎたら味見して、特徴的な苦味がなくなっているかどうか確認する。好みの味になるまで、このプロセスを継続する。後半の発酵プロセスではさらに苦味が失われることに注意してほしいが、良い結果を得るためにじっくりとあく抜きすることをお勧めする。

4 あく抜きが済んだら、他の材料とともに塩水に漬ける。

オリーブを塩水に漬ける

1 塩水を準備する。容器に1クォート／1リットルの水と塩を入れ、よくかき混ぜて完全に塩を溶かす。

2 オリーブをマリネする。半分に切ったレモンとそれ以外の材料とともに、オリーブを容器に入れる。レモン以外の材料は、丸のままでも、乱切りにしても、みじん切りにしてもよい。お好きなように。

3 すべての材料が浸るまで、塩水を注ぐ。オリーブが十分に塩水に浸り、酸素から保護されるように、重石を乗せる。

4 数日たてば食べられる。そのまま数か月は保存できる。

5 毎日食べない場合には、白い膜のようなものができて表面に浮かび上がってくることがあるが、それは普通のことだ。これは自然にできるもので、オリーブのマザーと呼ばれる。オリーブを取り出すときにはマザーをわきによけて、また元に戻すようにしてほしい。マザーはオリーブを守ってくれるからだ。

ピクルスのスープ

このおいしいピクルスのスープのレシピはKristi Kraftシェフの創作によるもので、アラスカ州ジュノーにあるCoppaというレストランから教わったものだ。このレストランではカレー風味の海藻ピクルス——やはりジュノーにある、さまざまなおいしい海藻加工食品を作っているBarnacle Foodsで製造されたもの——を使っているが、このレシピは（私のように）海藻ピクルスが手に入らない場合にはディル風味のピクルスでも作れるし、それでも十分においしい。

RECIPE

［調理時間］

30分ほど

［器材］

- 容量2クォート／2リットル以上の鍋・泡立て器

［材料］4〜6人分

- タマネギ…中1個、さいの目に切る
- キャノーラオイル…大さじ2
- ニンジン…1本、乱切りにする
- ピクルス[*1]…カップ1、水気を切ってみじん切りにする
- 野菜スープ…カップ5／1.25リットル
- ジャガイモ…中3個、さいの目に切る
- 塩…小さじ1
- 黒コショウ…小さじ¼
- カレー粉…小さじ1½（カレー風味の海藻ピクルスを使う場合）
- サワークリーム…カップ¼／60ml
- 小麦粉…大さじ1½
- ピクルスの漬け汁…カップ¼／60ml
- 新鮮なディル…カップ¼、刻む（ディル風味のピクルスを使う場合）

［作り方］

1. 鍋に油を熱し、タマネギを透明になるまでソテーする。
2. ニンジンとピクルスを加え、油がなじむまでソテーする。
3. 野菜スープ、ジャガイモ、塩、黒コショウ、カレー粉（使う場合）を加えて、ジャガイモが柔らかくなるまで15分ほど煮る。
4. ジャガイモを煮ている間に、サワークリーム、小麦粉、ピクルスの漬け汁、ディル（使う場合）を別のボウルに合わせて泡だて器で混ぜ合わせる。
5. ジャガイモが柔らかくなったら、サワークリームの入った液体を混ぜ入れて、少しとろみがつくまでさらに数分間煮る。
6. 盛り付けて、どうぞ召し上がれ！

＊1　ディル風味のピクルスや、手に入るか作れる場合にはカレー風味の海藻ピクルスなど

発酵野菜を乾かす

発酵させた野菜は、乾かしてもっとおいしくすることができる。一部の地域では、ヒマラヤのグンドゥルック（gundruk）やシンキのように、発酵させた野菜をより長く貯蔵するために天日干しすることが普通に行われている（私の以前の著書で説明しているように）。乾かすことには、発酵野菜の日持ちをよくするだけでなく、発酵に伴って柔らかくへなへなになってしまった野菜を復活させる効果もある。パリパリ感のある軽食やトッピングに仕立て直すこともできる。

乾かすのに必要な時間には幅がある。野菜は細かく切るほど表面積が大きく、厚みも少なくなるため、より速く乾く。また、どの程度まで乾かすかという問題もある。発酵野菜は生乾き――噛み応えのある食感と濃縮された風味――にもできるし、もっと長く乾かしてパリパリ感を増し、日持ちをより良くすることもできる。食品乾燥器を使う場合には、プロバイオティクスを守るために115°F／46℃以下の温度を保つようにしてほしい。

十分に乾かした発酵野菜は、挽いて粉にすると素晴らしい調味料になる。スイスで私が出会ったイタリア人シェフMatteo Leoniは、麹とともに発酵させて乾かした野菜を粉末にして「さらにうまみを凝縮する」そうだ。

私も、乾かした発酵野菜と全粒フラックスシード（亜麻仁）でクラッカーを作ってみたら、とてもうまくできた。作り方は、まず発酵野菜のみじん切り、フラックスシード、水（または発酵野菜の漬け汁）各カップ1を混ぜ合わせる。液体がフラックスシードに吸収されるまで数時間置くと、どろどろの粘り気のあるかたまりになる。これをシリコーンシートか軽く油を引いたオーブンシートの上にできるだけ薄く広げる。115°F／46℃以下に設定した食品乾燥器か、最低温度のオーブンで乾かす――食品乾燥器なら数時間、オーブンならもう少し短く。クラッカーがシートから自然にはがれる程度まで乾いたら、上下を返して底面を上にして、クラッカーがパリっとするまでさらに乾かす。

漬け汁を乾かして塩を作る

Sasker Scheerderは、オランダのロッテルダムでManenwolfs食品ラボを運営している。アムステルダムで開催されたRotzooiフェスティバルで、彼は漬け汁を乾かして結晶にしたものを味見させてくれた。それが私にとって、漬け汁から作った塩との最初の出会いだった。発酵野菜の酸味と風味、そして土臭さが詰まった塩の結晶はすばらしいもので、とてもおいしい！Saskerは、さまざまな野菜と風味付けの漬け汁を乾かして作った、数種類の塩を持ってきていた。それらの風味や味は、どれも非常に特徴的で、例えば発酵唐辛子の漬け汁から作った塩には唐辛子の風味が保たれている。彼はこの塩をpekelzoutenと呼んでいた。大まかには「漬物塩」という意味だが、彼の説明によれば「通常Zoutenは冬に道路や車寄せの融雪剤として使われる粒の大きい岩塩を意味する」らしい。

Saskerは、経験から学びながらその手法を進化させてきた。最初に実験したのは発酵唐辛子の漬け汁だった。

> 私は漬け汁を平たいシリコーン製のトレイに注いで、低温（35-40℃／95-104°F程度）で数日間乾かした。その結果は、実に驚くべきものだった。水分がすべて蒸発した一方で、漬け汁の中のその他の分子はすべてねばねばした（しかしとてもおいしい）かたまりに変化していた。それには塩気はもちろん、酸味（乳酸発酵による）や甘味（漬け汁の中の発酵された炭水化物が緩慢な乾燥によってカラメル化した）、そして驚くことにうま味も、たっぷりと含まれていたのだ。おそらく活性化された酵素によって、遊離アミノ酸がグルタミン酸を含むペプチド──それを私たちは「うま味」と呼んでいる──に変換されたのだろう。そんなわけで、私はこのクレイジーな風味のカクテルにすっかり夢中になり、この乾燥・濃縮・熟成プロセスをほかの多くの発酵食品についても適用してみたところ、非常にさまざまな風味と味覚が得られた。それでも、これは塩と呼べるものではなかった。塩の結晶が現れることもあったが、大部分は粘り気のあるペーストだったからだ。

発酵唐辛子の漬け汁を乾かした塩の結晶。

発酵ダイコンの漬け汁を乾かした塩の結晶。

Saskerは、結晶の形成を促すテクニックを編み出した。漬け汁に塩を加えて飽和させ、植物由来の成分やさまざまな発酵副産物よりも、相対的に塩の濃度が高くなるようにしたのだ。私が彼に、加えるべき塩の量の目安はあるかと聞いたところ、数多くの変数が関係するので簡単には言えない、というのが彼の答えだった。

> 単なる塩の水溶液であれば高校レベルの化学で簡単に測定できるだろうが、発酵によって状況は複雑なものとなる。さまざまな種類の可溶性の（時には不溶性の）微粒子が、漬け汁の中に放出されるからだ。あらゆる種類の発酵において、変数——漬け汁と野菜の比率、漬け汁の濃度、発酵期間の長さ——は大きく異なるため予想はかなり難しい。しかし、発酵後に漬け汁へより多くの海塩を溶かし入れることは、質感を操作する手段となる。

またSaskerは、浅い容器ではなく深い容器で蒸発させるという実験もしている。深い容器だと、糸を垂らして結晶の形成を促すことが可能となる。私はSaskerに、子どものころ同じことをしたのを覚えている、と言った。砂糖の溶液に糸を垂らして氷砂糖を作ったことがあったのだ。

「そうそう、同じやり方だよ、そして子どものころと同じくらい面白いんだ！」彼は説明を続けた。

さまざまな発酵溶液を乾かして作った塩の結晶。

漬け汁を乾かすと粘り気のあるペーストになる。

さまざまな漬け汁を食品乾燥器で乾かしているところ。

糸の上で成長する結晶。

水が少なくなってくると、溶解していた塩の状態が不安定となり、くっつく相手――他の塩の分子――を探し始めるため、結晶が形成される。糸（実際には何でもよい）は、触媒として働く。私も最初はその方法でやってみた。美しい結晶はできるが、時間がかかりすぎるため、平面で蒸発させるようにした。深さが深いほど大きな結晶ができるが、かかる時間も長くなる。これはまた、振動によって塩の結晶の形成が妨げられるプロセスでもあるので、くれぐれも慎重に。

温度が高いほど、漬け汁は速く乾く。プロバイオティックを維持するため、低温で乾かすことをSaskerは推奨している。「すべてではないが、ある種の乳酸菌は塩分耐性が高く、十分に生き延びられる」と彼は言う。「つまり、このpekelzoutをスターターとして別の発酵食品を作れば、プロバイオティクスと風味を受け継ぐことができるんだ。」

Saskerは、pekelzoutが乾いた後も熟成を続けることに注目している。「たとえばダイコンの場合、塩の風味が最初はイマイチだったとしても、数週間たつと熟成して深みを増してくる。実はこれが私の大のお気に入りなんだ。」

COLUMN

漬け汁を濃縮した、オー・ド・クラウトとクラウト・タール

私の家は送電線が来ておらず太陽光発電に頼っているため、食品乾燥器を24時間何日間も稼働させ続けることは現実的ではない。そのため、大量に作ったザワークラウトの余分な漬け汁は、煮詰めて濃縮している。煮詰めている途中の漬け汁からは、強烈なアロマが家いっぱいに広がる！ 私は6～8時間かけて煮詰め、取っておいた少量の生の漬け汁をそこに加えてプロバイオティクスを補充している。私はこの濃縮された漬け汁をオー・ド・クラウトと名付けて、よく使っている――塩辛くて酸っぱくて土臭い、おいしい万能調味料だ！　さらに煮詰めると、漬け汁はさらに濃縮されてとろみがつき、風味はさらに強烈になる。どろどろになるまで煮詰めたものを私はクラウト・タールと呼んでいるが、それはまさに感覚の爆発とでも言えるものだった。失敗も経験した――漬け汁を煮詰めすぎて、焦げ付いてしまったのだ。

穀物とイモ類　3

GRAINS AND
STARCHY TUBERS

世界の大部分の地域では、穀物とイモ類が主食となっている。発酵は、これらの食品の栄養素を利用しやすくするとともにさらに強化する働きをし、物足りない風味にアクセントをつけ、食感を軽くし、さらにアルコールに変化させることも可能だ。伝統的な穀物とイモ類の発酵食品の中には、製造の過程で食材にカビを生育させるものがある。こういった、より特殊なプロセスについては4章で取り上げる。

欧米に住むほとんどの人にとって、穀物の発酵とは主にパンとビールを意味する。私はこのどちらも大好きだが、ここではほんのわずかしか触れない。より専門的な書籍で詳細に解説されているからだ。しかし、ビールや日本酒の醸造など活発なアルコール発酵から得られた泡立つ酵母をスターターとして使うパンのレシピ（パンとビールの間の密接な結びつきを物語る）や、塩入り自然発酵パン（ユニークな発酵プロセスによるアパラチア地方の伝統食品）のレシピは取り上げている。しかしパンやビールは、穀物の発酵のごく一部でしかない——私が旅したあらゆる場所、書物で読んだすべての地方で、穀物やイモ類の発酵は実にさまざまな形で行なわれているのだ。

この章では、まず基本的な、穀物を水に浸すだけのシンプルな発酵食品を取り上げる。次に再び中国へ赴き、勤奮という村から米を発酵させる2つの手法を学ぶ——ひとつは米から作る酒、ミーチュウ（米から作る酒についてはカビを主題とする次章でも引き続き取り上げる）であり、もうひとつは米のとぎ汁だ。次に、私は読者を南米大陸にお連れして、チチャについて深く掘り下げる。チチャとは、驚くほど広い範囲の発酵飲料を意味する言葉だ。また、yuca podrida——発酵キャッサバのトルティージャ——と、キャッサバの塊根の有毒なジュースから作られるアマゾンの発酵調味料**トゥクピー**（tucupi）についても説明する。しかしその前に、穀物の製粉からはじめよう。入手可能なテクノロジーによって、穀物がどのように利用できるか（あるいはできないか）、それがどれほど大変か（あるいは簡単か）が決まるのだから。

穀物の製粉

現在の大量生産社会では、ほとんどの小麦粉は巨大な工場で製粉されており、そのプロセスはほとんど人の目に触れることもない。この利便性と効率性の代償として、私たちが消費しているのは古くなって酸化した、栄養価の減少した、そして時には腐敗した小麦粉だ。またそのサプライチェーンは途絶の危険をはらんでいる。食品にこだわる人たち（私もその一人だ）の中には、小さな家庭用の製粉機を持っている人もいる。しかし、そういった例は珍しいし、良質のものは高価でもある。しかし、私が旅する中で目

メキシコのヘネラル・セパダの製粉所でニシュタマル[アルカリ処理したトウモロコシ]を挽いてマサ生地を作っているところ。

インドのカラップ村にある、水力による穀物製粉所。これを使う対価として、コミュニティーの住民たちは製粉した穀物の一部を置いて行く。

中国の四川省にある小さな町の店先で、焙煎した菜種から新鮮な油を搾り出しているところ。

にしたのは共同体スケールの、ちょうどその中間に位置する製粉テクノロジーだった。

私はメキシコのVilla de Patos農場（4ページの「プルケ」を参照）のワークショップで、素晴らしい体験をした。農場で働く数名の現地の女性に指導を受けながら、トウモロコシをニシュタマリゼーションしたときのことだ。ニシュタマリゼーションというのは、トウモロコシに消石灰（カルとも呼ばれる）または木灰を加えて短時間煮るプロセスだ。その目的は、トウモロコシの穀粒の硬い種皮をゆるめて取り除くことにあり、同時にトウモロコシの風味や消化のしやすさ、そして栄養価を高める効果もある。

次の日、トウモロコシが冷めてから、私たちはトウモロコシをこすり合わせてゆるんだ種皮を取り除き、アルカリ性のカルを洗い流した。その後、現地の製粉所を使わせてもらうため、私たちは全粒トウモロコシのニシュタマルを持って町へ歩いて行った。私たちが到着したのは、1台の電動製粉機が備え付けられている、小さな建物だった――手っ取り早く簡単に粉を挽くにはぴったりのツールだ。巨大な産業用の機械ではないが、それでも家庭で所有するには大きすぎる代物であり、この町全体の家庭や小企業が使うにはちょうどいい中間的なサイズで、みんなに新鮮でおいしく栄養価の高い食べものを供給できる。この製粉所は数名の雇用を生み出すとともに小規模なコミュニティーの集会所としても使われ、現地の食料システムの重要なニッチを占めている。

インドでは、電気の通っていないヒマラヤの辺境の村にある水力のコミュニティー製粉所を訪れた。そこでは村人たちが製粉所を使わせてもらう対価として、小麦粉の一部を置いて行くことになっていた。中国では、小さな市場町で私が香りに誘われて足を踏み入れたのは小さな搾油場だった。そこで私が購入した油は、私が今まで味わった中で最も新鮮で、最高においしいものだった。

私は、そのような場所に希望を感じる。巨大な、集中化された工場か、あるいはその反対か――誰もが食材を自分の手で加工する――という両極端だけが選択肢ではない。私たちがあらゆる場所で復活させるべき伝統は、私たちの食料の大部分を地元や近隣地域で生産することであり、さらには地元や近隣地域での適正な規模の食品加工を、中間技術を活用して支援することだ。地元や地域規模での食品加工は重要な経済セクターであり、復活の兆しを見せつつある。それは、より新鮮で風味豊かな、栄養価の高い食品だけでなく、地元の雇用や食料安全保障へと至る道でもあるのだ。

キシェル

穀物を発酵させる最も基本的なテクニックは、水に浸すという、非常にシンプルなものだ。乾燥した穀物にもともと存在しているバクテリアや酵母は、水が存在しないため休眠状態にある。このことは、穀物が全粒であっても、ひきわりであっても、粉の状態であっても、加熱処理されていなければ同じように当てはまる。穀物を水に浸すとすぐに、休眠状態にあった微生物が目を覚まし、栄養素を代謝して増殖し始める。

ポリッジや粥は穀物の発酵の最も一般的な応用例であり、穀物農業から生まれたすべての文明にわたって見られる。残念なことに、これらの伝統的な穀物発酵食品の人気はだいぶ前から低落傾向にある。栄養価の面では圧倒的に優れているにもかかわらず、ポリッジや粥は子どもたちの人気をベビーフードや甘いシリアルなどの加工食品に奪われ、影が薄くなってしまった。

イタリアのポッレンツォにあるUniversity of Gastronomic Sciences(UGS)で、Andrea Pieroni氏にお会いしてバルカン半島の伝統的な食品を調査する民族植物学のフィールドワークについてお話を伺えたことを、私はとてもうれしく思っている。その後、私が彼に送ってもらって読んだ彼の論文は、魅力的で有益ではあったが、それと同時に残念なものでもあった。彼の研究は、消え去りつつある伝統的な慣習を記録に残すことを主要な目的としているからだ。ある学術論文の中で、Andreaと共同研究者のチームは東ヨーロッパの伝統的な慣習の中でも「非常に珍しい(そして危機に瀕している)記録された調理法」のリストを示しているが、そのリストの筆頭に「穀物から作られる粥と酸味のある飲料」が挙げられている。「かつて発酵オーツ麦(*Avena sativa*)料理は東ヨーロッパの食生活で一般的な一品だったが、現在の凋落は著しい」と彼らは書いている。[原注1]

私はオーツ麦のポリッジや粥が大好きだ。ポリッジのほうが濃くて食べ応えがあり、粥はもっと水分が多く、薄くてスープに近い。私にとっては、どちらも——発酵してあるものは特に——非常に健康的で栄養満点に感じられる。ポリッジや粥の栄養プロファイルとはあまりにも対照的なのが、西欧諸国などで主食の座を占めるようになった加工食品の朝食用シリアルであり、栄養不足で糖分が多く、長期的には害となるおそれさえある。加工食品のシリアルは収益率の高い製品だ。それによって私たちは数社の巨大な多国籍穀物加工企業に富を吸い上げられている。私たちは最も基本的な生活必需品のひとつをそれらの企業に依存しているが、その必要は不十分にしか満たされていない。

発酵オーツ麦は、地域によってさまざまに異なる名前で呼ばれる。Andreaと彼の共同研究者によれば、エストニアではkileと呼ばれる飲料が、

> オーツ麦の粉を水と混ぜて暖かい場所に一晩置くことによって作られていた。これをろ過した酸味のある飲料は、食事のお供としてサワーミルクの代わりに飲まれていた。ろ過したものを煮詰めると粥状となり、これもまた**kile**と呼ばれるが、**kiisel**あるいは**kisla**とも呼ばれ、暖かいうちにバターや脂肪を添えて、あるいは時間がたったものは冷たいゼリーとして食べられていた。この煮詰める作業は弱火で長い時間をかけて行われ、常にかき混ぜる必要があった。厳密な酸味の基準を満たさなくてはならず、そうでなければ求める結果は得られないものとされた。同様の粥(名前も同様である)は、ライ麦から、あるいはライ麦とジャガイモからも作られた。ベラルーシでは、乳酸発酵させた粥は**kisiel**と呼ばれるが、オーツ麦の粉を発酵させて作られる半流動性の料理もまた同じ名前で呼ばれる。これはポピーミルクまたはヘンプミルクとともも

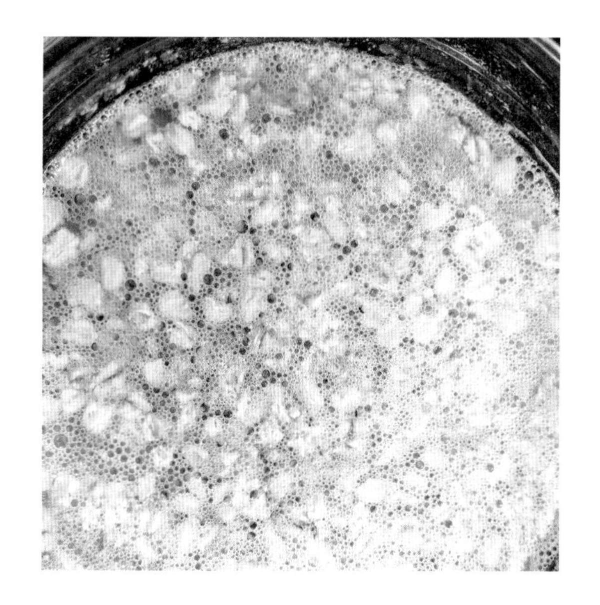

に食べられていたが、現在では歴史的な存在としかみなされていない。その点はエストニアでも同様である。[原注2]

この記述にヒントを得て、私は実験を始めた。そして私の母方の祖父母Sol EllixとBetty Ellixがベラルーシからアメリカへの移民だったことから、私はこの酸味のあるオーツミルクとポリッジをキシェル（kisiel）というベラルーシの名前で呼ぶことにした。このシンプルな発酵が作り出すオーツミルクとポリッジのどちらも、やみつきになるおいしさだ。

RECIPE

［発酵期間］

2〜5日、温度と味の好みによる

［材料］

- オーツミルク1クォート／1リットルとポリッジ4〜6人分
- 押しオーツ麦、割りオーツ麦、または粉に挽いたオーツ麦…カップ2／200gほど
- 塩…ひとつまみ

［作り方］

1. 1クォート／1リットルほどの水にオーツ麦を浸す。容器にはゆるくふたをする。
2. オーツ麦を浸した液体を毎日かき混ぜ、匂いを嗅ぎ、味をみて、風味の変化を感じ取る。私は5日間も浸しておいたことがあり、その時にはココナッツの香りがしていた。
3. 良しと判断したら、液体から固形物を濾し取る。
4. 風味と栄養がたっぷりのオーツミルクを生で楽しんでほしい。
5. 浸しておいたオーツ麦は鍋に移し、カップ4／1リットルの清水を注ぎ、ひとつまみの塩を加える。火にかけて沸騰したら弱火にし、鍋底が焦げるのを防ぐため頻繁にかき混ぜながら、とろみがつくまで煮る。
6. でき上がったポリッジは、お好みの甘い（または甘くない）調味料とともに召し上がれ。（私は甘くせず、バターとピーナッツバター、みそ、ニンニクを加えるのが好きだ。）

発酵飲料をスターターとして使う全粒粉パン

活発に発酵している飲みものから取った泡をスターターとしてパンを焼くのは面白いものだ。ほんの少しだけあれば素晴らしいパンが焼けるし、スターターを維持する手間もない。生地を膨らませるには、酒粕などの副産物も使える。ここに示したのは全粒穀物の入った、私好みの食べごたえのあるパンのレシピだ。活発に発酵している飲みものの泡は、あらゆるスタイルのパンのスターターとして使うことができる。

RECIPE

［発酵期間］

2〜3日、温度による

［器材］

- ここで説明する最も簡単な手順では、パン型2台（発酵かごで生地を膨らませるなど、その他の手法を使ってもよい）

［材料］パン型2台分

- 活発に泡立っている発酵中のアルコール、または酒粕（ビール、ミード、シードル、プルケ、チチャ、濁酒、あるいはチュウニャン［酒醸、米から作られる中国の発酵食品で甘酒に似ているがアルコールを含む］など、活発に発酵している段階のアルコール飲料なら何でも）…カップ¼／60ml
- 小麦粉…カップ7〜8／1.1kgほど。お好みで、3分の2以上は小麦粉（全粒粉または精白小麦粉）にして、ほ

［作り方］

1　スターターを作る。泡立っているアルコール飲料を、カップ½／120mlのぬるま湯とカップ¾／100gの小麦粉と混ぜる。温かい場所に置き、ゆるく蓋をして、ときどきかき混ぜながら、一晩またはそれ以上、いい感じに泡立ってくるまで発酵させる。

2　穀物を水に浸す。スターターを用意するのと並行して、お好みの全粒またはひきわりの穀物を、少なくともカップ2の水に浸す。

3　生地を作る。スターターが泡立ってきたら、生地を作る頃合いだ。浸していた水から穀物をあげ、数分間置いて水を切る。大きなボウルに、カップ6ほどの小麦粉を量り取る（残りの小麦粉は、必要に応じて後で加えるために取っておく）。粉の中央にくぼみを作り、泡立っているスターター、ぬるま湯カップ2½／625ml、塩、そして水を切った穀物を入れる。手で全体をかき混ぜて、粉がすべてまとまって一体感のある生地になるまで混ぜ合わせる。おそらく生地はまだかなりべたついているはずだ。生地が折りたためる程度の滑らかさになるまで、少しずつ粉を加える。生地を何回か折りたたみ、何回か向きを変え、そのたびに方向を変えて折りたたむ。覆いをして、可能であれば暖かい環境でしばらく休ませる。

4　生地を発酵させている間、30分ごとに、あるいはできるだけひんぱ

かの粉を3分の1まで使ってもよい。お好きなグルテンフリーミックスでも試してみてほしい。

- 米、ライ麦、小麦、オーツ麦、大麦、雑穀、キヌア、コーングリッツなど、全粒またはひきわりの穀物…カップ1/200g
- 塩…大さじ1½/25g
- パン型に塗るためのバターまたは植物油（必要に応じて）

んに、生地をこねる作業を続ける。数時間たつと、生地が軽くなっていることに気づくだろう。生地が軽く感じられ始めたら、さらに1回か2回、同様の時間間隔で生地を折りたたみ、それから生地を2つに分ける。

5 パン型を準備する。溶かしたバターまたは植物油をブラシで型の内側全体に塗る。隅のほうまでしっかり塗ること。

6 生地を成型する。片方の生地を平らに延ばす。両側を中央に向かって折りたたみ、次にそれを巻き上げてパン型に入る形に成型し、油を塗ったパン型に入れる。もう一方の生地も同様にする。

7 最終発酵。乾燥を防ぐためパン型に覆いをして、暖かい環境で数時間、目に見えて膨らむまで発酵させる。

8 オーブンを400°F/205℃に予熱する。

9 30分焼き、それから温度を350°F/175℃に下げてさらに15分焼く。焼き上がりをテストするには、パンを型から取り出して底を叩いてみる。ドラムのようにうつろな音がしたら、パンをオーブンから出す。そうでなければ、さらに5〜10分焼いて再びテストする。

10 パンをラックの上に置いて冷ます。

塩入り自然発酵パン

塩入り自然発酵パン（salt-rising bread）は、酵母や塩ではなく*Clostridium perfringens*［ウェルシュ菌とも呼ばれる］というバクテリアによって膨らませる、非常に変わったパンだ。この悪名高いバクテリアで発酵させた食品を食べるなどと考えただけでぞっとする人もいるだろう。確かにこのバクテリアは特定の株が消化器系の病気と引き起こすとされているが、塩入り自然発酵パンを調査した微生物学者によれば、このスターターには病気を引き起こすような毒素や遺伝子は含まれていなかった。このスタイルのパンのスターターは、継代培養されたものではなく、バッチごとに新しく作られる。そのためにはかなりの高温（理想的には104〜110°F／40〜43℃だが、時間がかかり不確実性が高まることを覚悟しさえすれば、多少低い温度でも大丈夫だろう）と、重曹が少々（膨張させるためではなく、アルカリ性にするため）が必要となる。このバクテリアが高温かつアルカリ性の環境で繁殖すると、スターターはチーズのような、最盛期にはほとんど腐敗を思わせる強い臭気を放つ。しかしこの腐敗臭は焼いている間に消えるし、でき上がったパンは、特にトーストすると、非常においしい。

私は塩入り自然発酵パンに関する情報や作り方のほとんどを、*Salt Rising Bread: Recipes and Heartfelt Stories of a Nearly Lost Appalachian Tradition*（Genevieve Bardwell、Susan Ray Brown著）という素晴らしい本から得ている。この本には塩入り自然発酵パン作りのさまざまな方法について実用的な情報が満載されているが、最大の力点が置かれているのはこの伝統を伝えてきた人々とその物語だ。「誇張なしに、パンの宇宙の中でそれは並ぶもののない存在です」と二人は書いている。

> 風味や個性、そしてテクニックにおいて、それにわずかでも似ているものは存在しません。野生の微生物によって膨らむという点で、そこには神秘があります。自己主張があり、いまだかつて完全には解明されていない、興味をかき立てる秘密が隠されているのです。残念なことに、現在生きている人の中で、このイーストを使わないおいしいパンの正式な作り方を知っている人はほとんどいません。私たちが記録者となり、このほとんど失われてしまった伝統を保存するという仕事を引き受けたのは、それが理由なのです。［原注3］

ギリシャやスーダンで作られるパンにも同様の手法が見られる、と二人は報告している。

塩入り自然発酵のプロセスは、3つの段階から構成される。スターターを準備し、そこからスポンジ（中種）を作り、さらにそこから生地を作って成型するという流れだ。私は、GenevieveとSusanが記録したPearl Hainesのレシピに大まかには従った。彼女の手法（次に詳しく説明する）は、コーンミール、小麦粉、そして少量の重曹を混ぜたものに熱い牛乳を注ぐというものだ。これ以外の手法には、ジャガイモ（必ず皮をむき緑色の部分を取り除く）、砂糖、塩、そして牛乳ではなく熱湯を使うものがある。

GenevieveとSusanは、塩入り自然発酵パンを作るためのコツをいくつか紹介している。両名ともに強調しているのは、温度の重要性だ。「最大の課題は、塩入り自然発酵パン作りで非常に大事なことでもあるのですが、スターターを正しい温度（104〜110°F／40〜43℃）に保つことです」とSusanは説明している。「温度が低すぎたり高すぎたりすれば、スターターはうまくできないでしょう。」［原注4］私は培養室として種火をつけたオーブンを使ったところ、非常にうまくいった。これはヨーグルトづくりに必要な温度範囲と同じなので、ヨーグルトづくりの器材や、電熱パッドなども使えるだろう。

塩入り自然発酵パンを作るには、時間がかかる。私が作ったバッチは翌朝まで活動の兆しを見せず、何がうまくいかなかったのだろうかといぶかしく思った。泡立ちが始まったのは、その数時間後だった。「注意を払わなくてはいけません、そして急かしてはダメなのです」と、私が従ったスターターのレシピの作者Pearl Hainesは書いている。[原注5] 急かしてはいけないとはいえ、スターターやスポンジは放置しすぎてもいけない。「活力があるうちに使ってください」とSusanはアドバイスしている。「時間を置きすぎると活力がなくなるので、パンが膨らまなくなってしまいます。」[原注6]

RECIPE

［発酵期間］

一般的には24時間以下

［器材］

- パン型2台（約8½インチ×4½インチ×1½インチ／21cm×11cm×6cm）

［材料］ パン型2台分

スターター

- 牛乳または水…カップ½／120ml
- コーンミール…小さじ3
- 小麦粉…小さじ1
- 重曹…小さじ⅛

スポンジ

- 小麦粉…カップ1／135g

生地

- 塩…大さじ1½／25g
- 小麦粉*1…カップ7〜8／1.1kg
- パン型とパンの上面に塗るための溶かしバターまたは植物油

［作り方］

1 牛乳を温める。沸騰させないように、小さな泡が出てくるまで、かき混ぜながら温めること。泡が出てきたら火からおろす。水を使う場合には、沸騰させる。

2 コーンミール、小麦粉、重曹を小さなボウルまたはジャーに入れて混ぜ合わせる。熱した牛乳または湯を熱いうちに粉の上から注ぎ、よく混ぜる。熱い液体を注ぐことによって大部分の酵母やバクテリアは死滅するが、私たちが培養しようとしている*Clostridium*菌はこの熱にも耐えて生き残る。牛乳ではなく湯を使う場合、コーンミールまたは小麦粉を小さじ1増やすこと。

3 スターターがガス交換できるようにゆるく覆いをする。私は小さな皿を乗せている。ラップやホイルを使う場合には、穴を開けておく。このスターターを高温の培養環境に入れ、活発に泡立ってくるまで12時間ほど発酵させる。

4 スポンジを準備する。大きなボウルに、泡立っているスターターと、同じ培養温度に温めた水カップ1／250ml、そして小麦粉カップ1／135gを合わせる。このスポンジを高温の培養スペースに入れ、泡立ってくるまで2〜3時間ほど発酵させる。

5 生地を準備する。スポンジに、培養温度に温めた水カップ2½／600ml、塩、そして小麦粉カップ6／900gを加え、カップ1½／200gほどの小麦粉は取っておく。よく混ぜてから、少しずつ小麦粉を加えて扱いやすい生地を作る。そのために必要な量だけ、取っておいた小麦粉を加えること。

6 生地を数分間こねてから、2つに分ける。

*1 精白小麦粉、全粒粉、小麦粉ミックス、あるいはグルテンフリーミックス

7　パン型を準備する。溶かしバターまたは植物油をブラシで型の内側全体に塗る。隅のほうまでしっかり塗ること。

8　生地を成型する。片方の生地を平らに延ばす。両側を中央に向かって折りたたみ、次にそれを巻き上げてパン型に入る形に成型し、油を塗ったパン型に入れる。もう一方の生地も同様にする。溶かしバターまたは植物油を、生地の上面と露出している側面に塗る。

9　最終発酵。生地を暖かい環境（しかしスターターやスポンジの時ほどは高くない温度、理想的には100°F／38°C程度）に置き、2〜3時間発酵させる。目に見えて膨らんでくるまで、必要な時間をかけて発酵させること。

10　オーブンを400°F／205°Cに予熱する。

11　30分焼き、それから温度を350°F／175°Cに下げてさらに15分焼く。焼き上がりをテストするには、パンを型から取り出して底を叩いてみる。ドラムのようにうつろな音がしたら、パンをオーブンから出す。そうでなければ、さらに5〜10分焼いて再びテストする。

12　パンをラックの上に置いて冷ます。

活発に泡立っている塩入り自然発酵スターター。

中国の米から作る酒

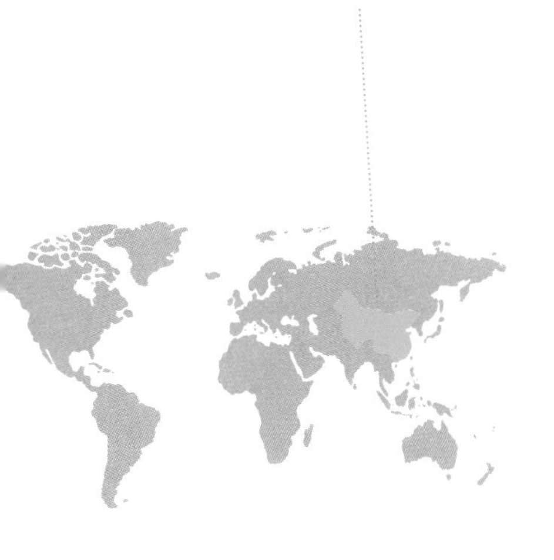

私が中国の成都に足を踏み入れたその日、私たちは丁夫人とその家族にランチに招かれ（37ページの「中国の発酵野菜」を参照）、信じられないほど気前の良い中国流の歓待を受けた。その席には食べものだけでなく、飲みものも豊富にあり、それが**パイチュウ（白酒）**という、米から（時にはソルガムなど他の穀物から）作られる蒸留酒だった。パイチュウはあちこちの屋台でも手に入るし、農村地域では家庭で作られるのが普通だ。アルコール発酵とはまったく違うプロセスである蒸留には、専用の器材が必要とされる。私たちが中国を旅する中で、どの市場でも家庭用品の店で見かけたのは、中華鍋の上に置いて使うシンプルだがよくできたスチル（蒸留器）だった。使い方は、まず発酵した粥状の米に水を加えて中華鍋に入れる。中華鍋を火にかけ、スチルをその上にセットし、抽出管の先を収集容器に差し込む。スチルのてっぺんには、冷水を張る。エタノールの気化する温度は水よりも低い。熱くなった粥から立ち上るエタノールの蒸気がスチルの冷たい天井に当たると、凝縮して液体になる。スチルのてっぺんに張った水は冷たさを保つ必要があるので、絶えず水が流れ込み、流れ出すようにしておく。

アルコールを蒸留することには、いくつかの利点がある。発酵飲料はダイナミックで時間とともに劣化したり酢に変化したりするが、蒸留したものははるかに安定している。さらに、発酵飲料に時として生じる異臭は、発酵物からアルコールの蒸気が出て行く際に取り残される。これらの利点に対して欠点をひとつあげるとすれば、それはエタノールとは異なる「低級」アルコール、つまりメタノールが濃縮される可能性があることだ。蒸留の最も重要で一般的なルールとして、「初留」つまり凝縮によって得られた最初の蒸留物は捨てたほうが良い。その理由は、失明や死亡を引き起こすおそれのあるメタノールがエタノールよりもさらに低い温度で気化するためだ。通常、発酵アルコール飲料には微量のメタノールが含まれている——無視できるほどわずかな割合だが、それを濃縮したとすれば話は違ってくる。高い濃度のメタノールを飲むと、死亡する可能性もある。そこまで行かなくても、蒸留する際に初留を十分に廃棄しないと、それを飲んだ人がひどい頭痛に襲われることはよくある。

私がこれまでにいただいた自家蒸留アルコールのほとんどは素晴らしいもので、暖かい歓待の気持ちを感じさせてくれるものだった。勤奮への旅の道連れ——Mara Jane King と Mattia Sacco Botto——と私は、Maraの母親

このような中華鍋の上にセットして使うスチルが、中国では普及している。貴州省で私たちが訪れた勤奮という農村では、薪を燃やして加熱していた。

私たちを勤奮と結び付けてくれたJudy King。

Judyが設立の手伝いをした勤奮の学校。

であるJudy Kingのゲストとして勤奮を訪れていた。Judyは生粋の香港人で、Maraも香港で育った。中国の多様なテキスタイルの伝統を探求するため、彼女は広い地域に旅をして、農村地域の少数民族の村を訪れている。彼女は勤奮の住民と親交を結び、過去数十年間にわたって定期的に勤奮を訪れて、この村の生活に深くかかわるようになった。勤奮の地元住民の多くは標準中国語ではなく、トン語という現地の言葉を話す。村の人たちは、子どもたちが村を離れ、家族と別れて学校に通う前に標準中国語を学び始められるよう、村で教師を雇いたいと考えていた。Judyが資金集めに奔走して村で教師を雇えるようになったため、彼女は村の有名人だったのだ。

勤奮に着いた私たちは笑顔で出迎えられ、教師の自宅に案内されて、半円形のテーブルの周りに並んだ低いスツールに座った。村の子どもたちは、辺境にある彼らの家にはめったに来ることのない訪問者に興奮してはしゃいでおり、笑ったり遊んだりしながら私たちを見ていた。そして運ばれてきた食べものは、すべて家庭的なものだった。大きなお椀には、葉物野菜の入ったおいしいスープ。もちろん、ご飯もある。そしてイェンユィ（腌魚）という、米とたくさんのスパイスで作った鮮やかな赤い色のペーストでフナをまるごと発酵させた料理。軽く温めてあって、はさみを使って魚の身を切り取る。イェンユィは一皿ごとに違う味がしたが、どれもおいしかった。この料理はどの家庭でもかめの中で発酵させているもので、それぞれの家庭の味が一皿ずつ私たちをもてなすために提供されていたのだ。とてもおいしい、からりと揚がったコオロギの入ったボウルもあった。鶏肉も豚肉も野菜も、すべてふんだんに提供されていた。私は出されたものはすべて食べるように言われて育ってきたが、中国ではそれは不可能だ。実際、出されたものをすべて食べてしまうことは、もっとたくさんくださいという要求とも受け取られかねない。食べものを少し残すことが、「ごちそうさま、もう十分いただきました」という意味になるのだ。

私たちは茶碗を渡され、パイチュウや、ヌオミーチュウ（糯米酒）というもち米から作る発酵飲料（114ページの「ヌオミーチュウ」）をいただいた。村人たちは、私たちの茶碗に入った酒が少なくなると、すかさず注ぎ足そうとする。私はパイチュウを飲み続けて、すっかりいい気分になってしまった。私が知っている唯一の中国語のフレーズを使うときが来たようだ。gou le、「もう十分です！」

勤奮での私たちの歓迎会。

私たちの歓迎会で提供されたコオロギ。

勤奮の景色。

私たちの歓迎会で茶碗に注がれる自家製のミーチュウ。

勤奮の住民のほとんどは、10歳以下の子どもか50歳以上の大人だ。年長の子どもたちはもっと大きな町の寄宿学校へ行き、若い大人たちは村を出て都会で働いて、故郷の子どもや親たちを養うためにお金を稼いでいる。この村でJudyの最も親しい友人のXiao Luoは北京にも生活の拠点があり、この村の女性が作った帽子など手の込んだ工芸品を販売している。Xiao Luoは、私たちのためにトン語の通訳をしてくれた。トン語しか話せない人に私が質問をしたいときは、中国語と英語の両方に堪能な3人の旅の道連れの誰かが私の英語を中国語に翻訳し、それをXiao Luoがトン語に翻訳してくれる。答えの経路はその逆だ。

Judyの娘とその友達が発酵について知りたがっているというニュースは村中に広まった。実は、私たちがこの旅を11月の末に計画したのは、村人たちが冬に向けて食べものを蓄える発酵の最盛期に合わせてのことだった。宴会が終わると、私たちが荷物を自分の部屋に運ぶ間もなく、近所で米をアルコール発酵させているから見に来ないか、という知らせが届いた。私たちはすぐに出かけた。

私たちがこの村で見た調理は、すべて薪を燃やすかまどに掛かった中華鍋の中で行われていた。どの家の台所にも煙突の付いたかまどが作りつけられており、かまどの上には大きな中華鍋を掛けられる穴が開いている。私たちが近所の家に着いたとき、中華鍋いっぱいに炊いた米はまだ熱く、冷めるのを待っているところだった。女主人はそれとは別の、手間のかかる

仕事にも取り組んでいた——タロイモをすりおろし、つぶしてから加熱して粘り気のあるペースト状にし、冷ましてゼラチン状のドーナツ、ユートウガオ（**芋頭糕**）にする。それをつるして保存し、必要に応じてスライスして麺にするらしい！　もっとちゃんと説明できるほど彼女のタロイモの処理を理解できればよかったのだが、私はそれをちらっと見ただけだった。人が生きて行くにはどれだけたくさんの仕事が必要になるのか、それに必要とされるスキルと知識がどれほど多岐にわたるのかを思い知らされた。

彼女の米のアルコール発酵の手順はシンプルだった。彼女はまだ温かいが触れる程度に冷えた米を市販のスターターと混ぜた。このスターターは**酒麹**（**jiu qu**）と呼ばれ、ポリ袋に入っていた。酒麹は、米または麦から作られるさまざまな酒のスターターの総称だ。それはさまざまな手法を用いて作られ、またその形態も、114ページで私がヌオミーチュウに使った餅麹や4章で述べる種麹など、さまざまだ。私たちは、袋に書いてある分量よりもはるかに多く、大量のスターターを女主人が使うことに注目した。彼女はそれを完全に混ぜ込んでから、容器（プラスチック製のバケツ）にしっかりと詰め込んだ。

酒麹を米に混ぜているところ。

発酵容器の米の上に儀式的に置かれた唐辛子。

Maraが米を発酵させるために布で覆っているところ。

最も目を引いたのは、最後の儀式的な作法だった。彼女は数個の乾燥した唐辛子が付いた茎を持ち、それを米の入った容器の上で揺り動かし、そして米の上に置いたのだ。最初、これは邪悪な霊を遠ざけるための一般的な保護の儀式だと私は想像した。しかし、その目的はもっと具体的なものだったことがわかった。発酵を損なうと信じられている、妊婦を遠ざけるためだったのだ。妊娠中または月経中の女性が発酵食品に近づくことを禁じる話を私が聞いたのは、これが初めてではない（4ページの「プルケ」を参照）。しかし私は、妊娠や月経が発酵に影響を与えるという憶測を裏付ける証拠は一度も目にしなかった。それだけでなく、そのような話を聞いた場所のほとんどで、それを無視して好結果を得ている女性にも私は会ってきた。

女主人は米を布で覆い、晩秋の涼しい気候の中で数週間発酵させていた。プロセスの最初に水はまったく加えなかった（私は水を加えるようにしている）が、発酵後、部分的に液化した米には蒸留する前に少量の水を加えるそうだ。アルコールを搾り取った後の固形物、チュウニャン（**酒醸**）は、酒粕（151ページの「酒粕」を参照）と同様に、デザートなどさまざまな方法でおいしく利用される。

COLUMN

発酵させた米のとぎ汁

私たちが貴州省で訪れた小さな村に住むトン族の女性たちは、とても珍しい髪形をしていた！非常に長くてふさふさしており、色は真っ黒で、この上なく直毛なのだが、ふだんは頭の上に巻き上げて、かんざしで止めてある。何人かの女性は、自分たちの髪がつややかなのは、発酵させた米のとぎ汁で洗っているおかげだと言っていた。その後ずっと私もそれにならっているが、灰色になった髪は元の濃い色に戻らないにせよ、見た目も気分も上々だ。

米のとぎ汁を発酵させるには、酸っぱくなるまで数週間放っておくだけだ。それを使って髪を洗う。

あるいは、同じとぎ汁にショウガや四川唐辛子、塩などの調味料を加えて数日間発酵させ、夏のスープとして楽しむこともできる。

私たちの会ったトン族の女性たちは、長く、ふさふさの黒い髪をしていた（普段は頭の上で巻いてかんざしで止めてある）。何人かの女性は、発酵させた米のとぎ汁で洗っているおかげだと言っていた。

ヌオミーチュウ

これは、私が勤奮で見て試したものを参考にしたヌオミーチュウのレシピだ。作りやすく、おいしく、強い酒ができる*1。

＊1　訳注：日本では酒税法により、許可なくアルコール度数1%以上の飲料を作ることは原則として禁止されている。違反した場合、10年以下の懲役または100万円以下の罰金が科される可能性がある。

RECIPE

［発酵期間］

約2週間

［器材］

- 蒸し器
- 容量1ガロン／4リットル以上のかめ
- 細かい網目の袋または濾し布

［材料］ 約3クォート／3リットル分

- 生のもち米…2ポンド／1kg
- 餅麹…1個（生のもの）または2個

［作り方］

1. 米を洗って一晩水に浸しておく。
2. 沸騰した湯の上で米を蒸す。米の体積の少なくとも2倍の湯を沸かすこと。私は竹製の蒸し器に綿布を敷いて使っている。蒸し器を中華鍋の上に置く場合、沸騰している湯の量をチェックして、必要に応じて湯を足すこと。十分に火が通って柔らかくなるまで、30分ほど米を蒸す。
3. 蒸し米を、体温まで冷ます。このプロセスを加速するには、米を蒸し器から出してトレイか大きなボウルに入れ、ほぐして冷ませばよい。
4. すり鉢とすりこ木、ボウルとスプーン、またはすりおろし器を使って、餅麹を砕いて粉末状にする。
5. 砕いた餅麹を冷ましたもち米に混ぜる。もち米は非常に粘り気が強いので、まず清潔な手を水で濡らしてから、もち米をつかんでかき混ぜることを繰り返す。餅麹の酵素と酵母がまんべんなく行き渡るようにするためだ。
6. 私は、この時点で2クォート／2リットルの水を混ぜ込むようにしている。まったく水を加えないと（勤奮で私が見たやり方のように）、もち米が乾いてしまい、プロセスの妨げとなることがあるからだ。並行して対照実験を行った際には、水を加えなかったバッチよりも水を加えたバッチのほうがずっと速く発酵したが、結果的には両方とも発酵はした。（ここで水を加えない場合は、発酵が終わってから濾す前に水を加えることをお勧めする。）

7 乾燥を防ぎ、虫の侵入を防ぐため、ふたをしたかめまたはバケツで2週間ほど発酵させる。定期的にかき混ぜ、匂いを嗅ぎ、観察する。最初のうち、米は加えた水を吸収して膨らむ。酵素が複合炭水化物を糖に分解するにしたがって、甘い匂いがしてくる。甘くなるにつれて、酵母が糖をアルコールに代謝し始める。米は分解に伴って部分的に液化するが、酵母と麹の酵素の活動により作り出される二酸化炭素によって、固形物は液体の表面に浮かび上がる。数日から数週間経過すると、液体が増えて固形物が減り、甘味に代わって次第に増加するアルコールの味がしてくる。温度、湿度、そして餅麹の能力などの要素が発酵の速度に影響するが、つまるところ発酵をどこで終わりにするかは極めて主観的で個人的な判断だ。時間が経過するほど糖分がより多くアルコールに変換されるが、あまり長く発酵させると、アルコールを酢酸（酢）に変換する次の段階の発酵が進んでしまうかもしれない。

8 ヌオミーチュウが完成したと思えたら、細かい網目の袋か濾し布を通して液体から固形物を濾し取り、圧搾してできるだけ多く液体を搾り出す。残った固形物は風味付けや膨張剤として使える（151ページの「酒粕」と同様に）。

9 ヌオミーチュウをびん詰めして保存する場合、びんの中で発酵が続いていることに注意してほしい。冷蔵庫に保存する場合でも、定期的に圧力を逃がすこと。

チチャ

チチャ（chicha）とは、一般的には発酵によって作られる（しかし常にそうとは限らない）、広い範囲の南アメリカの飲みものを指す言葉だ。普通はトウモロコシから作るが、ほかの穀物やイモ類、フルーツ、蜂蜜、糖類などが使われる場合もある。『天然発酵の世界』で私は、チチャを南アメリカのトウモロコシのビールだと説明した。コロンビアでの私のホスト、Esteban Yepes Montoyaは、それに異議を唱えた。滞在中、私たちは一緒にかなりの量のチチャを飲んでいた。飲むときにいつも使うのは、木の実を割って作るトトゥマ（totuma）という器だ。「チチャを南アメリカのワインとか、南アメリカのビールと呼ぶのはよくないと思う」と彼は私に言った。そして彼の言うことはまったく正しい。南アメリカ固有の文化であることがチチャをチチャたらしめているというのに、なぜそれをほかの地域の飲みものと

ボゴタ発酵フェスティバルの会場で、大きなトトゥマに入ったチチャを振る舞うお年寄り。

ボゴタ発酵フェスティバルでチチャづくりに使われていた素焼きの発酵容器。

比較しようとするのだろう？　なじみ深いものに例えることによって、なじみのない食べものや飲みものの独自性をおとしめることはすべきでない。

実はチチャという名前は言語学的な誤解から生まれた偶然の産物で、スペイン人の植民者が自分たちに振る舞われた発酵飲料（その作り手はfabkuaと呼んでいた）を間違ってチチャと呼んだことに由来している。Estebanが私に語って聞かせたその物語によれば、到着したばかりのスペイン人たちがfabkuaを飲んで下痢を起こしたのだが、下痢のことを現地の言葉では**チチャ**と言う。スペイン人たちは、**チチャ**がその飲みものの名前だと勘違いして、その後彼らが遭遇した別の似たような発酵飲料を同じ名前で呼ぶようになったのだ。**チチャ**は非常に幅広い種類の現地の飲みものを意味するようになったため、Estebanはそれを「南北アメリカ大陸の先祖伝来の民族ガストロノミー」の中心的存在としてみなしている。チチャは主に祝祭や儀式の飲みものとして用いられているが、その作り手たちはキッチンでもチチャを肉のマリネ液やシチュー、そしてソースに使う。Estebanはチチャを「根源的な食材」と呼んでいる。ほかの発酵アルコール飲料と同じく、時間とともにチチャは酢に変化するため、キッチンでの応用範囲はさらに広がる。

チチャづくりは、伝統的にその作り手である女性たちにとっては、生涯にわたる付き合いとなる。チチャは伝統的に素焼きのつぼかヒョウタンで作られるが、作るたびに洗ったりはしない。それらの容器は世代を超えて受け継がれるため、容器そのものがチチャの継代培養の手段となる。「チチャが長年にわたって同じ容器で発酵され続け、容器にはあらゆる酵母とあらゆるバクテリアが世代を超えて住み着いていることを知って、とても不思議で神秘的なものを感じた」とEstebanは回想している。彼はこんなことも言っている。

> おばあちゃんは生涯にわたってこの生き物の世話をしてきて、とても親密な関係を保っている。チチャの歌や、チチャの詩もある……商業化され、産業化された観光客向けのチチャの味と、おばあちゃんたちが今でも古い素焼きのつぼで発酵させ、生き物として世話をしているご近所のチチャの味は、まったく違うものだ。

2001年に『天然発酵の世界』のために調査をしていたときに読んだ、煮たトウモロコシを噛んで作るスタイルのチチャの話はとても魅力的だった――モルト処理や麹などのカビに代わるローテクな手法であり、唾液に含まれる酵素の力で、複合炭水化物を単糖に分解してアルコール発酵を容易に行えるようにするのだ。多くの人の手を借りて、私はトウモロコシの口噛みチチャを何回か作った。噛んだトウモロコシを飲み込むのではなく、

ボトルに入った自家製のチョンタドゥーロ（ヤシの実）チチャ。

キヌアとアマランサスのチチャを振る舞う、ボゴタ・チチャ博物館のAlfredo Ortiz。

たっぷりと唾液を含んだトウモロコシのかたまりを舌で丸めて吐き出すという奇妙な儀式は、なかなか面白いものだった。友だちを集めてこれを一緒にやるのも楽しかったし（しかしEstebanによれば、伝統によっては処女の唾液しか使ってはいけない場合もあるそうだ）、このスタイルのチチャはおいしかった。私が開発したレシピ、チチャ（アンデス地域の咀嚼トウモロコシビール）は、『天然発酵の世界』に掲載してある。

トウモロコシを噛んでチチャを作る方法は確かに古いものだが、場所によってはまだ行われているらしい。しかし私が出会ったすべてのトウモロコシのチチャは、そして南アメリカ各地で話に聞くチチャの圧倒的多数は、モルト処理を行うか、砂糖やフルーツを加えて作るものだった（ひとつの例外として、カビを利用するものについては182ページの「ブリブリ・チチャ」を参照してほしい）。私は旅するうちに多種多様なトウモロコシを主材料とするチチャを試飲した。次に示すレシピ**チチャ・デ・ホラ**（chicha de jora）では、**ホラ**（jora）はモルト処理され、発芽中に生成されるアミラーゼ酵素によって甘くなったトウモロコシを意味している。Estebanの勧めに従ってチチャについて考えをめぐらすうちに、タラウマラ族のtesgüinoとチェロキー族のgv-no-he-nvという、私が以前の著書で取り上げた2種類の発酵トウモロコシ飲料や、南北アメリカのトウモロコシを主材料とするほかの多くの発酵飲料も、チチャの系統樹に連なるものとみなせるように思えてきた。

トウモロコシ以外を主原料とするチチャにも数多く出会った。私はコロンビアで、おいしい**チチャ・デ・チョンタドゥーロ**（chicha de chontaduro）を飲んだことがある。**チョンタドゥーロ**とは、英語ではpeach palmと呼ばれ、スペイン語圏の一部ではpejibayeと呼ばれる、ヤシの木の一種（Bactris gasipaes）の小さなオレンジ色の果実を指すコロンビアでの呼び名だ。この鮮やかなオレンジ色をしたチチャ・デ・チョンタドゥーロは、私がボゴタ発酵フェスティバルで出会ったRosaneという愛想のよい若い女性が作ったもので、甘くてどろどろしていた。Rosaneは果肉を水とパネラ［未精製糖］ともにミキサーにかけ、発酵中のチチャをスターターとして加えて、ほんの数日発酵させていた。泡立っているがまだ甘く、アルコール分はほんの少しだった。同じフェスティバルで私が飲んだ素晴らしいキヌアとアマランサスのチチャは、甘くて土の香りがし、とても低アルコールだった。arveja de firavitobaという、エンドウ豆から作るチチャについてもEstebanは教えてくれた。

以下のページには、いくつかの異なるスタイルのチチャのレシピを掲載してある。インターネットを検索すれば、さらに多くのバリエーションが見つかるだろう。

COLUMN

El Taller de los Fermentos

私のコロンビア訪問を手配してくれたのは、Esteban Yepes Montoyaと熱心でエネルギッシュで陽気な若者たちのチームだった。彼らが活動拠点としているEl Taller de los Fermentosというワークショップスペースでは発酵食品や発酵飲料を作り、発酵の教育を行い、先住民の発酵の伝統を記録している。私が高く評価しているのは、彼らが先住民のネットワークに深く入り込んでいること、そしてこの国の地理的にも文化的にも信じられないほど多様な——アマゾン川流域から山岳地帯に至るまでの——先住民グループをボゴタでのフェスティバルやその他のコロンビアでの発酵イベントに招待してきた彼らの広範なアウトリーチ活動だ。

このフェスティバルでは、ドラムや歌、呪文や儀式とともに、先住民のお年寄りが巨大なトトゥマ（木の実を割って作った器）から神聖なチチャを振る舞っていた。コロンビアの山岳地帯にあるシルビアという町から来たミサク族の女性、Agustina Yolanda Tumiñáは、1週間にわたってワークショップに参加してくれた。若いFermentosの面々は、彼女のことを**abuela**（おばあちゃん）と呼んでいた。受講者のひとりがせき込み始め、気分が悪いと訴えたので、Agustina

コロンビアのチョアキにあるLa Minga研修センターで開催された、キムチづくりのワークショップ。

は彼女のミサク族伝統の発酵の知恵を披露することになった。彼女はタマネギの皮をむき、中心を削り取って小さなくぼみを作り、そこにパネラ（未精製糖）と、私の知らないハーブを詰め込んだ。次の日の朝にはタマネギのジュースを吸ってシロップ状になったパネラが、すでに発酵して泡立っていた。それをスプーンで数杯飲むと、病気の受講者は快方に向かい始めた。

コロンビアに到着した私を歓迎するために、Fermentosはサプライズを用意してくれていた。私の本からヒントを得て、Estebanと彼の協力者たちは私が到着する数週間前から発酵野菜の入ったジャーを土の中に埋めていたのだ。私たちは一緒に、5種類ほどの風味の違う発酵野菜を掘り出した。ひとつにはマンゴーが入っていた――おいしい！

次にFermentosは、**パチャマンカ（pachamanca）**で私を驚かせてくれた。これは南アメリカの穴焼き料理だ。ラム肉、丸のままのかぼちゃ、丸のままのパイナップル、プランテーン［料理用バナナ］、ジャガイモ、サツマイモ、その他のイモ類など、あらゆる種類のさまざまな食品が、数時間かけて火で温めておいた石とビジャオ（**bijao**、クズウコン科カラテア属の植物）やバナナの大きな葉、そして香りのよいハーブ類ともに、庭に掘った大きな穴に埋められる。ビジャオとバナナの葉を重ねて全体を覆い、穴の中の食品を熱く保つために土をかぶせて断熱し、何時間もかけてローストして風味と香りを融合させる。

穴を掘りだすときにはわくわくした！　最初の仕事は、断熱用の土の層をシャベルで取り除くことだった。それからみんなが入れ代わり立ち代わり、穴の中に入った。

最後の土を取り除き、くっつき合ってマット状になったバナナの葉を持ち上げると、ローストされた最初の食品が姿を現した。丸のままローストされたパイナップルは柔らかくジューシーで、とても甘い匂いを放っていた。ラム肉はバナナの葉で包まれていて、葉をほどくと柔らかく、しっとりとした肉が現れた。丸のままのイモ類やプランテーンも、食欲をそそる姿で掘り出された。すべてが信じられないほどおいしかった。

Agustina Yolanda Tumiñáと、彼女がパネラとハーブをタマネギに詰めて作った発酵薬。

Estebanが掘り出したばかりの発酵野菜のジャーをAgustinaに見せているところ。

若い世話人たちは、パーティーも大好きだった。夜遅くまで音楽やダンス、歌、飲み会などの宴が続いた。しかしまじめな行事もあった。Agustinaが先頭にたって、少し前に亡くなったEstebanの母親のお悔やみと見送りの儀式を行ったのだ。こういったことすべてが、そしてメデジンの科学博物館や町の郊外の農場などさまざまな場所で行われたワークショップが、私のコロンビア訪問を思い出深いものにしている。Estebanはいつも私のインスピレーションの源だ。彼はこのプロジェクトで大いに私を助けてくれたし、彼のおかげで興味深く新たな情報や視点に気づかされることも多い。

パチャマンカの穴からローストされたごちそうを掘り出しているところ。

チチャ・デ・ホラ

チチャ・デ・ホラ（chicha de jora）は、エクアドル的なスタイルのチチャだ。ホラはモルト処理したトウモロコシを意味する。ラテンアメリカ食材店やインターネットで購入できるかもしれない。ホラを買える店が見つからなければ、自分でトウモロコシを発芽させる必要があるだろう。その方法については、コラム「自分でホラを作るには」を参照してほしい。

このレシピは、私がエクアドルで行ったワークショップに出席してくれたMichelle O. Friedのレシピを私がアレンジしたものだ。Michelleはアメリカで生まれ育ったが、生涯の大部分をエクアドルで過ごし、アンデス料理に関する本をたくさん（スペイン語で）書いている。このレシピでは、軽くてフルーティーなチチャ・デ・ホラができる。

COLUMN

自分でホラを作るには

まず、乾燥した未加熱の全粒トウモロコシを用意する。124ページの**チチャ・フエルテ**には、2ポンド／1kgのトウモロコシを使う。**チチャ・デ・ホラ**には、もっと少なくてよい。種子の発芽能力は次第に低下するので、乾燥トウモロコシが新しいほど発芽率は高くなる。発芽能力が残っていさえすれば、どんな品種のトウモロコシでも使える。暑い気候なら2日間、涼しい気候なら3日間、毎日水を替えながらトウモロコシを水に浸す。このように長時間水に浸すことによってトウモロコシは十分に膨らみ、発芽が始まる種子の中心部まで水を吸収する。十分に長く水に浸した後で、トウモロコシを水から上げる。

トウモロコシの粒の湿り気を保ちながら——しかし水浸しにはならないように——風通しの良い光の当たらない場所で、5日間ほど置く。私は濡らしたふきんを敷いた竹のせいろを使い、1日に2回スプレーでトウモロコシに霧を吹いている。大量に作る場合は、ダンボール箱を使うなど工夫してほしい。トウモロコシの層の厚さは2インチ／5cm以下にして、毎日やさしくかき混ぜること。5日後、あるいは芽生えが1インチ／2.5cmほどの長さに達したら、伝統的なCoronaマサ挽き機を持っている人はそれを使って、あるいはフードプロセッサーで、挽いて粉にする。こうしてできたホラは、そのままチチャに使える。

［発酵期間］

2〜5日

［容器］

- 陶器のかめ、プラスチック製バケツなど、容量2ガロン／8リットルほどの容器
- 合計で容量1ガロン／4リットルとなるジャーやボトル

［材料］1ガロン／4リットル分

- ホラの粉…カップ1／125g、挽きたてのホラであればその倍量
- パネラなどの未精製糖…カップ½／100g
- シナモンスティック…2本
- オールスパイスの実（ホール）…2個
- クローブ（ホール）…2個
- レモンバーベナ（乾燥）…大さじ2〜3
- カモミールの花（乾燥）…大さじ2〜3
- オレンジの葉…2枚（手に入れば）
- パイナップル…1個、皮と身を分けて、身は刻んでおく
- グアバ…4個、四つ割にする（手に入れば）

［作り方］

1. 大鍋に3クォート／3リットルの湯を沸かす。
2. ホラの粉をカップ2／500mlの冷水と合わせ、よくかき混ぜて粉全体を湿らせる。湯に入れたときダマにならないようにするためだ。
3. 湿らせたホラの粉を沸かした湯に入れ、泡だて器でよくかき混ぜてから火を弱めて10分ほど煮る。火からおろして冷ましておく。
4. さらに1クォート／1リットルの湯を沸かし、火を弱めてパネラ、シナモン、オールスパイス、そしてクローブを入れて20分煮る。
5. 火からおろし、レモンバーベナとカモミールの花、そしてオレンジの花（使う場合）を加える。好みに応じて、ほかの香りのよい食材でも実験してみてほしい。
6. この香りのよい食材の入った小さな鍋の中身を、ホラの入った大鍋に空ける。体温以下に冷ましてから、発酵容器に移す。
7. 冷めた液体に、パイナップルの身と皮、グアバ（使う場合）を加える。よくかき混ぜてふたをする。
8. 毎日かき混ぜて味見をし、風味を確かめながら2〜5日間発酵させる。
9. チチャを濾してから食卓に出す。お好みで、さらにパネラか砂糖を適宜加えて甘くする。
10. チチャはジャーかボトルに入れて冷蔵庫で保存する。冷蔵庫の中でも発酵はゆっくりと進行する。

モルト処理（発芽）したばかりのトウモロコシ。

チチャ・フエルテ

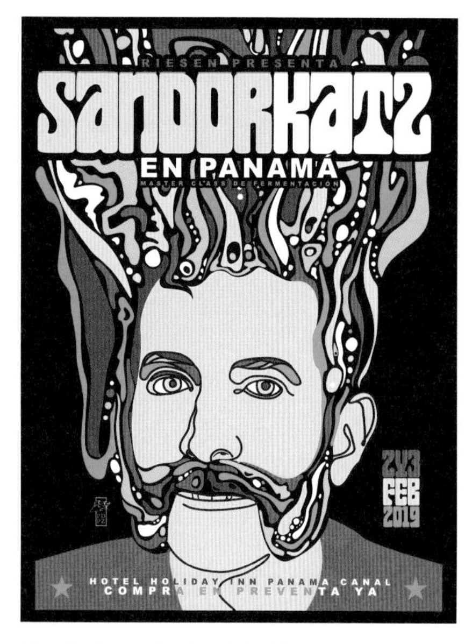

Pico de Pajaro Zurdoによる、パナマでの私のワークショップのサイケデリックなポスター。

フエルテ（fuerte）はスペイン語で「強い」という意味であり、このパナマのチチャ・フエルテ（chcha fuerte）はこの本に掲載されている中では最も強いチチャだ。このレシピは、パナマで私のホストを務めてくれた、パナマシティにあるレストランRiesenのHernan Correaシェフによるものだ。非常にシンプルで、材料はホラと砂糖、そして水だけ。スターターは使わずに、空気中に存在する天然酵母を利用する。別の発酵中のチチャを使ってバックスロッピングするか、パイナップルの皮、あるいは少量のイーストを加えれば、大幅にスピードアップできる。

パナマでの私のホストでパナマシティにあるレストランRiesenのオーナーシェフであるHernan Correaと、彼の母親と祖母。二人は彼と彼のフィアンセMaria Lauraを手伝ってレストランを切り盛りしている。

[発酵期間]

トウモロコシを発芽させる時間を
含めて、2～3週間

[器材]

- Coronaマサ挽き機または
  フードプロセッサー
- 目の細かいざる
- 容量6クォート／6リットル以上の
  ジャーまたはかめ
- 合計で容量1ガロン／4リットルと
  なるジャーやボトル

[材料] 約1ガロン／4リットル分

- 乾燥全粒トウモロコシ
  …2ポンド／1kg
- 未精製糖[*1]…2ポンド／1kg

[作り方]

1 122ページの「自分でホラを作るには」の説明に従って、トウモロコシを発芽させる。

2 トウモロコシをよく水洗いする。

3 伝統的なCoronaマサ挽き機を持っている人はそれを使って、あるいはフードプロセッサーで、トウモロコシを挽く。

4 挽いたトウモロコシを鍋に入れ、5クォート／5リットルのカルキ抜きした水に浸す。

5 トウモロコシと水の入った鍋を火にかけて沸騰させ、焦げ付きを防ぐため常にかき混ぜながら、中強火で10分間煮る。

6 火からおろし、目の細かいざるで濾して、固形物は捨て（あるいはポレンタやコーンブレッドに混ぜてもよい）、濾したトウモロコシの液体を砂糖と合わせる。よくかき混ぜて砂糖を溶かす。

7 ジャーまたはかめに移して布でふたをする。

8 チチャを発酵させる。Hernanによれば、パナマでは5日から1週間で活発に発酵し始めるとのことだ。もっと涼しい場所では、発酵にかかる時間はかなり長くなる。少なくとも1日1回はかき混ぜること。もっと早く活発に発酵させたければ、パイナップルの皮などの生の植物性の材料を加えたり、以前のバッチからバックスロッピングしたり、あるいはイーストを加えたりすればよい。

9 チチャが活発に泡立ってきたら、引き続き毎日かき混ぜて、5日ほどたったら味見してみる。風味に満足したら、ジャーかボトルに入れて冷蔵庫で保存する。1か月まで保存できる。

10 よく冷やして召し上がれ。

＊1 パネラ、ラパドゥーラ、ジャガリーなど、どんな種類でもよい

キヌアのチチャ・ブランカ

私はチチャについて調べたり実験したりするうちに、私の大好きなチチャ・ブランカ（chicha blanca）——白いチチャ——のペルー式のレシピを見つけた。これはキヌアから、伝統的なクスコのスタイルで作られる。このレシピは私がいくつかのクスコのレシピをアレンジし、ペルーを訪れる日がいつか来ることを期待して作り上げたものだ。

RECIPE

［発酵期間］

1～4日

［器材］

- ミキサー
- チーズクロスまたは布
- 容量2ガロン／8リットルほどの陶器のかめ、プラスチック製バケツなどの容器
- 合計で容量1ガロン／4リットルとなるジャーやボトル

［材料］1ガロン／4リットル分

- キヌア…カップ½／100g
- 乾燥白トウモロコシ…カップ¼/50g
- 皮をむいて乾燥させたソラマメ（あるいはその他の白い豆）…カップ¼／50g
- シナモンスティック…3本
- クローブ…5個
- スターアニス…2個
- 新鮮なハーブまたは乾燥ハーブ*1…小さじ3～4
- 砂糖…カップ1／200g（お好みで）
- りんご…2個、芯を抜く
- パイナップル…1個、皮も使う

［作り方］

1. キヌア、トウモロコシ、豆を8時間以上（できれば24時間）水に浸す。
2. 穀物を水から上げる。
3. 水に浸したキヌア、トウモロコシ、豆を、カップ2／500mlの清水とともにミキサーに入れる。固形物が完全に粉砕されて液体と一体化するまで、数分間ミキサーにかける。
4. 3½クォート／3½リットルの水にシナモンとクローブ、スターアニスを入れ火に掛け沸騰してから、ミキサーにかけたキヌアとトウモロコシと豆を加える。再び沸騰したら弱火にして30分ほど、泡が引くまで煮る。吹きこぼれないように注意して、頻繁にかき混ぜること。
5. 鍋を火からおろし、新鮮なハーブまたは乾燥ハーブを加えてかき混ぜる。鍋にふたをして、チチャをゆっくり冷まして粗熱を取る。
6. チーズクロスか布でチチャを濾す。固形物は捨てる。
7. チチャに砂糖を加えて、完全に溶けるまでかき混ぜる。
8. りんごとパイナップルの実の半分（皮は入れないこと）を加え、チチャをミキサーにかける。残ったパイナップルの身はおいしく食べてほしい。
9. パイナップルの皮を加えて1～4日間発酵させる。毎日かき混ぜて味見すること。
10. 味に満足したら、パイナップルの皮を取り除き、もう一度濾してから食卓に出す。お好みで砂糖を加える。

*1 レモンバーベナ、レモンバーム、カモミール、フェンネルなど

南アメリカのイモ類

ジャガイモの原産地であるアンデス山脈では、高地に住む人たちにより初期の品種の栽培が始まった。これら初期のジャガイモは苦味があり有毒で、大掛かりな処理を行って初めて食用になるものだった。苦いジャガイモは発酵させ、凍結乾燥させてchunoと呼ばれる保存食にする。（この処理の詳細については私の著書『発酵の技法』を参照してほしい。）このようなジャガイモは、主に高地で今でも育てられ、伝統的な方法で処理されている。しかしその一方で、広がり続ける地理的分布の各地で何世代にもわたって行われた選択により、苦いイモは数多くのおいしくて苦味のないジャガイモの品種へと進化した（しかしそれらの品種も発酵させることは可能だし、実際に行われてもいる）。

タピオカとしても知られるキャッサバは、スペイン語でyuca、ポルトガル語でmandiocaと呼ばれ、アマゾン川流域を原産とする。原品種はじゃがいもと同様に苦味があり有毒で、安全に食べられるようにするためには発酵などの処理が必要だったが、キャッサバの栽培地域以外で手に入る大部分の品種は、そのような処理を必要としない。サツマイモもまた中南米原産とする説が有力ではあるが、早い時期から分布を広げたため、その起源に関しては多くの議論がある。南アメリカは、それ以外にも数多くのイモ類を生み出した。保存がきき、やせ地でも育ち、しかも栄養豊富なイモ類の大部分は、ジャガイモやキャッサバ、サツマイモのように世界的な注目を集めることなく、地域の食材にとどまっている。アラカチャ（arracacha）、マシュア（mashua）、ウルーコ（melloco）、オカ（oca）、そしてヤーコン（yacón）などがその例だ。これらのイモ類は、発酵された形でも発酵されない形でも、腹持ちがよく、ゆっくりとエネルギーに変換され、保存性と可搬性に優れており、そして南アメリカ全土にわたって料理の主役となっている。

エクアドルでの私のワークショップで提供されたこのおいしいランチには、多種多様なイモ類が使われていた。

キャッサバとサツマイモのチチャ

紫芋で作った、キャッサバとサツマイモのチチャ（chcha de yuca y camote）。

これはキャッサバとサツマイモから作られる、非常に変わったチチャだ。本当においしくて、魅力的なデンプン質の食感がある。私は自分で育てた紫芋を使って作ったが、信じられないほどゴージャスなものができた！ Estebanは、麹や唾液、そして発芽した穀物と同様に、複合炭水化物を分解するアミラーゼという酵素がサツマイモにも含まれていることを教えてくれた。たぶん、アマゾン川流域の住民はそのことを知っていて、煮てつぶしたキャッサバと比較的少ない量の生のサツマイモを混ぜて発酵させて、大昔からチチャを作っていたのだろう。生のサツマイモは、発酵に必要な酵母とバクテリアを供給する役割もしている。

［発酵期間］

4〜7日

［器材］

- ポテトマッシャーまたは木製の叩き潰す道具
- 容量1ガロン／4リットル以上の容器
- 全体で容量3クォート／3リットルとなるジャーまたはボトル

［材料］約3クォート／3リットル分

- キャッサバ…2ポンド／1kgほど（おおよそ小2個または大1個）
- サツマイモ（皮付きのもの）…½ポンド／250gほど（小1個）

［作り方］

1. キャッサバの皮をむき、荒く刻む。私は縦半分に切ってから、厚さ1インチ／2.5cmの半月切りにしている。
2. キャッサバを鍋に入れ、1クォート／1リットルほどの水を加えて浸し、火にかけて沸騰させる。
3. フォークが簡単に刺さるようになるまで、30分ほど煮る。火からおろす。
4. 煮上がったキャッサバを、熱いうちに煮汁の中でつぶす。ポテトマッシャーか、先が平らな木製の叩き潰す道具を使うとやりやすい。私はポテトマッシャーをひねって鍋底にたまったキャッサバをすくい取り、再びつぶすようにしている。かたまりをほぐすようにつぶし続けると、だんだん滑らかになってくるはずだ。かたまりが残っていたとしても、最後にチチャを濾すときに取り除かれる。
5. サツマイモを皮付きのまますりおろす。
6. すりおろしたサツマイモに1クォート／1リットルの水を加える。
7. つぶしたキャッサバが体温まで冷えたら、すりおろしたサツマイモと水を混ぜ入れる。
8. 発酵容器に移して、4〜7日ほど発酵させる。毎日かき回し、発酵が進んで泡立ってきたら味見を始める。だんだんアルコール度数が強くなり、ある時期からは酸味も強くなってくるはずだ。
9. おいしいと感じられる段階に達したら、濾して飲む。そのまま楽しむか、ジャーやボトルに移して冷蔵庫で保存する。
10. サツマイモだけで作るバリエーション。キャッサバは使わず、サツマイモだけを使う（2½ポンド／1.25kg）。サツマイモを1個だけ残して、ほかはすべて皮をむく。皮は生のまま取っておき、残しておいた皮付きの生のサツマイモをすりおろしたものと一緒に後で加える。ほかの手順は上記のとおりで、キャッサバの代わりに皮をむいたサツマイモを使う。

発酵キャッサバのトルティージャ

キャッサバは、スペイン語でyucaと呼ばれる。Podridaは、「腐った」という意味のスペイン語だ。Yuca podridaは決して腐っているわけではなく、そのままでは無味乾燥な食品に発酵による風味と複雑さが加わっていると私には感じられる。発酵キャッサバのトルティージャ（Tortilla de Yuca Podrida）は、基本的にはyuca podridaをつぶした生地に、フライドオニオンやニンニク、塩、そして時には卵を混ぜ入れて、チーズなどの具を包み、フライパンで焼いて作る、熱くてカリッとしたおいしいごちそうだ。エクアドルで私のホストを務めてくれたJavier Carreraが、私にyuca podridaを紹介し、その基本的な作り方を説明してくれた。

RECIPE

［発酵期間］

3日以上

［器材］

- 容量2クォート／2リットルのボウル、かめ、またはジャー
- ポテトマッシャーなど、キャッサバをつぶすための道具

［材料］トルティージャ約6〜8個分

- キャッサバの塊根…2ポンド／1kg
- 塩…大さじ1（お好みで）
- タマネギ…1個
- ニンニク…数かけ、お好みで他の野菜も
- 油、バター、またはラード…大さじ数杯
- 卵…1個（オプション）
- チーズ…3オンス／85g（オプション）

［作り方］

1. キャッサバの皮をむく。（キャッサバが育つ熱帯地域以外では、日持ちさせるために塊根にワックスが塗られているのが普通だ。ワックスと皮を取り除く。）
2. キャッサバを縦に切り、中心部にある硬い繊維を取り除く。
3. キャッサバを乱切りにして、ボウル、かめ、またはジャーに入れる。
4. 乱切りにしたキャッサバが浸るように水を注ぎ、重石をして水面から上に出ないようにする。キャッサバは空気に触れ続けると、変色して食べられなくなってしまうからだ。
5. 3日ほど、あるいはもっと長く、毎日あるいは1日おきに水を替えながら発酵させる。長く発酵させるほど、風味は強くなる。
6. 発酵したキャッサバを水から上げ、新しい水に入れて塩を加えて沸騰させ、柔らかく簡単につぶせるようになるまで、少なくとも30分煮る。
7. キャッサバを煮ている間に、タマネギとニンニクやお好みの野菜をみじん切りにし、大さじ2ほどの油でソテーする。タマネギが柔らかくなり、茶色くなり始めるまで5〜10分ソテーする。野菜に軽く塩をする。

8 キャッサバが煮えたら、煮汁から取り出してボウルに入れ、かたまりをつぶして滑らかなペースト状にする。ポテトマッシャーか、先が平らな木製の叩きつぶす道具を使うとやりやすい。かたまりがすべてほぐれるまで、つぶし続ける。必要に応じて煮汁少々を加え、粘り気のあるマッシュポテトのような、滑らかな感触にする。

9 塩で味を調え、ソテーした野菜と、お好みで卵を加える。卵を加えると軽いトルティージャになる。滑らかでむらのない生地になるまで、全体をつぶしながら混ぜ合わせる。

10 生地をトルティージャに成型するのは濡れた手でやると簡単なので、水の入ったボウルを用意しておこう。ひとつかみの生地を団子状に丸める。親指を使って、くぼみを作る。そのくぼみに、チーズなどの具を入れる。くぼみの周囲の生地を引っ張ってかぶせ、具を団子の中心にうずめてから、やさしく団子を広げて円盤状にする。

11 これを濡れた皿か作業台の上に置き、同じテクニックを使って残りの生地も具入りの円盤状に成型する。

12 油、バター、またはラード大さじ2を熱したスキレットに入れて溶かす。強火でトルティージャを揚げ焼きする。トルティージャどうしがくっつかないようにすること。黄金色にこんがりと焼けたら、ひっくり返して反対側も焼く。必要に応じて油を足す。トルティージャをやさしくスキレットに押し付けて、火を通す。

13 生地をすべて使い切らなかった場合、成型したトルティージャや未成型の生地は冷蔵庫に入れて1週間まで保存できる。

14 より簡単だが、私にとっては食感にあまり魅力が感じられない別の作り方もある。それは、発酵させたキャッサバをすりおろし、お好みですりおろしたチーズを混ぜ入れて塩少々を加え、ポテトパンケーキのように焼くというものだ。

エクアドルでの私のホスト。Red Semillas(www.redsemillas.org)団体職員のJavier Carrera、彼の妻Fernanda、そして彼らの息子Gael。

トゥクピー

私が南アメリカで初めて出会った、最も特徴的な発酵食品——私がこれまで見たり味わったりしたどんなものとも似ていない——がトゥクピー(tucupí)だ。私がトゥクピーに初めて遭遇したのは、コロンビアのボゴタにあるレストランでのことだった。そのレストランのシェフCamilo Ramírezは、鮮やかなオレンジ色のチョンタドゥーロ・キムチですでに私を感服させていた。次に彼が取り出したのは、ミステリアスな黒いタールのようなペーストで、おいしくて土の香りがし、うまみと少々の酸味、そして辛さも少し感じられた——私たちの食事を引き立たせる、すばらしい調味料だった。Camiloは、これがトゥクピーだと説明してくれた。苦味種のキャッサバの有毒なジュースを発酵させて毒性のある化合物を分解し、煮詰めてタール状のペーストにしたものだ。このトゥクピーは彼が自分で作ったものではなくアマゾン川流域の生産者から手に入れたものだった。

トゥクピーのアマゾンでの作り手は女性に限られる。キャッサバを育てるのも女性の仕事だ。Estebanによれば、「この先祖から伝わる美味の世話人の言うことには、これは母の血であり、神聖な女性のエッセンスなのだ」そうだ。EstebanとEl Taller de los Fermentosのチームはトゥクピーの作り

チョンタドゥーロ・キムチをすすめるCamilo Ramírez。

方について学ぶためにアマゾンへ旅し、それを素晴らしいショートフィルムに記録している[原注8]。トゥクピーづくりの最初のステップは、jaiyajuと呼ばれる特定の品種のキャッサバ（アマゾンはキャッサバが進化してきた場所なので、多数の品種が存在する）からスターターを作ることだ。皮付きのまま塊根を水に漬けて発酵させ、十分に柔らかくなったら手でつぶしてピュレにする。このピュレを、さらに多量の皮をむいた塊根とともに水に漬け、5〜7日ほど発酵させる。次に、柔らかくなった発酵済みのキャッサバを、すりおろすかつぶして（部族の伝統によってやり方はさまざまだ）織物のマットに広げ、ジュースを搾り出す。

トゥクピーは、この発酵キャッサバから作られる産物のひとつにすぎない。デンプンはcaguanaと呼ばれる、女性のみに飲むことが許される神聖な飲みものを作るために使われる。繊維はキャッサバのパンケーキcassabeを作るために使われる。トゥクピーは、液体を12時間から36時間かけて煮詰めて作られる。焦げ付きを防ぐために常にかき混ぜながら、薄い液体を濃厚な黒いペーストに濃縮するのだ。このプロセスの終盤に、唐辛子や干魚、さまざまな種類のアリなど、アマゾン川流域のおいしい食材を加えることも多い。

トゥクピー、有毒なキャッサバのジュースを発酵させて煮詰めたアマゾン川流域の調味料。

先住民の慣習

この本に記した発酵の多くには、古代から続く先住民の知恵と慣習が受け継がれている。伝統的なライフスタイルを送る人々の生活を垣間見ることができたのは、私の旅の最大の収穫だった。私はインドや中国の辺境の村々を訪れるために遠くまで旅したし、ラテンアメリカでの私のホストたちはよく私を先住民のコミュニティーへ連れて行って彼らの発酵の伝統について学ばせてくれた。

しかし先住民の伝統は、すべてが同じように保存され、実践され、尊重されているわけではない。多くの場所で、先住民の慣習は失われてしまった。虐殺や大量移住、同化の強制、あるいは子どもたちの家族からの引き離しといった文化破壊の、長く恥ずべき歴史のせいだ。私が会ったネイティブアメリカンの若者たちは、もはや記憶にも文書にも残されていない、自分たちの伝統的な発酵食品のかつての姿を見いだそうとしていた。

確かに、北アメリカ先住民の発酵の慣習には失われずに残っている例が多い。私はアラスカ南東部で、トリンギット族のお年寄りと発酵を共にする機会を得た（287ページの「スティンクヘッド」を参照）。そしてアリゾナ州南部では、著作家で種子保存活動家のGary Nabhanが現地の先住民の友人たち——国境の両側に住むタラウマラ族の人たち——をワークショップに招いていた。タラウマラ族には、tesgüinoあるいはtiswinと呼ばれる、古代から続く発酵飲料の伝統がある。これはチチャにも似た、モルト処理されたトウモロコシから作るアルコール飲料だ。私は『天然発酵の世界』でtesgüinoについて書き、レシピも紹介した。私のレシピでは、モルト処理したトウモロコシの一部を生のままスターターとして使うために取っておき、残りを煮出す。そして、煮出し汁が冷えてから、生のモルト処理したトウモロコシをスターターとして加えるのだ。伝統的には、ollasと呼ばれる発酵容器を洗わずに使うため、乾燥してこびりついたトウモロコシがスターターの役割を果たす、ともの本で読んだことがある。

私たちのワークショップでは、Garyのタラウマラ族の友人たちが、長い間tesgüinoづくりに使われて過去のバッチのこびりつきが積み重なったollasを持ってきてくれた。そこには発酵のスターターとなる乾燥した酵母やバクテリアが含まれている。GaryとNative Seed/SEARCHの同僚は、2種類の伝統的なタラウマラ族の品種のトウモロコシを発芽させていた。そのときのゴージャスな、分厚くこびりついたollasの写真を撮っておけばよかっ

2018年のテッラ・マードレで提供された Indigenous Food Labのディナーのメニュー。

たのだが、残念ながら当時はスマートフォンが普及する前で、私はめったにカメラを持ち歩いていなかったのだ。

私はチェロキー族の発酵についても、友人のTyson Sampsonから多少学んだ。彼はノースカロライナ州西部出身のチェロキー族だ。Tysonは、彼の祖母がトウモロコシを挽くのに使っていたすり鉢に、チェロキー語でkinonaという名前があることを教えてくれた。彼女が作っていた数種類のコーンブレッドについて、生地に直接木の灰を少量混ぜ込む場合があることを話してくれた。Tysonはチェロキー語を祖母から学び、野草採集の伝統を受け継いでいくことに熱中している。また彼は、バケツ一杯のヒラタマネギ(*Allium tricoccum*、野ネギとも呼ばれる)を春の収穫期に持ってきてくれたこともある。私はその大部分を発酵させたが、おいしかった！

それ以外には、正直に言って恥ずかしいほど私は北アメリカ先住民の発酵について学んだことがない。自分たちの伝統的な慣習を守り続けている人たちが、私のような人にそれを知らせたくない理由がたくさんあることは承知している。発酵の伝統は真空中に存在するものではなく、土地や植物、精神、そして先祖伝来の伝統との結びつきが発現したものだ。盗まれた土地を返還し先住民とその文化を尊重するというコミットメントなしでは、先祖伝来の慣習に部外者が示す興味は表層的で略奪的なものとなってしまうだろう。

しかし先祖からの慣習は再生し、更新し、支援し、そしてたたえることも可能だ。私は、オグララ・ラコタ・スー族のSean Shermanシェフと、彼が創立した組織Indigenous Food Labが主催したディナーに出席する栄誉にあずかったことがある。料理は共同作業による労作で、一皿ごとに北アメリカの異なる地域出身の先住民シェフによって作られたものだった。料理はすべて美しい上に味も素晴らしく、トウモロコシ、ドングリ、ワイルドライス、マス、鹿肉などの先住民の食材が使われていた。皮肉なことに、このディナーが提供されたのは、イタリアのトリノで開催された国際的なスローフードのイベント、テッラ・マードレの席上だった。私は北アメリカの多様な食の伝統をたたえるために、はるばるヨーロッパまで旅したことになる。

先住民の発酵のプロセスは、時には粗野で時代遅れだと描写されたり(292ページの「キビヤックなどのグリーンランドの発酵の伝統」を参照)、時にはまったく存在しないものとされたりすることもある。私が発酵に興味を持ち始めたばかりのころ、発酵を伴わない食文化の例を見つけようとしていた私は、オーストラリアの先住民はどんな発酵プロセスも発達させなかったという話を何度も聞かされた。その後、私が実際にそこへ行ったときのこと、クイーンズランド州の伝統食(オーストラリアでは「ブッシュタッカー(bush tucker)」と呼んでいる)をめぐるハイキングの途中、私たちのガイドをして

Indigenous Food Labのディナーのために力を合わせた、北アメリカ全土からやってきた先住民シェフのチーム。Sean Sherman、Shilo Maples、Vincent Medina、Louis Trevino、Maizie White、Mackee Bancroft、そしてBrian Yazzie。

くれた現地のアボリジニのお年寄りが、一本の木を見せてくれた。その木になるナッツは、水に数日浸した後でなければ安全に食べられないのだという。念のため説明すると、ナッツのような乾燥した食品を水に浸したときに何が起きるかと言えば、休眠状態にあった微生物が目を覚まし、ナッツに含まれる栄養素を取り込んで消化し始めるのだ。ある生物にとって毒となるものが別の生物にとっては栄養素だったりもする。このナッツの場合には、ほかの幅広い植物由来の食材と同様に、発酵によって潜在的に有毒な化合物が無害な（時には栄養となる有益な）副産物に分解されるのだ。その後になって、植物から作られる数種類の伝統的な発酵アルコール飲料がオーストラリアのさまざまな地域に存在することを私は知った。

オーストラリアの先住民は発酵の伝統を持たないという根強い迷信は、無知というよりもイデオロギーに基づいたものであり、植民地入植者たちが殺戮し、追放し、家族から引き離し、そして文化を否定した人たちをさげすむ気持ちに起因するものだ。「陳腐な妄説なんです。先住民集団は放浪者であり、農業をしたり農産物を収穫したり川をせき止めてダムを作ったり自治を行ったり、ましてや発酵などできはしない、というのは」とオーストラリアの著作家Jane Ryanは考察している。「こういったことはすべて、

私たちが（恥ずべきことに）うのみにしてきたプロパガンダにすぎないことを、今の私たちは知っています。」［原注9］

オーストラリアとカナダでは、そして次第にアメリカでも、多くの組織が何らかのイベントを開催する際、その土地の伝統的な居住者たちに明確な敬意を示すという文化が浸透してきているが、それは必ずしも簡単なことではない。資本主義的な土地所有の枠組みが成立する以前、多くの土地は単一の集団が居住し管理していたわけではなかった。『天然発酵の世界』の中で、私が住んでいるのはチェロキー族の土地だったと私は書いた。その後、より詳細な調査を行った友人たちは、その話は（たいていそうであるように）実際にはもっと込み入ったものであることを教えてくれた。「この土地は、クリーク族、チェロキー族、チョクトー族、チカソー族、セミノール族、イロコイ族、ショーニー族、そしてユーチ族といった数多くの部族の共有狩猟地でした」［原注10］と、私の友人Lynne Purvisが共同執筆者と自費出版したブックレット『Way Before Daffodil Meadow』に書いている。ランド・アクノレッジメント［その土地にかつて住んでいた先住民を尊ぶこと］は重要な意思表示だが、それは盗まれた土地に対する補償とは成り得ないし、私たちの社会において絶えず行われている先住民や彼らの文化習慣の周縁化への償いともならないだろう。

それでもなお、私たちがより環境に調和して生きる方法を見つけたいのならば、そしてエコロジカル・フットプリントを減らしたいのであれば、必要なのは先住民の伝統の知恵だ。Citizen Potawatomi NationのRobin Wall Kimmererが彼女の素晴らしい著書『植物と叡智の守り人』（築地書館）に書いているように、「私たちのすべてにとって、ある土地に根付くというのは、子どもたちの未来を大切にする生き方をし、その土地を大事に護る、ということだ——物質的な意味でも精神的な意味でも、その土地がなければ自分は生きられないかのように」［原注11］先住民の価値観を受け入れることは、先住民とその伝統を尊重することを意味する。多くの知恵が失われてしまったが、学び、たたえ、実践されるべき多くの知恵も残されている。

カビを育てる　4

MOLD CULTURES

この章は、穀物とイモ類の発酵を主題としているという意味では、前章の続きとも言える。しかし、前章ではシンプルで自然発生的な発酵プロセスに注目したのに対して、この章では糸状菌、より一般的にはカビとして知られる菌類を利用した発酵食品に目を向ける。ある程度の重複は生じるだろう。3章で取り上げた、もち米を発酵させて作る中国の酒のレシピでは、スターターとして中国の餅麹を使っていた（114ページの「ヌオミーチュウ（糯米酒）」）。中国の餅麹も、この章で取り扱う麹やそれに関連する菌類の培地に類するものだ。またこの章で繰り返し登場する酒粕は、それ自体にカビを育てて作るものではないが、カビを利用して作られる米の酒の副産物として得られる。カテゴリー分けは整理法としては不完全なものであり、重複はつきものだ。

これらの発酵プロセスで利用されるカビを育てるための条件には、多くの人が困難を感じる。これらのカビは、適度に暖かく（80～90°F／27～32℃）湿度の高い環境で繁殖し、多少の空気の循環と定期的な監視を必要とするからだ。培地の水分が多すぎると、菌類は非常に速く成長して過熱するだけでなく、望ましくないバクテリアが増殖しがちになる。逆に水分が少なすぎると、菌類は成長しない。また温度が高すぎれば菌類は死滅して、たちまちバクテリアに入れ替わってしまうだろう。菌類は少し温度が低くても育つが、成長はだいぶ遅くなる。

最初は小さなバッチから初めて、いろいろと工夫し、実験しながら学んで行こう。私はさまざまに工夫して、これらの条件を整えてきた。最初のころは、オーブンの種火をつけ、ドアを少し開けた中で育てていた。ここ数年は、温室用の温度センサーとコントローラーに熱源としてシンプルな白熱電球の照明器具を接続し、古い故障した冷蔵庫を断熱箱として使っている。電熱パッドをタオルでくるんだものや食品乾燥器、そして大型のプラスチック製収納ケースに数インチ水を入れて熱帯魚用のヒーターで加熱した上に浮かべたホテルパンの中で麹を作ったこともある。また特別な機材を使わずに、高温高湿の夏の気候を利用してこれらのカビを育てたこともある。難しく考える必要はない！　理想的な生育条件が理解できれば、あとは工夫次第だ。

麹とそれに類するカビ

アジアにおける発酵を、世界のその他の地域に典型的に見られる発酵と区別する唯一最大の特徴は、カビが広く利用されているという点だ。これらのカビは穀物や豆類に育てられることが多い。これらのカビの育った穀物や豆類には、炭水化物やタンパク質、脂肪など広範囲の栄養素の分解能力を持つ消化酵素が豊富に含まれている。このため、麹（*Aspergillus oryzae* やそれに近縁の数種類のカビが育った穀物や豆類を指す日本語）やそのあまたの仲間たちは、アジアやその他の地域において、数多くの発酵食品や発酵飲料に不可欠なものとなっている。この章で取り上げるのは、そのほんの一部にすぎない。麹から作られる食品の例としては、しょうゆ、味噌、そしてそれらに関連する膨大な種類のうま味成分豊かな調味料などがある。その可能性はほとんど無限だ。

麹やその類似物の利用方法として最も一般的なのは、アルコールの醸造だ。薄めた蜂蜜やフルーツジュース、植物の樹液には、酵母にとってアルコールに代謝しやすい単糖類が豊富に含まれるが、穀物やイモ類の主成分は複合炭水化物であるため、その長大な鎖状分子が何らかの酵素プロセスにより単糖類に分解されない限り、酵母がそれを利用することはできない。西洋の伝統的なビールの醸造では、モルト処理、つまり穀物を発芽させることによってこれを行う。穀物の発芽によって、複合炭水化物を単糖類に分解する酵素を活性化する手法だ。もうひとつの、さまざまな地域で古代から行われてきた方法では、私たちの唾液に存在する消化酵素を利用する。加熱調理した穀物やイモ類を口の中で噛むことによって唾液中の酵素をしみ込ませ、吐き出したものをさらに加工する手法だ。穀物の炭水化物を糖化させる第三の手法では、現在アジアで一般的に行われているように、酵素に富む糸状菌、つまりカビを活用する。麹は世界中で知られるようになり、また広く利用されるようにもなってきている。

胞子形成中の麦麹。

麹の伝統とイノベーション

日本では、麹を自社で作っている酒造会社や味噌製造会社を何社か訪問した。中でも印象に残ったのが、2社の酒造会社だ。千葉県の寺田本家では非常に伝統的な手法で麹と酒を作っているのに対して、京都郊外の大門酒造会社で私が見たものは完全にオートメーション化された麹製造ロボットだった。

これら2つの対照的なアプローチは、日本における伝統とイノベーションとの強力なせめぎ合いを端的に表現しているように、私には思える。日本文化は伝統を尊重する気風が強く、食べものや飲みものの伝統的な作り手は一目置かれる存在だ。しかしそれと同時に、日本は技術的イノベーションを受け入れることに非常に熱心でもある。アジアの大部分では麹の類似物の製造が伝統的な手法で行われている（この後で詳しく説明する）のに対して、日本では微生物学の黎明期からそれを利用しているし、純粋培養スターターを使い始めた時期も非常に早い。

生江史伸シェフに連れられて寺田本家を訪れた際、寺田優はこの酒造会社の24代目当主だと自己紹介してくれた。現在では大部分の酒造会社で行われているように実験室で製造された純粋株のスターターを買ってきて麹を作るのではなく、彼は真夏の暑さの中、特別な培地を使って空気中（どこでもいいわけではなく、彼らが350年間日本酒を作り続けている酒蔵の中）に漂う胞子を集めている。他種のカビや毒素を産生するおそれのある近縁株ではなく*Aspergillus oryzae*が優占するよう、蒸米の培地には椿の木から作った木灰を非常に少量（0.1パーセント未満）加える。木灰によってわずかにアルカリ性に傾いた蒸米は、空気中の胞子を引き寄せ、そしてコウジカビが発育を始める。酒造りの際のように、2日たってから米粒がチョークの粉に似た白い菌糸体に覆われる状態で麹を収穫するのではなく、彼は十分に胞子を形成させ、穀粒が黄緑色の胞子に覆われるまで2〜3週間待つ。この鮮やかな色の胞子が、この酒蔵でその年に使われる麹のスターターとなる。麹を作るたびに、米が巨大な木製の蒸し器で蒸され、空けられ、冷まされ、麹室へ移され、胞子を接種され、そして手で混ぜられる。48時間のプロセスの間じゅう、蒸米は温度を監視され、中心部にたまった熱を放出するため定期的に手で混ぜられる。

大門酒造会社では、きわめて対照的なことに、高度に機械化された麹づくりが行なわれている。蒸米の温度と水分含有量、さらには酸素と二酸化

麹ふるいに入った寺田本家の種麹。

炭素の濃度がセンサーによって電子的に監視される。菌類の成長によって温度が上がると、ロボットアームが蒸米をかくはんして中心部の熱を逃がす。このハイテクなアプローチでは大幅な省力化が可能となり、そのうえ同様に素晴らしい麹が作り出される。

寺田本家の巨大な木製の蒸し器で米を蒸しているところ。

寺田本家の酒蔵で、手で蒸米に種麹を混ぜ込んでいるところ。

大門康剛が、彼の酒造会社のロボット化された麹製造装置を見せてくれた。

酒蔵で会話する生江史伸シェフ（左）と寺田本家の当主、寺田優。

大門酒造会社のロボット化された麹製造装置の内部では、
伝統的な木製の麹蓋が使われている。

麹の作り方

ここには、私が麹を作る際に従う基本的な手順を示している。ここで説明する手順は、米または大麦を対象としたものだ。米や大麦の品種によって、蒸し時間や水分含有量は違ってくる。私が使うのは、たいてい短粒種か中粒種の日本の白米か精白玉麦だ。大麦は米よりも水分を多く含む傾向があるため、麦麹のほうが速く育ち、より多くの熱を放出する。他の種類の培地に麹を育てる方法については、146ページの「その他の培地に麹を作る」を参照してほしい。

RECIPE

［発酵期間］

36〜48時間

［器材］

- 蒸し器または圧力鍋
- 80〜90°F／27〜32℃の範囲の温度を保てる培養器。139ページのこの章のイントロダクションで説明したアイディアを参考にしてほしい。
- 木製のトレイ、またはホテルパンなどの深さのあるパン。折り返して麹の上を十分に覆えるほどの大きさの、清潔で糸くずの出ない綿布を敷く。
- 培地が乾燥した際に霧を吹くためのスプレーボトル

［材料］ 麹3ポンド／1.5kg分

- 生米または大麦*1
…カップ4（2ポンド／1kg）
- 種麹
…小さじ½または推奨される分量

［作り方］

1 米または大麦を数回洗って、表面のデンプン質を取り除く。穀物をボウルに入れて十分な量の水を張り、しばらくかき混ぜてから水を捨てる。これを、水が澄んでくるまで繰り返す。（米のとぎ汁は取っておいて使うこともできる。113ページの「米のとぎ汁を発酵させる」を参照してほしい。）

2 米または大麦を、体積比で倍量の水に少なくとも8時間浸す。

3 穀物からよく水を切る。

4 米または大麦を蒸す。蒸している間、穀物が水に浸らないようにして蒸気を通すこと。私はこのために竹製のせいろに綿布を敷いて使っている。竹製のせいろは鍋の上にぴったりとはまるものを使い、鍋には米の倍量の水を入れるようにしている。せいろを中華鍋の上に置いて使う場合には、沸騰している湯の量をチェックして、必要に応じて湯を足すようにしてほしい。穀物を通して蒸気が上がるのが見えたらふたをして、穀物に十分に火が通り、柔らかく、ふっくらとしているが穀物の形を保った状態になるまで1時間以上蒸す。あるいは、穀物を圧力鍋で（圧力が上がってから）30分ほど調理してもよい。

5 穀物を蒸している間に、麹の温度を80〜90°F／27〜32℃に保てる培養器を準備する。

6 米や大麦を、体温まで自然に冷ます。急ぐなら、蒸しあがった穀物を蒸し器から大きなボウルへ移し、ほぐして熱を逃がせばよい。

7 穀物が体温まで冷めてから、種麹を加える。種麹の種類によっては、米やその他の培地に対して異なる割合が指定されているかもしれない。お使いの種麹の推奨ガイドラインに従ってほしい。

8 種麹を穀物に混ぜ込む。底や側面から大きくかき混ぜて、種麹を十分に行き渡らせるように注意してほしい。数分間混ぜ続けること。

9 接種した穀物を、布を敷いたトレイに移し、中央を盛り上げる。盛り上がった部分の中心に温度計を差し込み、温度計に巻き付けるようにして布を上にかぶせる。つまり、盛り上がった部分は布で包まれ、そこから温度計が突き出している形になる。

10 盛り上がりを崩さないようにしてトレイを培養器に入れ、温度を80～90°F／27～32℃に保つ。

11 12時間から16時間たってから、培養中の麹をチェックする。盛り上がりを崩し、穀物をかき混ぜ、新しく盛り上げ、布で覆い、培養器に戻す。この段階で、あるいはその後いつでも穀物が乾燥しているように感じられたら、霧吹きで水を数回スプレーして、穀物に均等に水分を混ぜ込む。

12 24時間もたつと、麹は育ってきているはずだ。カビが熱を放出するため、温度は上昇する。麹は甘いにおいを漂わせ、チョークのような白いカビの菌糸で粉がかかったように見え、互いにくっつき始める。こういった状況になったら、作業の目的を変更する。十分に温度を高く保つのではなく、オーバーヒートを防ぐようにするのだ。盛り上がりを崩し、厚さ1～2インチ／2～5cmの均一な層にならす。この麹のマットが厚すぎると、熱が中心部にたまってカビが死んでしまうことがある。麹の入っているパンが小さすぎるようなら、2枚のパンに分けること。必要に応じて創意工夫を働かせてほしい。さらに温度調整が必要なら、指を熊手のように使って麹の上に筋をつけ、表面積を増やして熱を発散させる。麹を布で覆って培養器に戻す。

13 数時間ごとに麹をチェックする作業を続ける。麹に（清潔な！）手を入れて、かたまりを見つけてほぐし、ホットスポットができないように穀物を広げ、再びならし、再び筋をつけ、再び布で覆って、培養器に戻す。この作業をしている間、麹から立ち上る魅惑的なアロマを楽しんでほしい。麹が育つにつれて、白いカビの菌糸が増えて穀物を覆って行く。穀物がカビの菌糸に覆われているように見えたら、麹を使うことができる。表面に黄緑色の斑点が見え始めたら、胞子の形成が始まったことを示しているので、必ず培養をストップすること。

14 新鮮で温かい麹を使うこともできるし、薄い層に広げて室温に冷ましてから包んでおけば数週間は冷蔵できる。さらに長期間保存するには、天日または食品乾燥器で麹を短時間乾燥させてから冷蔵するか乾燥した涼しい場所で保管すれば数か月以上は持つが、時間が経つにつれて酵素の活性は衰えてくる。

＊1 通常は、白米または精白玉麦を使う。全粒穀物も使えるが、菌糸が穀粒に簡単に入り込めるように、軽く精白して表面を傷つけておくことが一般的には望ましい。あるいは、圧力鍋で蒸してもよい。

その他の培地で麹を作る

コウジカビは、ほかの穀物や大豆、豆類や種子、イモ類などでも非常に良く育つ。重要なのは水分含有量なので、大量の水分を含む培地（大豆、その他の豆類や種子、イモ類など）では、水分レベルを注意深く管理しなくてはならない。穀物を炒った粉やひきわりの穀物（どんな種類でも）が、表面を乾かして健全なカビの成長を促すためによく使われる。それとは逆に、培地が乾燥しすぎている場合には、スプレーボトルで軽く霧を吹けば、菌類の成長に十分な水分が供給できる。穀物を炒った粉は、大豆やソラマメ、あるいはポークチョップなど、タンパク質に富む培地の炭水化物含有量を増やすためにも使える。「麹が欲しがるのは、基本的にはデンプンと多少のタンパク質です」と、Rich ShihとJeremy Umanskyが彼らの著書『Koji Alchemy』に書いている。[原注1]

私はWilliam ShurtleffとAkiko Aoyagiの『The Book of Miso』で麹の育て方を学び、彼らの日本での経験から知識を得た。米や大麦以外で麹を育て始めたのは、ずっと後になってからのことだ。まず、しょうゆや豆鼓を作るために大豆で麹を育てた。その後、私は栗やニシュタマリゼーションしたトウモロコシでも麹を育てるようになった。豆板醤を作る際には（170ページの「豆板醤の作り方、その1：ソラマメと小麦にカビを育てる」を参照）、ソラマメで麹を育てた。

多種多様な培地で麹を育てることをより深く探求したければ、あるいは効率よくレストランで使える手法に興味があれば、『Koji Alchemy』を読むことを強くお勧めする。JeremyとRichは、このプロセスに存在する伝統的なルールの多くを破って、ほとんどあらゆるものに麹を育てるテクニックを開発した。彼らの本にヒントを得て、私はニンジンやビートに麹を育てたり、リコッタチーズに加えたり（272ページの「リコッタ『味噌』」を参照）、突飛な麹の使い方もしてみた。新しい使い方をするたびに、さまざまな風味の爆発が得られている。

かつての生徒が私の師となり、私が最初に彼らに手ほどきしたプロセスの理解を深めてくれるのは、特別な喜びだ。私がカリナリー・インスティテュート・オブ・アメリカで開催したワークショップでJeremyに会ったとき、彼は非常に熱心な生徒だった。それから数年、ソーシャルメディア上で彼の大胆な麹の実験を見て、私は大いに楽しんだ。ある発酵イベントでポップコーン麹を披露して私の度肝を抜いたRichと彼がチームを組むことになり、共著で麹の本を書くんだと言ってきたとき、私はとてもわくわくした。彼らの本は、ほとんど何にでも麹は育てられるということ、そして私が学んでふだん使っている伝統的な日本の手法の細かい点にまで従う必要は特にないことを教えてくれた。ほかにも、英語で書かれた素晴らしい麹の記述を含む本にはChristopher Shockeyの『Miso, Tempeh, Natto & Other Tasty Ferments』や、René RedzepiとDavid Zilberの『Noma Guide to Fermentation』（日本語訳：『ノーマの発酵ガイド』角川書店）などがある。これらの本の著者が口をそろえて言っているのは、「実験し、臨機応変に対応しなさい」ということだ。

ビーツに麹を育てているところ。

菩提酛製法による酒造り

日本酒は、米から作られる素晴らしい日本のアルコール飲料であり、世界中で広く知られ、飲まれるようになってきた。寺田本家という日本酒醸造所（141ページの「麹の伝統とイノベーション」を参照）を訪れた日、当主の寺田優は、彼の製法に関する私の数多くの質問に答えるうちに、私が単純明快で作りやすいプロセスに興味があることを理解してくれた。私は『発酵の技法』を書きながら日本酒を何回か作った経験があり、その際に従った典型的な現代風の作り方には、かなり高度な技術が要求されると感じていた。最も難しかったのは、サーモスタット付きの加熱装置や冷却装置なしで、約60°F／16℃という一定の温度を保つことだった。また、スケジュールどおりに複数回に分けて麹と蒸米を加えることも、とても大変なことがわかった。

寺田優が、彼の寺田本家醸造所のさまざまなスタイルの日本酒を味見させてくれているところ。私はどれも好きだが、特においしかったのはフレッシュで泡立っているものと、14年寝かせた褐色のもの——とても滑らかで、豊かなカラメルの味がした——だった。

優が私に教えてくれたのは、**菩提酛（ぼだいもと）**という、驚くほど簡単に思える古代の酒の製法だった。私は、彼の酒蔵で**酛（もと）**——米と水から作られる、活発な酵母と乳酸菌を含むスターターで、これに麹と蒸米を加えて日本酒が作られる——を作る手法を見学したばかりだった。その典型的なプロセスは、2か月ほどかかる。最初の何日かは1日3回、15分かけて（歌を歌いながら）酛をすり、その後は毎日かき混ぜと温めの工程が続く。それとは対照的に、彼が私に説明してくれた菩提酛製法では、ほんの数日しかかからない。

この高速な製法の特徴は、米を半々に分けて一方だけを炊き、もう一方は生のまま使って水と混ぜ、スターターを作るところにある。生米は酵母と乳酸菌の主要な供給源となり、その一方で炊いた米はこれらの（それまで休眠状態にあった）微生物の主要な栄養源となる。酵母とバクテリアの活動によって液体が泡立ち始めたら、生米を取り出して水を切り（網の袋を使うのが最も簡単だ）、炊く。炊いた米が冷めたら、同量の麹と合わせる。このブレンドした米を、最初に炊いた米の入った泡立つ液体に混ぜ入れる。1週間から10日かけて発酵させた後、液体を濾し、残った固形物を圧搾すれば、簡単な自家製日本酒の出来上がりだ[*1]。

＊1　訳注：日本では酒税法により、許可なくアルコール度数1％以上の飲料を作ることは原則として禁止されている。違反した場合、10年以下の懲役または100万円以下の罰金が科される可能性がある。

［発酵期間］

約2週間

［器材］

- 米粒よりも目の細かい網または布の袋2枚
- 容量6クォート／6リットル以上の広口の容器

［材料］

日本酒3クォート／3リットル分

- 生米…2ポンド／1kg（通常は白米を使うが、白米でなくてもよい）
- 米麹…1ポンド／500g

［作り方］

1. 半量の米（1ポンド／500g）を、お好みの方法で炊く。私の場合は米を量り、白米の場合には米の1.25倍の容量（玄米の場合には1.5倍の容量）の水を加える。ぴったりとふたのできる鍋を使い、煮立たせてから火を弱めて白米の場合には20分（玄米の場合には40分）ほど炊く。火からおろし、鍋にふたをしたまま5分から10分蒸らしてからふたを取る。
2. 一方の袋に生米を入れる。もう一方の袋には、炊いた米を触れる程度に冷ましてから入れる。
3. 容器に2クォート／2リットルのカルキ抜きした水を入れる。
4. 米の入った2つの袋を水に浸す。
5. 炊いた米の入った袋をやさしくもんで、米の一部を水に溶け出させ、酵母やバクテリアが米の栄養分を利用できるようにする。その後も毎日、炊いた米の入った袋をやさしく数分間もむ作業を続ける。
6. 液体が泡立ち、酸っぱい味がし始めたら、次のステップへ進む時期だ。周りの環境の温度にもよるが、そうなるまでには2日から5日ほどかかるかもしれない。
7. 米の入った袋を両方とも取り出し、袋から出てくる液体は発酵容器に戻す。
8. 浸しておいた生米を袋から取り出し、（最初のステップで説明したように）炊いて、まだ温かいが十分触れる程度にまで冷ます。
9. 温かい米を、（袋から出した）最初に炊いた米とともに米麹と合わせて、まんべんなく混ぜ合わせる。
10. この米を、容器の中の液体に戻す。
11. 10日から2週間、毎日かき混ぜて定期的に味見しながら発酵させる。最初、米はほぼすべての水分を吸収して膨らむ。それからゆっくりと液化するが、活発に泡立つため固形物は液体の表面に浮き上がってくる。泡立ちが収まるにつれて、固形物は沈んで行く。アルコールの味が強く、甘さが弱くなり、泡立ちが収まったら、日本酒の出来上がりだ。
12. この日本酒を網の袋か布を敷いた濾し器で濾し、固形物を取り除く。固形物を圧搾して、できるだけたくさん液体を搾り出す。残った固形物が酒粕だ。（この風味たっぷりの副産物の利用方法については、以降のセクションを参照してほしい。）

13 この酒ははじめ濁っているが、このままでもおいしい。静かに置いておくとデンプンが底に沈むので、静かに上澄みを注ぎ出せば透明な酒になる。

14 召し上がれ！

COLUMN

古酒

寺田本家醸造所の当主を務める寺田優の勧めで、私は初めて日本酒の（熟成）古酒を味わった。それは私が今までに飲んだどの酒ともまったく違うもので、褐色に色づいていて土の香りがし、うま味さえも感じられた。私がさらに日本酒の古酒を味わう機会を得たのは、オーストラリアの日本酒エデュケーターMelissa Millsが私のワークショップに、熟成期間が4年から44年に及ぶ数種類の古酒のボトルを持ってきてくれた時だった。44年物のボトルは木戸泉酒造のもので、実に驚くべきものだった。Melissaのテイスティングノートがその特徴をよくとらえている。「レーズン、タバコ、しょうゆと、強い焦げたカラメルの香り、多少のクリスマス・スパイス。見事に融和しており、滑らかだ。」時はすべてを変えてしまう。日本酒さえも。

Melissa Millsが私たちに振る舞ってくれた熟成古酒のコレクション。左から右へ：木戸泉Afruge Ma Cherie 2016純米古酒、若竹屋馥郁元禄之酒 純米古酒 2005年と2010年のブレンド、向井酒造 夏の想い出 2000年、木戸泉New AFS 1976純米古酒。

酒粕

英語では「sake lees」(ワインの「おり」を意味する言葉から名付けられた)と呼ばれる酒粕は、日本酒を発酵させた後に残る固形物で、このプロセスでは必然的に生じる副産物であり、かなりの風味と酵素、そして栄養価を含んでいる。日本で生産される酒粕の大部分はスキンケア製品に使われているらしい。実際、スキンケア製品が「お肌の食べもの」としてとらえ直されるのにつれて、発酵が利用される例も次第に増えている。発酵によって栄養素は、口からも皮膚からも吸収されやすくなるからだ。しかし、酒粕はさまざまな料理にも活用できる。

私たちが寺田本家酒造所を見学した後、優の妻である聡美が、手の込んだ見た目にも美しい食事を用意してくれていた。その主役は、実にさまざまな酒粕料理だった。野菜のグラタンのトッピングには酒粕が入っていてチーズのような味がしたが、実際にはチーズは使われていない。温かい、酒粕から作った野菜のディップソースは、バーニャカウダを思わせる。小さく切って蒸した豆腐には酒粕が振りかけられていた。酒粕を練り込んで焼いた白パン。そしてもちろん、粕漬け(野菜を粕床に漬けたもの)もあった。酒粕を活用した聡美の創造性豊かな料理の数々は、この酒造りの副産物がいかに使い道の多い食材であるかを如実に物語っているように私には思えた。聡美が親切にもシェアしてくれた彼女の酒粕料理のレシピのうち、2つを私がアレンジしたものをここに掲載した。

寺田本家酒造所で私たちのために寺田聡美が用意してくれたゴージャスなランチ。多くの料理に使われている酒粕は、酒造りプロセスの副産物だ。

寺田聡美の

酒粕グラタン

　この料理には普通チーズが使われるが、これはそのおいしいヴィーガンバージョンだ。聡美が日本カボチャとカリフラワーで作ったものは完璧においしかったが、この風味たっぷりのグラタンはどんなお好みの野菜で作ってもおいしい。

RECIPE

［調理時間］

30〜45分

［器材］

- フードプロセッサー（オプション）

［材料］副食として4〜6人分

- 酒粕…6オンス／100g
- 米粉…カップ½／100g
- 植物油…大さじ4＋小さじ2（分けて使う）
- 塩…大さじ1ほど
- タマネギのみじん切り…カップ1／100g
- マッシュルーム…2オンス／60g、薄切りにする
- 豆乳…カップ1／250ml
- コショウ…ひとつまみ
- 軽く火を通した野菜…½ポンド／250g＊1
- パン粉…大さじ3／15g
- 新鮮なパセリのみじん切り…小さじ1

［作り方］

1. オーブンを350°F／175℃に予熱する。
2. 酒粕、米粉、大さじ3の植物油、そして小さじ1の塩を合わせてパラパラになるまでフードプロセッサーに掛けるか、手で混ぜ合わせる。（酒粕が手で搾ったもので、機械で搾ったものよりも水分含有量が多い場合には、パラパラではなくペースト状になるかもしれない。それでも大丈夫だ。）
3. 中くらいの大きさの鍋に、大さじ1の油を中火で熱する。タマネギを柔らかくなるまでソテーしてから、マッシュルームを加えてかき混ぜ、油をなじませる。
4. 弱火にして、酒粕を混ぜたものを加え、かき混ぜてなじませる。5分間炒める。
5. 水カップ½／125mlを少しずつ加える。沸騰したら、とろみがついてクリーミーになるまで煮込む。豆乳を混ぜ入れ、塩コショウで味を調える。
6. 野菜を耐熱容器に並べる。熱したクリーミーな酒粕ミックスを野菜の上に注ぐ。
7. パン粉と小さじ2の油、パセリを合わせて、表面に振りかける。
8. オーブンで10分から15分焼き、数分間冷ましてから召し上がれ。

＊1　カリフラワーの小房、日本カボチャなどのカボチャ類、カブ、ジャガイモなどを大き目に切り分け、食べられる程度の柔らかさになるまで蒸すか湯通しする

寺田聡美の

酒粕バーニャカウダ

直訳すると「熱い風呂」となるバーニャカウダは、典型的にはニンニクとアンチョビから作られる、イタリアのピエモンテ州の熱いディップソースだ。このおいしい聡美バージョンは動物性の食材を一切使わずに、アンチョビを酒粕とマッシュルームで置き換えてある。

RECIPE

［調理時間］

15分ほど

［器材］

- フードプロセッサー（オプション）

［材料］ カップ1／250ml分

- 酒粕…大さじ4½／70g、大さじ2½／40gと大さじ2／30gに分けておく
- ニンニク…6かけ、みじん切りにする
- 塩…小さじ2、分けて使う
- 植物油…大さじ3、分けて使う
- 舞茸などのきのこ…3.5オンス／100g、薄切りにする
- オリーブオイル…大さじ3

［作り方］

1. 小さな鍋に、大さじ2½／40gの酒粕、ニンニク、小さじ1の塩、そしてカップ½／125mlの水を合わせる。中火にかけてかき混ぜながら、とろみがつくまで5〜10分加熱する。木のヘラでこすったときに鍋底が見えるようになったら、火からおろす。
2. フライパンに大さじ2の植物油を熱し、残った大さじ2／30gの酒粕を中火で炒める。酒粕が少し色づき始めたら、きのこを加える。小さじ1の塩を加えて弱火にする。全体から香ばしい匂いがしてくるまで、弱火で炒める。
3. フードプロセッサーまたは泡だて器で、大さじ3のオリーブオイル、大さじ1の植物油、そして2種類の方法で調理した酒粕を混ぜ合わせる。ペースト状になるまで混ぜること。
4. このペーストをボウルに移し、季節の野菜のディップソースとして使う。

酒粕クラッカー

クラッカーは、おいしくて簡単な酒粕の活用法だ。

RECIPE

[調理時間]

30〜45分

[器材]

- のし棒
- クッキーシート

[材料] クラッカー約20個分

- 酒粕…カップ½／120g
- オリーブオイル
  …大さじ2〜3（他の油でもよい）
- 塩…小さじ½
- ニンニク、パセリ、キャラウェイ、クミンなどの風味付け…お好みで
- 炊いた米、オートミール、雑穀などの穀物
  …カップ½／85gほど（オプション）
- ゴマなどの小粒の種子
  …カップ½／70g（オプション）
- ザワークラウト、タマネギなどの野菜…カップ½／80g、みじん切りにする
- 全粒粉などの小麦粉
  …カップ1〜2／150〜300g

[作り方]

1 オーブンを350°F／175℃に予熱する。

2 酒粕を油、塩、その他の風味付け（使う場合）と混ぜる。もしあれば、残り物の炊いた穀物をカップ1/2ほど加え、お好みで種子も加える。ザワークラウト、タマネギなどの野菜を加える。混ぜたものが乾燥しすぎているように感じられたら、ザワークラウトのジュースまたは水を大さじ数杯加える。

3 生地がまとまって扱いやすくなるまで、小麦粉を少しずつ加える。

4 生地を2つの団子に分ける。

5 打ち粉をした作業台の上で、団子をそれぞれ薄く（¼インチ／7mm以下に）延ばす。

6 生地が無駄にならないように幾何学的形状に切り分け、スパチュラやナイフなどに乗せて油を塗ったクッキーシートの上に移す。

7 フォークを使って、クラッカーに小さな穴をあける。こうするとクッキーがカリッと焼ける。

8 15分から20分、クラッカーの水分が抜けて焦げない程度に色づくまでオーブンで焼く。

9 ラックに乗せて冷ます。

10 できたてもおいしいし、数日間は保存できる。

COLUMN

酒粕を使うためのアイディア

風味も、栄養価も、酵素も、微生物も豊富な酒粕は、キッチンで無限に活用できる。私が実際に使った、あるいは使われているのを見た例を、いくつか挙げておこう。

- 粕漬け（80ページの「粕漬け」を参照）の風味豊かな漬け床に。
- キムチに、スパイスミックスの材料として。
- パン、クッキー、ケーキ、パンケーキの材料として。酒粕は膨張力と風味を高めてくれる。
- 卵と混ぜてスクランブルエッグに。これはおいしい！
- マリネ液やドレッシングに。酒粕に含まれる酵素が、どんな食材の風味も引き出してくれる。
- 風味付け、甘味料、そしてスープやシチューのとろみ付けとして。

塩麹

おのみさと、彼女が私に振る舞ってくれたゆで卵や豆腐の塩麹漬け。

塩麹は、麹と塩と水を混ぜて発酵させたとろみのある液体で、マリネ液や調味料として使われる。日本以外でも『ノーマの発酵ガイド』や『Koji Alchemy』といった著作のおかげで、国際的に良く知られるようになってきた。私が塩麹に初めて触れたのは、日本でおのみさに会ったときだった。彼女は日本の塩麹愛好家で、塩麹やそれに関連するテーマで本を8冊も書いている！　私はキッチンに塩麹を常備するようになった。マリネ液に使うと最高で、時間とともに麹の酵素の変成作用の魔法が働き、主要栄養素がたくさんの小さくて風味豊かな分子に分解される。しかし塩麹は、炒め物やサラダドレッシング、ソース、スープなどの風味を高めてくれる調味料でもある。みさは、お手製のおいしいゆで卵や豆腐の塩麹漬けを通して、私を塩麹の道に引き入れてくれた。豆腐の塩麹漬けは、フェタチーズを思わせるものだった。

塩麹に取り組む人との出会いを重ねるにつれて、私は塩麹がいかに変化に富んだものであるのかを理解するようになった。培地の面でも――炭水化物を豊富に含んでさえいれば、どんな食材でも麹を作れる――食感や配合の面でも、実に多様だ。たいてい私は最初に塩麹を発酵させた後、ミキサーにかけて滑らかでとろみのある液体にする。また私はみさの使う半分の塩の量で塩麹を作っているし、さらにその半分の量で作っている人にも会ったことがある。塩の含有量が少ないため、最初に常温で発酵させた後は冷蔵庫で保存する。発酵食品がたいていそうであるように、塩麹の許容範囲も広い。私のこれまでの一番のお気に入りは、栗麹で作った塩麹だ。豊富に手に入る、あるいはあなたにとって意味のある、炭水化物を多く含む食材を使って実験してみてほしい。

次に示すのは、みさの塩麹とゆで卵や豆腐の塩麹漬けのレシピだ。それ以外の塩麹の使い方もいくつか紹介している。

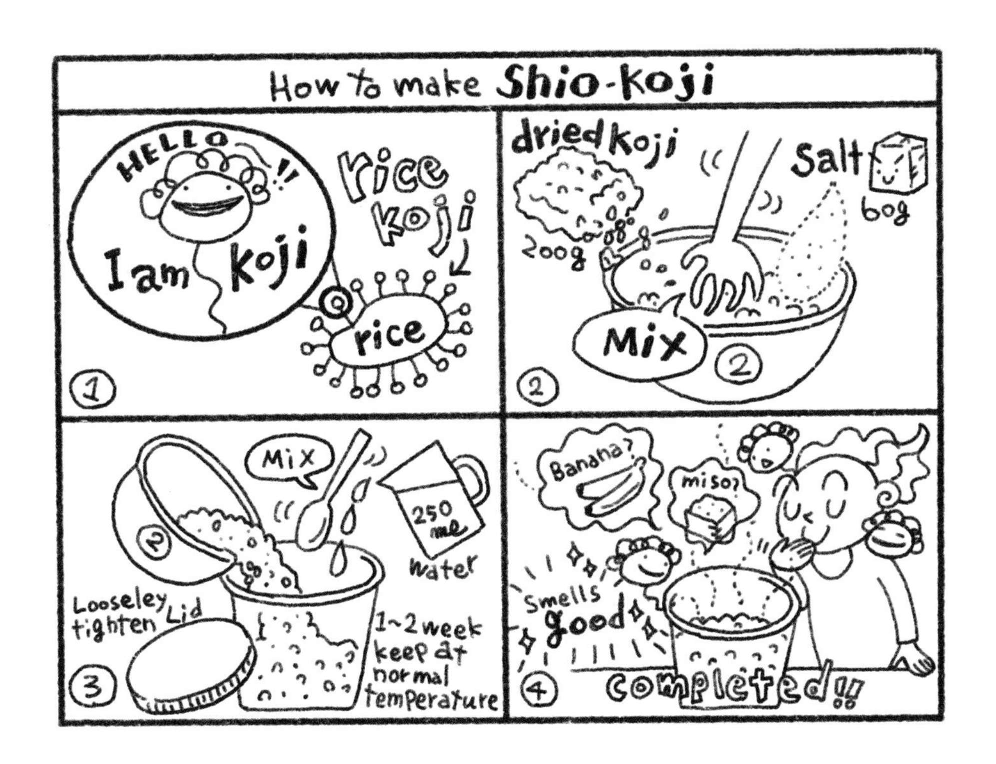

おのみさのイラストによる「塩麹の作り方」。

塩麹

［発酵期間］

1〜2週間

［容器］

- 容量1クォート／1リットルのジャーなどの容器、ふたのあるもの

［材料］ 塩麹カップ2／500ml分

- 麹…カップ1½／200g
- 塩…カップ¼／60g

［作り方］

1 麹にかたまりができていれば手でほぐし、ボウルに入れて塩と混ぜる。

2 塩を混ぜた麹をジャーなどの容器に入れる。カルキ抜きをした水カップ1／250mlを注いで浸す。軽く混ぜて、ゆるくふたをする。

3 1日1回混ぜながら、常温で1〜2週間発酵させる（夏は短めに、冬は長めに）。

4 いい匂いがしてきて米粒が柔らかくなってきたら、出来上がりだ。

5 常温で保存する。夏の暑い時期には、冷蔵庫に入れる。

6 分離するので、ときどき混ぜてやるとよい。

ゆで卵の塩麹漬け

ゆで卵の殻をむき、1個当たり大さじ1/2ほどの塩麹をまぶす。ジッパー付きの袋に入れて密封し、冷蔵庫に入れて1週間置く。

豆腐の塩麹漬け

豆腐1丁を半分に切り、重石を乗せて水切りをする。水を切った豆腐に大さじ2ほどの塩麹をまぶしてラップでくるむ。冷蔵庫に入れて1週間置く。

肉または魚を塩麹でマリネする

肉または魚の表面に塩麹を塗り広げ（肉または魚の重量の10パーセントほど）、ラップでくるむ。冷蔵庫に入れて1日から3日置く。焦げないように注意して、グリルまたはソテーする。

野菜の塩麹漬け

野菜を細かく刻み、塩麹（野菜の重量の10パーセントほど）と混ぜる。ジッパー付きの袋に入れて密封し、冷蔵庫で保存する。1週間たったら食べられる。もっと長く熟成させてもよい。

みりん

みりんは甘くシロップのような、米から作るアルコールで、私は料理に使うことが多い。麹と米を混ぜ、蒸留酒を加えて1年以上発酵させて作る。麹の酵素が米の炭水化物を糖に分解するにしたがって非常に甘くなるが、アルコール濃度の高い蒸留酒を加えることによって糖の発酵を止めている。私は炒め物を作るとき、最後にみりんと醤油を加えてふたをしてしばらく蒸らし、香りづけをする。また、ソースに軽く甘味をつけるためにも使う。私は1980年代末にマクロビオティックを学ぶ中でみりんについて知ってから、もう何十年も使っている。しかし私が日本に行って初めて、京都のキッチンみのりで（発酵食品を含む）伝統的な日本食を教えている山上公実から教わったことがある。それは、みりんの作り方が実に単純明快だということだ[*1]。

*1　訳註：日本では酒税法により、許可なくアルコール度数1%以上の飲料を作ることは原則として禁止されている。違反した場合、10年以下の懲役または100万円以下の罰金が科される可能性がある。

RECIPE

［発酵期間］

1年以上

［器材］

- ふきんを敷いた蒸し器
- 容量2クォート／2リットルの広口の容器
- 保存用のふたの付いたボトル

［材料］1½クォート／1½リットル分

- 生のもち米…1ポンド／500g
- 米麹…1ポンド／500g
- 焼酎など、100プルーフ［50度］以下のくせのないグレインアルコール…1クォート／1リットル

［作り方］

1. 米を洗い、体積比で倍量の水に一晩浸しておく。
2. 米を水から上げて、よく水を切る。
3. 米が柔らかくなり粘り気が出るまで、30分ほど蒸す。布を敷いた蒸し器を使い、米が水に浸らないようにして蒸気を通すこと。
4. 触れるようになるまで蒸米を冷やす。
5. 麹を加え、よく混ぜる。
6. この蒸米と麹を混ぜたものを発酵容器に移す。
7. 上から焼酎を注ぐ。
8. 上から押さえて固形物が液体に完全に浸るようにする。
9. 虫やほこりが入らないように、ふたをする。
10. 数週間ごとにかき混ぜる。
11. 1年、あるいはもっと長く発酵させる。でき上がったときには非常に甘く、シロップ状になっているはずだ。

12 細かい網目の袋を通して液体を濾し、計量カップまたはボウルに入れる。固形物の入った袋を押して、液体をできるだけ多く搾り出す。（固形物は酒粕と同じように使える。151ページの「酒粕」を参照。）

13 みりんを濾した後、数時間静かに置いておくと、白濁していたデンプンが底に沈殿する。このデンプンを容器に残しながら、透明なみりんを静かにボトルへ注ぎ出す。

14 みりんは常温保存が可能なので、冷蔵の必要はない。

野菜のガルム

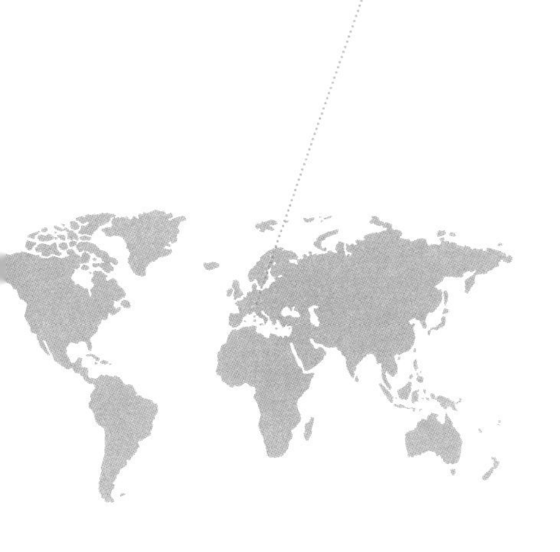

ガルムとは、発酵させた魚のソースを指す古代ローマの呼び名だ。主に動物性タンパク質を麹で発酵させた調味料（163ページの「実験的な動物性ガルム」を参照）のことを、世界中の多くのシェフがこの名前で呼んでいる。野菜のガルムも同様のものだが、植物性の培地を利用する点が違う。発酵によって、黒っぽい色の濃厚で塩辛くうま味のある、しょうゆを思わせる液体が得られるが、通常は野菜くずなど、しょうゆとは異なる植物性の材料から作られる。キッチンから出たさまざまな食品廃棄物（コーヒーの出し殻など）の寄せ集めから作ることもできるし、1種類か2種類の野菜くずが大量にあればそれを使って作ることもできる。例えば、セロリの切れ端、タマネギの切れ端、ジャガイモの皮、リンゴの芯、トマトの皮や種などだ。

私に野菜のガルムを教えてくれたのは、スイスのPatrick Marxerだ。チューリッヒに住むPatrickは、かつては研究所の技師で、魚や肉を燻製したり塩漬けしたりすることに興味を持ち、そのビジネスを立ち上げて成功した。気候変動活動家の娘に影響されて、肉や魚に大きく依存している現状を変えなければ私たちの社会は存続できないと信じるようになった。そのため彼は、自分が製造販売している肉や魚を徐々に置き換えることを目指して、新たな植物由来の製品を開発することに長年にわたって取り組んでいる。そういった植物由来の製品のひとつが、野菜のガルムだ。チューリッヒのレストランや食品製造業者から出た野菜くずから、その店独特の調味料をPatrickが作り出してくれる。バーゼルでのワークショップの席で、Patrickは親切にも彼のプロセスの詳細を私に教えてくれた。

麹は、どんなものから作ってもよい。私たちに見せるために、Patrickはソラマメとソバから美しい麹を作ってくれていた。彼はまず、野菜くずを手回し式の肉挽き機にかけた。3ポンド／1.5kgの野菜くずに2ポンド／1kgの麹というのが、通常Patrickが使う比率だ。それから彼は同じ重量の水（2½クォート／2½リットル）を注いで浸し、水を含めた全体の重量の4パーセントの塩を加える（7オンス／200g）。麹の一部を味噌で置き換えることもできるが、味噌自体がかなり塩辛いため、塩の量を減らす必要があるとPatrickは言っていた。

私にとってPatrickのレシピどおりにすることが難しかったのは、1か月間140°F／60℃で培養するという指示だった。私の家には送電線が来ていないためだ。この温度には、麹に含まれる多くの酵素の適温を保つことに

Patrick Marxerが肉挽き機を使ってさまざまな野菜くずを挽いているところ。

より、プロセスを加速するという意味がある。伝統的なしょうゆや魚醤の発酵ははるかに長い時間をかけて、もっと低い温度で行われる。低温での発酵ではバクテリアが繁殖する可能性があり、それを私は前向きにとらえているが、Patrickにとっては不安材料だ。温度の低さを補うため、塩の量を50パーセント増やし、全体の4パーセントから6パーセントにする。また低い温度では、表面にカビが大量に発生するおそれがある。これを防止する最善策は毎日かき混ぜるか、酸素を通さない容器を使うことだ。

水以外の野菜くずのガルムの材料。野菜くず（彼はコーヒーの出し殻も使っている）、麹、そして塩。

材料に水を加えたところ。これを発酵させると野菜くずのガルムができる。

COLUMN

実験的な動物のガルム

ガルムという言葉が魚以外の動物から作られた発酵ソースを指して使われるのを初めて見たのは、コペンハーゲンにあるノーマのキッチンと、その半ば独立した研究開発部門であるNordic Food Lab（レストランの外に係留されたボートハウスの中にあった）に招かれたときだった。そのラボでは、最終的にはノーマのメニューに載るような料理の創作を目指した実験が行われていたが、レストランの日常業務とは別個に機能していた。

ボートの中で、研究主任シェフのBen Readeが実験的な発酵プロジェクトをいくつか見せてくれた。その中に、さまざまな動物——キジ、ウサギ、そしてバッタなど——を原料とし、麹の酵素のパワーで強化された、数種類のガルムがあった。どのガルムも、独特の野性味のあるものだった。数年後、『ノーマの発酵ガイド』の中で、René RedzepiとDavid Zilberはレストランのメニューにおけるガルムの位置づけについて次のように語っている。「ガルムは主役級の食材ではないが、表には出なくても料理に得もいわれぬ魅力を加え、自然の風味を強調し、活気づける働きをする。……言ってみればガルムのおかげで私たちは、ノーマにおける動物性食品と植物性食品との役割を反転させ、肉を風味づけに、野菜を主役に据えることができるようになった。」[原注2]

それから数年がたち、西オーストラリア州のマーガレット・リバーでの授業で、共同司会者を務めていたPaul Iskovシェフ（かつてノーマのシェフを務めていた）が、ワニやエミュー、ウナギそしてエイといったオーストラリアのさまざまな海と陸の生き物を発酵させて作ったガルムをいくつか振る舞ってくれた。それらはすべて、とてつもなくおいしく、塩辛いうま味が濃厚に感じられる一方で、それぞれに独特の非常に際立った特徴があった。

肉や魚を原料とするガルムについて、『ノーマの発酵ガイド』では1kgの肉に対して225gの麹（22.5パーセント）と800mlの水を使っている。この総重量は2kgをわずかに超えることになり、そこに彼らは塩を240g（12パーセント）加えている。この比率は、140°F／60°Cという高温で発酵させることを前提としたものだ。室温でガルムを作る場合には塩の割合を18パーセントに増やし、少なくとも8～9か月発酵させること、と彼らは追記している。

Rich ShihとJeremy Umanskyは著書『Koji Alchemy』の中で、**アミノソース**と**アミノペースト**という一般名を使って、この無限とも思える培地と成果物の可能性について説明している。「こういった、より一般化されたスタイルは、とてつもなく驚異的で魅惑的なバリエーションへと変形することが可能です」と彼らは書いている。「可能性を制約するのは、あなたのイマジネーションだけなのです。」

オーストラリアのさまざまな動物や魚を発酵させて作ったPaul Iskovのガルム。

味噌の文化と実験

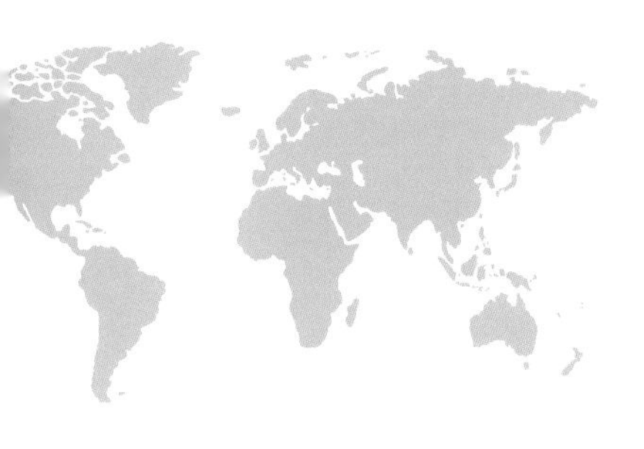

味噌（大豆を麹と塩とともに発酵させてペースト状にした日本の発酵食品）の作り方を書籍（William ShurtleffとAkiko Aoyagiの『The Book of Miso』）から学び、日本に行ったり日本の人が味噌を作るのを見たりせずに数十年間味噌を作り続けてきた私は、謙虚な気持ちで味噌作りのニュアンスを日本の人たちから学んでいる。

例えば、多くの味噌の作り手は私よりもずっと水分量の少ない味噌を作ること、そしてその水分量の少ない固形の味噌を丸めて味噌玉を作ることを私は学んだ。そのようなやり方をしていたのは、オーストラリアのワークショップで出会った杉原大だった。彼は子どものときに、家族で日本からオーストラリアへ移り住んだ。彼にとってあらゆる日本の発酵食品はなじみ深いものだったが、ザワークラウトの作り方を学んでから日本の発酵の研究に興味を持つようになり、日本に滞在して麹や味噌の作り方を学んできた。彼は現在、西オーストラリア州のフリーマントルにある自宅で、小規模な味噌作りのワークショップを開いている。

大はまず、古い手回し式の肉挽き機で味噌の材料を挽き混ぜる。次にその材料で作った味噌玉を、発酵容器に詰め込むのだ。「味噌玉を作る理由は2つあります」と大は説明してくれた。「まず、発酵容器に詰め込む前に材料から空気を搾り出すため。もうひとつは、味噌の原料の粘り気をチェッ

西オーストラリア州マーガレット・リバーでのワークショップで、味噌作りについて話す杉原大。

クするためです。もし味噌玉が簡単に崩れてしまうようならば、もっと水分を加える必要があることを示しています。」大は、味噌の原料の感触は「耳たぶと同じくらいの柔らかさ」にすべきだと教わったそうだ。

カナダでは、主に日系カナダ人の若者に日本文化を伝える目的で味噌などの伝統食品について教えている、もう一人の日本からの移住者に会った。Shiori Kajiwaraは10年前に家族とともに福岡県からカナダにやってきて、今はトロントに住んでいる。彼女は「日本文化を取り入れること、そしてこの重要で美しい知識を正しく次の世代へ伝えて行くことに取り組んでいます」と語っている。

味噌は文化的ルーツへ至る道であり、またイノベーションや実験へと至る道でもある。私は2度目に味噌を作ったときから、異なる豆や異なる麹の培地を使った実験をしている。しかし『発酵の技法』が出版されるまで、豆以外のタンパク質で作られた味噌を見たことはなかった。当時Dan Felderによって運営されていたMomofukuレストランのテストキッチンで、私は初めてナッツ味噌を見た。ニューヨーク・タイムズの文化ライター、Jeff GordinierがMomofukuでのランチの席で私にインタビューし、そこで提供された数多くの発酵食品について私たちは話した。その後、私たちは裏手にあるテストキッチンを訪れたが、それも彼が手配してくれたものだった。Gordinierはニューヨーク・タイムズの記事に次のように書いている。「Momofukuのテストキッチンで、まばゆいばかりに狂乱した発酵の未来をFelder氏はKatz氏に垣間見せてくれた。いくつもの種類のしょうゆが入った三角フラスコ、イチゴやチェリーなどの材料から作られた酢の入ったジャー、盛り上げられたペーストは味噌のニューウェーブたちだ。試験管に入った爆発的な風味のたまり醤油は、たった一滴で牡蠣のあしらいとなる。」[原注3]

松の実やピスタチオの味噌は、文字通り私の世界を揺るがした。豆以外のもので味噌が作れるとは、思いもしなかったからだ。彼らが麹を使ってラルドや肉を熟成させる方法に、私は興奮しわくわくした。そのようなアイディアは次第に広まってきてはいるが、当時の私にとっては初めて耳にするものだった。「Katz氏は、ラルドなどすべてのものに、キムチ工場に来た子どものように反応していた。バスマティ麹のジャーのふたが開けられて、彼の鼻腔がその芳香に浸ったときなどは、つかの間瞑想に入っていたほどだ。『おお、神よ、なんとすばらしいアロマでしょうか』と彼は言った。『ゴージャスなカビです。私は麹と恋に落ちてしまったようです。』」[原注4] それ以来、ベーコンやチーズ、パンなどの風変りな培地で豆を使わない味噌作りの実験をする人が増えるにつれて、さらに限界に挑もうとする人たちも現れている。

味噌玉のピラミッド。

Momofukuのテストキッチンでの実験的な味噌。リョクトウ、ゴマ、レンズマメ、松の実、そしてピスタチオ。

タペ

バリ島の祭壇。

麹に類似する菌類のスターターは、アジア各地で利用されている。**タペ**（Tapè）は米またはキャッサバを発酵させて作るインドネシアのデザートで、**ラギ・タペ**（ragi tapè）（菌類のスターターを指すインドネシアの言葉）を使って作られる。私のタペとの出会いは、2012年に教えたバリ島でのことだった。バリ島は美しく親しみやすい土地で、幸運なことに私は寺院の祭礼のシーズンに行き合わせたため、いたるところに――通りにも、家々や商店の門前にもその中にも――カラフルな祭壇が飾り付けられていた。

タペは、米やキャッサバから（あるいは、おそらくそれ以外の炭水化物豊富な培地でも）作ることができる。いずれにせよ、菌類のスターターが必要だ。**ラギ**（ragi）はインターネットで、通常はインドネシアかマレーシア産のものが手に入る。また、アジア食材市場やインターネットで手に入りやすい中国の餅麹や、麹で代用することもできる。

タペの材料のキャッサバと米に粉末状のラギを振りかけているところ。

RECIPE

[発酵期間]

2〜4日

[器材]

- 蒸し器
- バナナの葉、ポリ袋、あるいは容量1クォート／1リットルほどのかめまたはジャー

[材料] 1ポンド／500g分

- もち米またはキャッサバの根茎…1ポンド／500g
- ラギまたは中国の餅麹…小1個

[作り方]

1. もち米を使う場合には、洗って12時間ほど水に浸しておく。よく水を切ってから、柔らかくなるまで30分ほど蒸す。布を敷いた蒸し器を使い、米が水に浸らないようにして蒸気を通すこと。
2. キャッサバを使う場合、皮をむいて食べやすい大きさに切り、柔らかくなるまで20分ほど蒸す。
3. もち米またはキャッサバが触れる程度の温度になるまで冷ます。
4. ラギまたは餅麹を粉末状になるまで砕き、蒸した培地に混ぜ入れる。
5. インドネシアでのやり方にならうならタペをバナナの葉で包む。可能ならばそうしてほしい。あるいは、暖かいもち米またはキャッサバをジャー、かめ、あるいはポリ袋にゆるく詰める。
6. 容器にゆるくふたをして、暖かい場所で2日から4日、容器の中に液体がたまって甘い匂いがしてくるまで発酵させる。
7. 召し上がれ！ 甘味のある固形の部分がタペだ。液体は**brem**と呼ばれ、このように短期間発酵させたものは甘く、わずかにアルコールを含んでいる。

豆板醤

私が中国で初めて知り、そして私のキッチンで頻繁に使っている発酵食品のひとつが、ソラマメと唐辛子を発酵させて作る四川の調味料、豆板醤だ。豆板醤は、それを使ったどんな料理にも鮮やかな赤い色と素朴でスパイシーな力強い風味を添える。私は炒め物に使うことが多い。熱した油でまず豆板醤を炒め、そしてタマネギとニンニクを加えるのだ。

私たちが訪問した、成都から車で1時間の郫県にある工場では、信じられないほど大規模な豆板醤の製造が行われていた。主となる発酵スペースは見たこともないほど大きな温室になっていて、ずらりと並ぶ巨大な作り付けの槽の中で豆板醤は発酵されていた。それぞれの槽には10,000kg（約11トン）の豆板醤が入っていて、巨大なオーガーを使って毎日かき混ぜられる。別の建物の屋上に据え付けられた100リットル入りの陶器の槽では、発酵中の高品質な「手作り」豆板醤が、手作業でかき混ぜられていた。（この工場のビデオはPeople's Republic of Fermentationのエピソード3で見られる。）

豆板醤づくりのプロセスは、4つの段階に分かれる。⑴ ソラマメにカビを育て、⑵ 菌糸に覆われたソラマメを塩水に漬け、⑶ 塩を振った唐辛子を発酵させ、そして ⑷ すべてをまとめて発酵させる。最後の段階では、できるだけ頻繁に直射日光に当てて、蒸発を促進し風味を濃縮する。発酵期間は、1年から数年にまで及ぶ。郫県では、7年ものの豆板醤を味見させてもらった。熟成された豆板醤は、より土の香りが強く深い味がしたが、若い豆板醤は、より赤色が鮮やかで唐辛子の辛味が強かった。私の自家製バージョンでは、最も長いもので2年ほど熟成させている。

以下のレシピの分量では、1クォート／1リットルほどの豆板醤ができるはずだ。

数年間熟成された豆板醤（上）と1年もの（下）。

私たちが訪れた豆板醤工場の規模は、壮大なものだった。広大な温室の中に巨大なバットが配置され、工業用のオーガーで1日1回かき混ぜられていた。

豆板醤賛歌。これらのフィギュアは、豆板醤の生産地である郫県のレストランで私たちのテーブルを飾っていたものだ。

豆板醤の作り方、その1：

ソラマメと小麦にカビを育てる

麹の菌糸に覆われたソラマメ。

豆板醤作りの第1段階は、カビを育てることだ。豆板醤工場では、私たちをとても歓迎して製造工程も親切に見せてくれたが、実際に豆にカビを育てているところだけは見せてもらえなかった。彼らがカビを育てている部屋に私たちを立ち入らせなかった理由は、豆板醤づくりのカギを握るカビの培養スペースに雑多な外来の微生物が持ち込まれる可能性を最小限にしたかったためだろう。私たちは、その部屋が長年そのためだけに使われていること、大規模な工場生産にはスターターが使われていること、しかし小規模な手作り品質の製造には使われないことを教えてもらった。私のバージョンでは、種麹をスターターに使っている。種麹の種類が選べる場合には、大豆用のものを選んでほしい。麹の作り方については144ページの「麹の作り方」で説明しているし、私の著書『発酵の技法』ではさらに詳しく解説している。麹を作るには、おおよそ80〜90°F／27〜32℃の温かさを維持できるスペースが必要だ。

ソラマメは皮が非常に硬く、そのままでは麹の菌糸が入り込めない。そのため、ソラマメを軽くゆでてからひとつひとつ皮をむく——実行可能だが時間がかかる——か、あらかじめ皮をむいてあるソラマメを購入する必要がある。

［発酵期間］

豆を浸しておく時間を含めて３日

［器材］

- 重量のあるスキレット
- 80～90°F／27～32℃の温度を維持できる培養器。139ページのこの章のイントロダクションで説明したアイディアを参考にしてほしい。
- 木製のトレイ、またはホテルパンなどの深さのあるパン。折り返してソラマメの上を十分に覆えるほどの大きさの、清潔で糸くずの出ない綿布を敷く。

［材料］

豆板醤1クォート／1リットル分

- ソラマメ…1ポンド／500g
- 全粒粉…カップ¾／100g
- 種麹…小さじ¼、あるいは種麹の製造業者に指示された量

［作り方］

1. ソラマメを冷水に少なくとも８時間浸す。
2. 重いスキレットに油をひかずに全粒粉を入れて中火にかけ、焦げないように常にかき混ぜながら、全粒粉が温まってよい香りがしてくるまで10分ほど炒る。
3. 水に浸しておいたソラマメを、熱湯で２分ほど湯通しする。
4. ソラマメをざるにあげて水気を切る。（皮付きのソラマメを使う場合には、ここで皮をむく。）
5. ソラマメに炒った小麦粉を混ぜる。
6. 小麦粉をまぶしたソラマメが体温まで冷めたら、種麹を加えてよく混ぜ、まんべんなくまぶす。
7. トレイに布を敷き、種麹を接種したソラマメを中央に山盛りにする。布で覆い、暖かく（80～90°F／27～32℃）湿り気のあるスペースに置く。約12時間おきにソラマメをかき混ぜ、発熱し始めたらソラマメを平らにならして２インチ／5cm以下の層にする。ソラマメがチョークのような白い菌糸に覆われるか黄色い斑点が見え始めるまで、48時間ほど培養する。

豆板醤の作り方、その2:

菌糸に覆われたソラマメを塩水に漬ける

ソラマメが菌糸に覆われたら、塩水に漬けて数か月間発酵させる。

菌糸に覆われたソラマメを塩水に漬けて発酵させているところ。

RECIPE

[発酵期間]

3か月ほど

[器材]

- 容量2クォート/2リットル以上の大きなジャーまたは小さなかめ
- 容器の中に入る軽めの重石

[材料]

豆板醤1クォート/1リットル分

- 海塩…大さじ6/100g
- 菌糸に覆われたソラマメ(170ページの「豆板醤の作り方、その1:ソラマメと小麦にカビを育てる」)

[作り方]

1. 1クォート/1リットルのカルキ抜きした水に塩を溶かして塩水を作る。
2. 菌糸に覆われたソラマメを容器に入れる。
3. ソラマメの上から塩水を注いで浸す。
4. ソラマメの上に軽めの重石を載せて、ソラマメを塩水の中に沈ませる。
5. 容器にゆるくふたをして(二酸化炭素を逃すため)常温で3か月ほど、ときどきやさしくかき混ぜながら発酵させる。

豆板醤の作り方、その3：

唐辛子を発酵させる

この3か月ほどかかるプロセスは、「豆板醤の作り方、その2」で説明したソラマメの発酵と並行して行う。3か月たった後、ソラマメと唐辛子を混ぜ合わせて、さらに発酵させる。伝統的には、この段階では唐辛子と塩だけを使う。私は自分で作るものにはニンニクを加えている。そうすると豆板醤がさらにおいしくなるように感じるからだ。

豆板醤に使うため、塩をした唐辛子を発酵させているところ。

RECIPE

[発酵期間]

3か月ほど

[器材]

- フードプロセッサー（オプション）
- 容量1クォート／1リットルのジャーまたはかめ（もう少し小さくてもよい）
- 容器の中に入る軽めの重石

[材料]

豆板醤1クォート／1リットル分

- 赤唐辛子（品種は問わない）…1ポンド／500g
- ニンニク…¼ポンド／125g（オプション）
- 塩…大さじ山盛り1／18g（重量比で他の材料の3パーセントほど）

[作り方]

1. ニンニク（使う場合）と唐辛子を種ごとフードプロセッサーでピュレするか、手で荒く刻む。
2. 塩を加えて混ぜ、まんべんなく行き渡らせる。
3. ジャーまたはかめに詰めて重石を乗せ、塩によって引き出されたジュースの中に唐辛子を沈ませる。
4. ゆるくふたをして、そのまま3か月ほど発酵させる。

発酵させたソラマメと発酵させた唐辛子を合わせて豆板醤を作る。私たちが訪れた工場では、2つの川の合流地点のような光景が見られた。

豆板醤の作り方、その4：

全体を合わせて発酵させる

ソラマメと唐辛子をそれぞれ3か月ほど発酵させた後、最後に全体を合わせて引き続き発酵させる。このプロセスの最も珍しい点は、できるだけ日に当てて頻繁にかき混ぜるということだ。

RECIPE

[発酵期間]

少なくとも9か月、数年間まで

[器材]

- 容量2クォート／2リットル以上の広口のかめまたはジャー、豆板醤をかき混ぜられる大きさのあるもの
- 容器の中に入る軽めの重石

[材料]

豆板醤1クォート／1リットル分

- 発酵ソラマメ…「豆板醤の作り方、その2」で作ったもの
- 発酵唐辛子…「豆板醤の作り方、その3」で作ったもの

[作り方]

1. 発酵ソラマメと発酵唐辛子を合わせて、よくかき混ぜる。
2. 混ぜたものを広口のかめまたはジャーに入れ、重石を乗せ、ゆるくふたをして発酵させる。
3. できるだけ頻繁に表面を直射日光に当て、その後よくかき混ぜること。これには水分を減らす意味があり、特に発酵の初期段階には頻繁に行うことが最も重要だ。発酵が進んだ後も、できるだけ日光に当てること。
4. 定期的に味見をして風味の変化を確かめながら、9か月から数年間発酵させる。

ファフと数多くの麹の仲間たち

麹は最も広く知られた例ではあるが、発酵プロセスの一部として穀物や豆類にカビを育てることはアジア各地で行われている。どの地域にも、独特のバリエーションが存在する。実験室で継代純粋培養された *Aspergillus oryzae* やその関連株を使って作られることの多い麹とは対照的に、発酵に用いられるその他のカビはほとんどが混合培養であり、カビの胞子の供給源として胞子に富む特定の専用スペースや容器を繰り返し使ったり、植物材料を使ったり、バックスロッピング（前の世代の発酵食品の一部を加えること）などの伝統的な手法によって作られる。その多くには糸状菌のほかに酵母が含まれるため、カビの酵素による炭水化物の分解以外に、アルコール発酵を主導する酵母やバクテリアも必然的にスターターには含まれることになる。

このようなカビの育った穀物スターターの例は、広大なアジア大陸の各地に見られる。私が旅先で、あるいはアメリカのアジア食材市場で出会ったそのようなスターターは、大量生産されたものが大部分だった。しかし、さまざまなこだわりを持つ記録者の仕事のおかげで、そういったスターターを作成する伝統的なテクニックは実に多岐にわたることが知られている。そのため、私がこれまで訪れた最も辺境の地で自家製のカビのスターターを見つけたときも、非常に興奮したが驚きはしなかった。インド北部のウッタラカンド州のトンズ・バレーにある、カラップという村でのことだ。

私たちのカラップへの旅を手配して付き添ってくれたAnand Sankar。

種子保存活動をしているVandana Shivaの教育農園Navdanyaで教えた後、私たちはデラドゥーンを出発し、北へ向かって丸一日、時には肝を冷やす思いをしながら曲がりくねった山道に車を走らせた。小さなホテル（客は私たちだけだった）で一夜を過ごした後、私たちはネットワーという町にある登山口に車を置いて、カラップへの11kmの山道に分け入った。私は旧友のMargot Cohenと共に旅をしていた。彼女はインド南部のバンガロールで働いていたが、私の北部への旅に付き添ってくれたのだ。私は山道をトレッキングしたかった。彼女は大自然の中で文化的体験をすることに興味があった。私たちはそれぞれ別個に、カラップへ旅人を連れて行くトレッキング小旅行を企画しているAnand Sankarを探し当てた。私たちは、カラップを訪れる最初の外国人だった。

ネットワーの街を出て、山道を登って行く。

11キロメートルの山歩きは、とても厳しいものだった。車で玄関先に乗

カラップへと至る山道。

山道からの素晴らしい眺め。

りつけられることが（あるいはバスに乗れることさえ）当たり前だと思っている人間にとっては、ここでの生活は想像を絶するものだ。ロマンチックな描写をするつもりはない。山道で私たちは、とても重い病気にかかった子どもを病院に連れて行くために歩いている家族とすれ違った。村人たちは、ほとんど自給自足の生活をしている。それ以外のものを手に入れるには、11kmの道のりを歩いて往復しなければならないからだ。

当然、そのような生活をしているおかげで、そこに住む人たちの健康状態はたいてい良好だ。Anandは私たちの荷物を運ぶために数人の地元の若者を雇ってくれたが、私たちが頻繁に休息を取りながらなんとか歩を運んでいるのに比べて、彼らが私たちの荷物やその他の生活用品を運んでいるというのに山道をまったく苦にしていない様子を見るのは、忸怩たるものがあった。しかし高度が上がるにつれて、眼前に広がる息をのむようなパノラマの眺望が歩き続ける意欲を大いに高めてくれた。

この村にはAnandの友人で、英語を話すRajmohanという人がいて、私たちに宿を提供し、ガイドと現地のビハール語の通訳を務めてくれた。カ

RajmohanとAnand、Rajmohan宅にて。

カラップ村の光景。

ラップの多くの家と同様にRajmohanの家も斜面に立っていて、2階建ての母屋の下の半地下階では家畜が飼われていた。政府がカラップに電気を引いたときに設置された送電線と電球もあったが、その後すぐ変圧器が故障してしまい、それから数年たっても修理されていないため、照明器具は電気の来ていた短い時期を思い起こさせるだけの無用の長物となっていた。

Rajmohanの妻のGudduが、換気が悪く水道も引かれていない屋内の調理スペースで火をおこし、私たちの食事を作ってくれた。どの家にもトイレはなかった。彼らは私たちやAnandが定期的に連れてくるビジターのために仮設の屋外トイレを作ってくれていたが、カラップの村人が用を足すときには周囲の森に入っていくのだった。

周囲には小さな段々畑がたくさんあり、穀物や豆、そして野菜を育てていた。私たちが滞在していた秋の初めには、牛やヤギの冬の飼料にするために多くの家で牧草をポーチに広げて干し草を作っていた。ほとんどの家には離れがあり、大部分は（母屋とは違って）南京錠が掛かっていて、食品貯蔵庫として使われていた。どうしてなのか聞いてみたところ、この貯蔵食品は村人にとって最も貴重な財産だから、というのが答えだった。またこうしておけば、もし家が焼けてしまっても、少なくとも家族が飢え死にしないだけの食料は残ることになる。この村には粉ひき機が備え付けられた水車小屋があり、誰でも使えるように解放されていた。誰が作ったのか、管理しているのかは知らないが、それを使った人は対価として製粉した穀物の一部を置いていくことになっていた。

私たちはダヒ（dahi）という、脱脂乳から作るインドのヨーグルトに似た発酵乳を振る舞われた。ミルクの上に浮かぶクリームは、必ずすくい取ってバターにする。私たちが見たバターづくりの作業には、賢い足踏み式のかく乳器が使われていた。私たちがここで初めて食べたもののひとつに、おいしく食欲をそそる自家製の調味料があった。それはchoraというセリ科の植物の根を乾かして粉に挽いて作ったもので、新鮮なキュウリに振りかけられていた。この村でアルコールを作っている人はいるかと聞いてみたところ、次の日に私たちはさらに数キロメートル山道を登って村はずれまで行くことになった。そこは夏の間、一部の村人が家畜を放牧している場所だった。そこで私たちは現地の醸造家Lalbahadourに会ったのだ。

Lalbahadourはとても気さくな人で、私の質問に（Rajmohanの通訳を介して）喜んで答えてくれた。彼が作る飲みものは、アマランサスと雑穀（どちらも村で栽培されている）にジャガリー（未精製のサトウキビ汁を乾燥させたインドの砂糖）を加えたものを原料としている。彼が最近作ったバッチは発酵が始まったばかりで、年季の入ったポリタンクに入って毛布を巻かれ、ベッドに置かれていた。寒い日には、発酵食品の温度を保つために一緒に寝るのだと彼は教えてくれた。発酵が終わると、自家製のスチルで蒸留する。Lalbahadour

カラップの醸造家Lalbahadour。隣にあるのは発酵中のアルコールの入ったポリタンクで、毛布に巻かれてベッドに置かれている。

Lalbahadourが手にしている自作のファフは、彼が醸造するアルコールのスターターとして使われる。

が作る飲みものは、特に名前はなく「田舎のアルコール」と呼ばれているとRajmohanは言っていたが、私に試し飲みさせる分も残っていなかったので、だいぶ人気があるようだった。

しかし彼は、私にとってはアルコールよりもよっぽど興味のあるものを持っていた。それは酒造りのために彼が自分で作ったスターターだった。私が書き留めたファフ（faf）という言葉は、そのスターターを説明するのに使われた音声を私が聞き取って翻字したものだ。Jyoti Prakash Tamangの『Himalayan Fermented Foods』という本ではphabに言及しているが、タミールナドゥ州にあるバーラットヒダサン大学のS. Sekar博士はオンラインで公開している「Database on Microbial Traditional Knowledge of India」の中でphamという単語を使っている。先住民による発酵の慣習の世界では、標準化されたものは何もない。Lalbahadourはアマランサスから作ると言っていたが、よく見ると穀物の混じったアマランサスのケーキ以外にも、表面に見える茎など別の植物材料が使われていることは明らかだった。Tamang博士とSekar博士が両者とも記録しているように、さまざまな伝統を持つ人々が、幅広い植物材料と穀物を組み合わせて、アジア各地の穀物を原料とする飲みものの混合培養スターターを作り上げているのだ。

ファフ（faf）スターターのクローズアップ。表面に見える植物の茎などに注目。

残念なことに時間が足りなかったため、Lalbahadourのファフの作り方を実際に見学できるほどカラップに長く滞在することはできなかった。この魅力的な民族植物学の世界を探求してきた研究者に、私は深く感謝する。私が利用した情報源の一部は、下記コラム「伝統的な混合培養菌類スターターの参考文献」に掲載されている。このような先住民の伝統の多くは、まだ文書化されていない。

COLUMN

伝統的な混合培養菌類スターターの参考文献

H. T. Huang著『Science and Civilisation in China, Volume 6, Biology and Biological Technology, Part V: Fermentations and Food Science』

この本では、菌類スターターを育てる古代の手法の詳細な説明を含め、中国における発酵の歴史の総合的な歴史的概観が提供されている。

Xu Gan RongとBao Tong Faによる「Grandiose Survey of Chinese Alcoholic Drinks and Beverages」http://www.spiritsoftheharvest.com/2014/03/grandiose-survey-of-chinese-alcoholic.htmlからオンライン閲覧可能。

2人の中国人学者によって作成されたこの文書には、さまざまな中国の発酵飲料とその作り方に関する情報が数多く掲載されている。「Jiuqu-making Technology」と題するセクション2.3には、菌類スターターを作るための詳細なフローチャートが掲載されている。

S. Sekar博士による「Database on Microbial Traditional Knowledge of India」はwww.bdu.ac.in/schools/biotechnology-and-genetic-engineering/biotechnology/sekardb.htmからオンラインで閲覧可能。

インド人学者によって作成されたこの文書は、インドの発酵食品を広範囲に調査したものだ。ダウンロード可能なサブセクション「Prepared Starter for fermented country beverage production」には、さまざまな地域における菌類スターターの詳細な説明が掲載されている。

Jyoti Prakash Tamang著『Himalayan Fermented Foods: Microbiology, Nutrition, and Ethnic Values』

ヒマラヤの発酵食品を調査したもので、菌類スターターのセクションが含まれる。

ブリブリ・チチャ

あまり知られていないことだが、アジア以外にも穀物にカビを育てる伝統は存在している。環境活動家、園芸家、種子保存家、そして有機農業教育者のFabian Pachecoの招きでコスタリカを訪れた際に、私はそのような伝統のひとつに遭遇した。Fabianは私のヒマラヤのファフを見て、彼が研究していた先住民のブリブリ族のコミュニティーでも同様なカビのかたまりが作られていると教えてくれたのだ。それはオコ（oko）と呼ばれ、トウモロコシを原料とし、彼らの伝統的なチチャ（116ページの「チチャ」参照）のスターターとして使われている。スペイン語では、オコはmohosoとして知られており、直訳すると「カビが生えた」という意味だ。

Fabianは私をカリブ海沿岸への長旅に連れ出して、彼のブリブリ族の友人が運営する多角的有機農場・教育センター、Finca Lorocoを訪問できる

発酵を待つ、葉にくるまれて蒸されたブリブリ・チチャの材料。後ろに見えるbijawaの葉と、ボウルに入った生のトウモロコシの生地から作られる。

トウモロコシの生地をbijawaの葉で包むMauricia Vargas。

トウモロコシを葉で包んだものを鍋に入れ、裸火にかけて煮る。

よう取り計らってくれた。私たちがオコ作りを手伝っている間に、数種類のチチャが振る舞われた。私たちが飲んだおいしい（そして強い）チチャは、モルト処理もカビを育てることもせず、単にトウモロコシを粉に挽いてから煮てペースト状にして、砂糖と水を混ぜて発酵させて作られたものだった。また、トウモロコシのペーストに蒸したバナナを加えて作ったチチャも振る舞われた。これは固形のまま発酵させて、飲む直前に水と混ぜて作られる。また、カカオとトウモロコシから作るチチャについても説明してくれた。カビを育てたオコを使わずに作られるチチャには、発酵可能な糖分の原料となる砂糖やバナナが必要だ。オコは、トウモロコシと水だけから作られるチチャのみに必要とされる。カビに由来するアミラーゼ酵素には、トウモロコシのデンプンを発酵可能な糖に分解する働きがあるからだ。

世界各地の先住民の伝統では女性が醸造の役割を担う例が圧倒的に多いが、オコもその例に漏れず、家族の母親であるMauricia Vargasによって作られていた。Mauriciaが私に説明してくれたところによれば、（デンプン質の）トウモロコシの乾燥した穀粒は3日間水に浸しておく。私たちが到着する直前に、浸してあった（そのためすでに発酵が始まっている）トウモロコシを挽いて粘り気のあるペースト状にしていた。これは、ニシュタマリゼー

Mauricia Vargasとその家族、そして私を彼らに会わせるために連れてきてくれた、私のコスタリカでのホストFabian Pacheco。

4日目のオコ。

ションされていないという点を除けば、トルティージャやタマーレスのマサ生地に近いものだ。私たちはその次の段階から参加した。それはひとつかみの生地を、彼らがbijawaと呼ぶ植物（*Calathea*属）の大きな葉で包む作業だった。2枚の葉で包むことを除けば、生地のかたまりの包み方はタマーレスに似ている。その包み方は、重ねた葉を中央の葉脈のところで半分に折り、おおよそ高さ½インチ／1.5cm、幅3インチ／7.5cm、奥行き½インチ／1.5cmほどの大きさの長方形に生地の形を整える。（私は長さを測ったわけではないので、これは目分量であり、大きさはかたまりごとにかなり違っていた。）重要なのは、かたまりが葉に完全に包まれるほど小さくなくてはならないという点だ。

次に、トウモロコシの生地を包んだものを大きな鍋で煮る。この際、大部分は湯に浸っているが、一番上にあるものは煮るというよりも蒸していることになる。1時間ほど煮た後で鍋から取り出し、そのまま自然に発酵させてカビをつける。私たちは発酵が完全に終わるまでは滞在していなかったが、Mauriciaが私たちに説明してくれたところでは、トウモロコシの生地は葉で包んだまま手を触れずに4日間放置されるのだそうだ。5日目に、葉の包みを開いてトウモロコシの生地を取り出す。それから葉を裏返

8日目のオコ。

して、元は外側の表面だった葉の部分が直接トウモロコシの生地に触れるように包み直す。これには、異なる葉の表面をトウモロコシの生地に触れさせ、すべてを空気にさらし（カビは酸素を必要とする）、均等なカビの成長を促す効果がある。さらに4日たった後、かたまりを日に当てて少し乾かした後、再び葉を裏返して接触する表面を変えて、包み直す。最後に、さらに4日たった後、カビの生えたかたまりを日干ししてから、使ったり保存したりする。

私は最初の工程だけに参加したが、葉に包まれたトウモロコシのかたまりをいくつか持ち帰って、彼らの説明通りに熟成させてみた。4日たって最初にトウモロコシのかたまりを調べてみると、部分的にカビが成長していた。色や匂いからこのカビの一部は、私が麹を作るために何度も米や大麦に育ててきたカビと同じ*Aspergillus*属のだと認識できた。しかし緑色のカビもあり、複数の種類のカビが存在しているようだった。4日後、カビは表面の大部分を覆っていたが、まだ全体を覆うまでには至っていなかった。カビの一部は長くふさふさとしていて、明らかに胞子を形成していた。私はこのプロセスを完了したり、オコでチチャを作ったりできるほど長くコスタリカには滞在しなかったし、あえて自宅に持ち帰ってこのプロセスを完了させることもしなかった。

私がこのプロセス全体を見届けられるほど長く滞在しなかったため、またコミュニケーションや通訳の制約もあって、これがオコ作りの説明として包括的なものでも信頼のおけるものでもないことは確かだ。しかしオコについては（私が見かけた英語の文献の中には）何の記述もなかったため、不完全であったとしてもこの情報をシェアすることは大事だと考えた。この手法は、多くの発酵プロセスがそうであるように、偶然（ここでもアジア各地と類似したカビが穀物に育つことが発見されたため）生まれたのだろうか？　あるいは、過去にアジアから何らかの影響を受けたことがあり、そのことはすでに忘れ去られてしまったのだろうか？　発酵の手法の起源は、常に謎のベールに包まれている。しかし遠く離れた場所で類似する（その一方でユニークでもある）微生物的な現象が発生するというパターンは、何度も繰り返し観察されている。

私がこのセクションを書き上げて後続のセクションに取り掛かった後で、ブラジルのサンパウロ大学の文化人類学者であるAlessandro Barghiniから受け取った電子メールには、キャッサバの発酵にカビを利用することは「アマゾン川流域の各地で広く行われていた」ことを示す彼の研究について書かれていた。もしかすると、かつては西半球のはるかに広い範囲で発酵にカビが利用されていたのだろうか？　文化の破壊や同化によって伝統はたやすく失われてしまうが、再興したり、新たな形で生まれ変わったりすることもあるのかもしれない。

村のテンペ作り

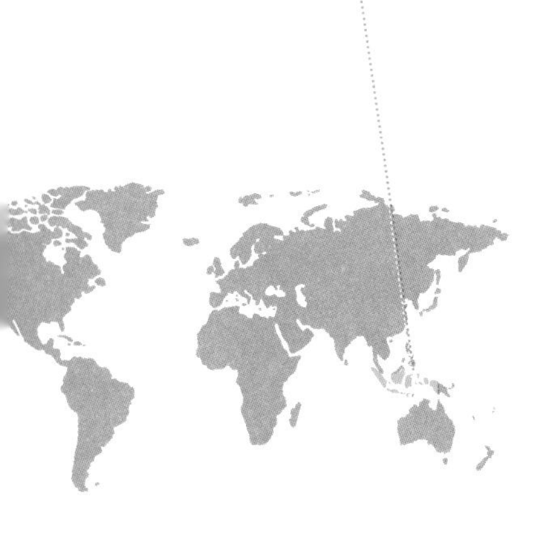

テンペは、大豆などを培地とするインドネシアの発酵食品だ。植物の葉や穴の開いたポリ袋などに包まれた状態で煮豆に糸状菌を育てると、豆がくっつき合ってひとかたまりになるので、そのブロックをスライスして調理する。このプロセスは、環境要求条件の面では麹づくりと同様に暖かく(80〜90°F/27〜32°C)、湿度の高い、多少の空気の流通のあるスペースを必要とする。家庭でのテンペ作りについては、私の以前の著書で詳細に解説している。ここでは、インドネシアのバリ島にあるギャナールと呼ばれる村での、ある家族の小規模なテンペの商業生産の写真をお目にかけよう。この家族は毎朝、110ポンド/50kgの大豆からテンペを作っている。私たちを招いてくれたのは、その家族の娘だった。私のバリ島のホストであるMary Jane Edlesonが買い物をする市場で、彼女がテンペを売っていたのだ。

まず、大豆を24時間ほど水に浸す。熱帯の暑さの中で乳酸発酵が始まるため、豆はわずかに酸性化する。次に小型の電動ミルを使って浸した豆を半分に割り、外皮を洗い流せるようにする。

豆は煮てから水気を切り、テーブルの上に広げて扇風機の風を当て、冷ましながら乾かす。家族のひとりが小さな木製の熊手で豆をかき混ぜ、熱を逃がし、違う表面を露出させ、畝を作って表面積を増加させながら、豆を冷まして乾燥させている。

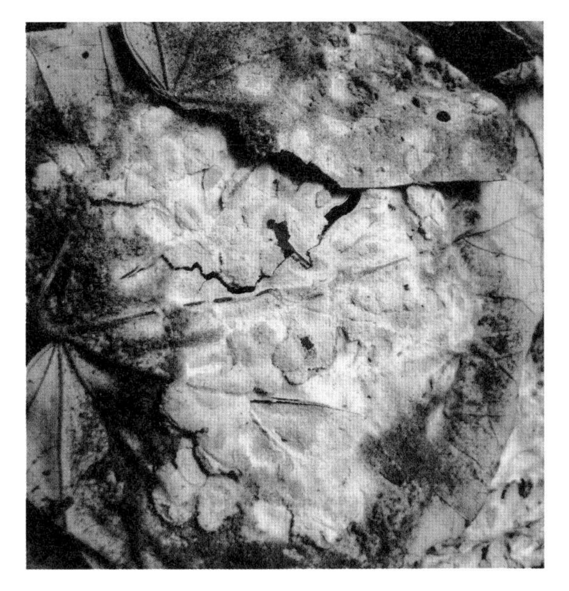

彼らの使っていたテンペのスターターは、それまで私が見たものとはずいぶん違った形態をしていた。典型的な市販のスターター——厳密に制御された条件下で単一株の*Rhizopus*属の菌を育てた米を砕いて粉にしたもの——とは異なり、植物の葉に大豆のかたまりと、複数株の胞子形成菌が付着したものだった。黒（*Rhizopus*）と黄色（*Aspergillus*）の胞子の色から、そのことがわかる。伝統的な発酵プロセスに、単一の純粋株が使われることはない！

葉に付着した胞子を大豆に接種する手法は、非常にシンプルだ。まずテンペの作り手は、胞子のある側を外側にして、カビの付いた葉を一方の手のひらに乗せて小指と親指で押さえる。次に、両手を使って大豆をすくい上げ、こすり合わせながら豆をテーブルの上に落とす。彼はテーブルの周囲を歩き回りながらこの作業をおそらく10分ほど続け、豆をかき混ぜていた。

胞子を接種した大豆は穴の開いたポリ袋に詰め、ヒートシールで口を閉じて木製の型枠に入れる。私はバリ島の市場で伝統的な方法で葉にくるまれたテンペを見かけたが、ほとんどの市販品は穴の開いたポリ袋に入っていた。

テンペのブロックができるだけ四角く均一な形になるように、ならしたりハンドルの付いた平らな木製のボードでやさしく押さえたりする。型枠をボードの上でひっくり返してテンペを取り出し、空気に当てる。空いた型枠は、さらにテンペのブロックを作るために使われる。

ボードは棚の上に積み重ねられる。

胞子を接種した大豆の一部は、**waru**の葉に乗せてスターターを作る。接種した大豆を２枚のwaruの葉で挟み、胞子が形成されるまで、そのまま数日間育てる。

この葉は、テンペを作っている部屋のすぐ外側に植えられたアオイ科の木[和名:オオハマボウ]から採取する。

熟成したテンペのブロックと、胞子を接種されてはいるがまだ発酵していない大豆の入った袋を並べて示す。

テンペのボウル

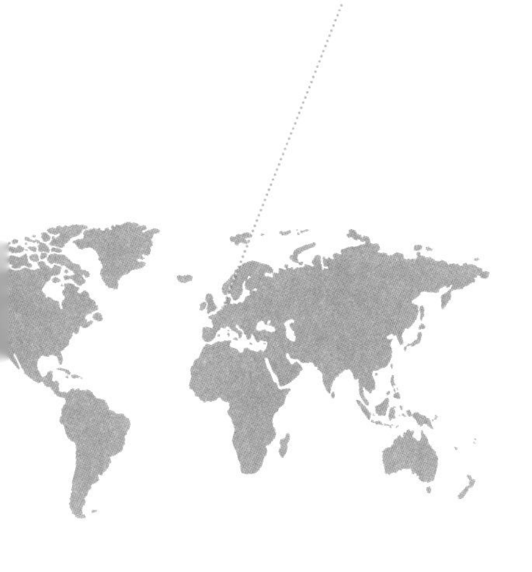

私がテンペの素晴らしく創造的な利用方法に出会ったのは、アムステルダムのMediamatic Caféというカフェでランチを取っていたときのことだった。私はその魅力的であか抜けた多目的スペースで行われた、Rotzooiという発酵イベントに参加していたのだ。テンペでできた食べられるボウルに入ったスープが食卓に出てきたとき、私は嬉しい驚きを感じた。そのテンペのボウルは美しくエレガントで、スープの風味をたっぷりと吸い込んでいて、そのおいしさは食事の締めくくりにふさわしいものだった。そのカフェでは、それをテンペウェア（Tempeh Ware）と呼んでいる。このボウルは、Mediamaticの創業者であるWillem Velthovenの発想から生まれた。ロッテルダムのManenwolfs食品ラボを運営しているSasker Scheerder（92ページの「漬け汁を乾かして塩を作る」を参照）がプロジェクトのコンサルタントを務め、Mediamaticのキッチン実習生Corinne MulderとIris van Hulstが実験とプロセスの改良を重ねて作り上げたものだ。このボウルは熱いスープの容器としても問題なく使える。生きている菌糸にはもともと水をはじく性質があるだけでなく、ボウルは350°F／180℃で短時間焼き締められてから使われるためだ。

通常、テンペの発酵は穴の開いた袋の中か、伝統的にはバナナの葉で包んで行われる。Mediamaticのチームは既存のプラスチック製の食器を使って基本的な形状を作り、それをかたどったプラスチックのインサートに穴をあけることによって菌類が生育できる環境を作り上げた。このインサートは、水分をほとんど保持できる十分な防水性と、菌類が必要とする酸素を供給できる十分な通気性を備えている。多少工夫すれば、テンペはどんな形状にも成型できる。「最も難しかったのは、適切な培地を見つけることでした」とSaskerは説明してくれた。「料理での使いやすさからも見た目の美しさからも、ボウルはあまり厚いものにしたくなかったのです。」彼らは実験の結果、ピュイ産のレンズマメとあぶって砕いたルピナスの「かけら」を使うことにした。Willemによれば、「これら2種類の基材は十分に小さく、重さ55～70g（2～2.5オンス）のボウルを作るのに適しています。食卓に出すにはちょうどいいサイズです。」

テンペのボウル。

こんがりと焼けたテンペのボウル。

仕切り付きのテンペのボウルに、スープとサラダを盛りつけたところ。

ジャガイモのテンペ

私のテンペの概念と使い道は、少しずつ拡大を続けている。まず、私は違う種類の豆類を使ってみた。次に穀物を混ぜてみたが、それは私のテンペ作りの標準的な手法となった。さらに、友人のSpikyに触発されて、穀物だけで作ってみた。どういうわけかテンペをジャガイモやその他のイモ類で作ってみようという気にはならなかったのだが、スイスに住むイタリア人シェフ、Matteo Leoniはその気になったようだ。フライドポテトのテンペは非常においしい。Matteoはその風味を「本物のナッツのようだ」と形容し、彼にとっては栗を思わせる風味だとも言っていた。

スイス人のパートナーであるPetraとともに、Matteoはバーゼルでpure Tasteというフードビジネスを営んでいる。彼らのモットーは、「野菜に第2のチャンスを与えよう」だ。Matteoによれば、ジャガイモやサツマイモ、そして熱帯のヤムイモがこの目的には最適だが、ビーツやキャッサバ、トウモロコシ、タロイモ、そしてパースニップでもうまくできるそうだ。その他の根菜を試してみるのもいいだろう。ここでは、ジャガイモなどの根菜を切り分けてテンペのブロックにする彼の方法を説明しているが、テンペ菌は丸のままの根菜やトウモロコシの穂の表面に育てることもできる。この作り方は非常に融通が利くからだ。

トウモロコシの穂のテンペ。

さまざまなスタイルのジャガイモのテンペ。

丸のままジャガイモに育てたテンペ。

ジャガイモのテンペ

[発酵期間]

24〜36時間

[器材]

- 食品乾燥器（オプション）
- 80〜90°F／27〜32℃の温度を維持できる培養器（139ページのこの章のイントロダクションで説明したアイディアを参考にしてほしい）

[材料] テンペ2ブロック分

- ジャガイモ…2ポンド／1kg
- 酢…大さじ数杯
- テンペスターター…小さじ½[*1]

[作り方]

1. 大さじ数杯の酢を加えて少し酸性にした水に（皮付きのまま）ジャガイモを入れてゆでる。発酵によってさらに分解が進むため、完全には火を通さないこと。具体的な調理時間はジャガイモのサイズによって異なる。完全に火が通って柔らかい状態は望ましくない。アルデンテにゆでること。
2. ジャガイモの皮をむき、さいの目に切る。どのくらいの大きさに切るかは、実験してみてほしい。小さく切るほど表面積が増え、一般的にはくっつきやすくなる。お好みであれば、ジャガイモをまるごと使うこともできる（ただし、その場合でも皮はむくこと）。また違ったテンペの体験ができるだろう。
3. ジャガイモを乾かす（理想的には104°F／40℃程度の食品乾燥器で1時間ほど）。また、最低の温度に設定したオーブンで10分間乾かしたり、扇風機を使ったりすることもできる。根菜の水分が多すぎると、望ましい菌類の代わりにバクテリアが増殖してしまい、テンペが培養器の中でねばついてしまうことがある。
4. ジャガイモにテンペの胞子を接種する。ジャガイモの表面に胞子が薄くまんべんなく付着するように、胞子を振りかける。ジャガイモを小さく切った場合には、よくかき混ぜてすべての面が胞子に触れるようにしてから、ほかのスタイルのテンペを作るときと同じように、穴あきの袋に接種したジャガイモを入れる（詳細については『天然発酵の世界』か『発酵の技法』を参照してほしい）。根菜をまるごと使う場合には、表面全体に薄くまんべんなく胞子を付着させる。袋は必要ない。
5. 86°F／30℃ほどの温度で培養する。発酵にかかる時間は変動する。切り分けたジャガイモが菌糸によってくっつくまでにかかる時間は、36時間程度だ。袋の形にしっかりとくっつき、白い菌糸に覆われているはずだ。袋に穴が開いている場所には、黒や灰色の小さな斑点が見えるかもしれない。ジャガイモをまるごと使った場合には、もう少し早く、28時間ほどで発酵する。ヤムイモはさらに早く、24時間程度だ。「ジャガイモのテンペでは、余分な湿気を逃がすため

＊1　あるいは、製造業者の推奨する量。

に、ときどき培養器のふたを数秒間開けることがとても大事です」とMatteoはアドバイスしている。

6 いつもテンペを食べるのと同じように、召し上がれ。次のMatteoの言葉には、私も賛成だ。「クラシックなフライドポテトのように、油で揚げるのが絶対のおすすめです。」

7 ジャガイモのテンペをすぐに食べるつもりがなければ、余分な湿気を追い出して菌類の成長を止めることが非常に大事だ、とMatteoは言っている。そのために彼はテンペを再び158°F／70°Cの食品乾燥器に3〜4時間入れる。あるいは、低温のオーブンにテンペを入れてもっと短い時間乾かすか、冷凍することもできる。Matteoは、「成長を止めて乾かすことをしなければ、すぐに柔らかくなりすぎて酸味が出てしまいます」と注意している。

ゆでて乾燥させ、接種したジャガイモの角切りをポリ袋に入れれば、テンペを発酵させる準備は完了だ。

ジャガイモのテンペのクローズアップ。

テンペの酵素を利用してうま味を加える

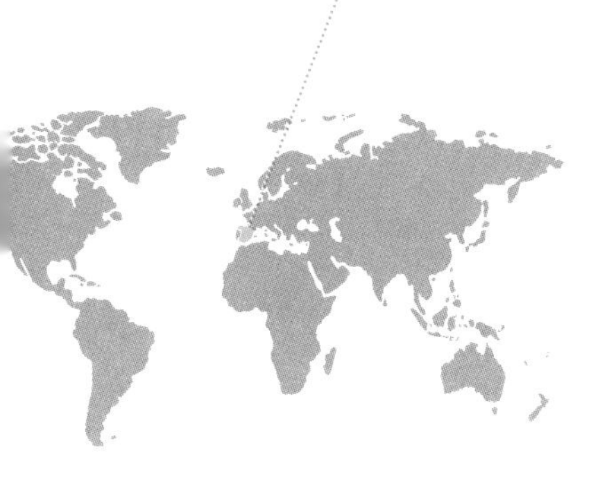

麹の*Aspergillus*属のカビと同様に、*Rhizopus*属のカビも、栄養素を分解し風味を増強する酵素を持っている。実際には、純粋培養されたスターターを使わずに作られた伝統的な麹やテンペの大部分は、*Rhizopus*とともに*Aspergillus*が（そしてさらに多くの種類のカビも）含まれる混合培養から成り立っている。私がバルセロナで教えていたとき、生徒のひとりにBernat Guixerがいた。彼は著名なスペインのレストラン、ジローナのエル・セレール・デ・カン・ロカで、リサーチ・シェフを務めている化学博士だ。彼は私に、テンペの酵素を長期間働かせるという自分の実験について話してくれた。とても興味を示した私に、彼は論文誌に発表したその実験に関する論文を送ってくれた。

Bernatと彼のチームは新鮮なテンペを用意して真空パックし、115〜130°F／45〜55℃の温度範囲にさまざまな時間だけ保持した。このようなかなりの高温では、酵素の活動が猛烈に促進される。Bernatと彼の同僚たちは、次のように報告している。

> 酵素の作用とメイラード反応の相乗効果によって、テンペの外観や食感、風味に多大な変化が生じた。タンパク質分解酵素によって遊離アミノ酸やペプチドが放出される一方で、複合炭水化物を分解する一連の酵素によって単糖が解離される。これら２種類の化合物は、メイラード反応とそれに引き続くストレッカー分解において相互に反応する。暗橙色の生成物の色調は、さまざまなメラニンの形をしたメイラード反応の生成物に由来するものである。モルトや焼き肉、カラメルを思わせる複雑な香気もまた、食品マトリクス中で発生するメイラード反応カスケードに由来する。食感の変化は、煮豆の食感と構造に関与するタンパク質と複合炭水化物など主要栄養素の分解によるものである。[原注5]

彼らはこの、酵素によって変容したテンペをtempetoと名付け、時には穀物を加えて、さまざまな期間——4週間に至るまで——熟成させ、さまざまなスタイルのものを作り上げた。熟成期間が長くなるほど、風味は豊かになる。「強烈なモルトと香ばしくカラメルを思わせる風味、うま味、多少の苦味も感じられる一方で、色調は暗くなり、乾いた食感が強くなる」とともに、味噌やシェリー酒、あるいはバルサミコ酢のような熟成されたおいしい食べものの風味に近いものが感じられる。[原注6] 世界各地でシェフたちが麹の酵素の新しい利用方法を実験しているのと同様に、この研究はテンペの酵素にも数多くの実り多い革新的な使い道があり得ることを示している。

Bernat Guixerと彼のチームによる実験。上段：上から見たテンペ（左）とその断面（右）。
中段：125°F／52°Cで6日間熟成させた**tempeto**。下段：125°F／52°Cで4週間熟成させた**tempeto**。

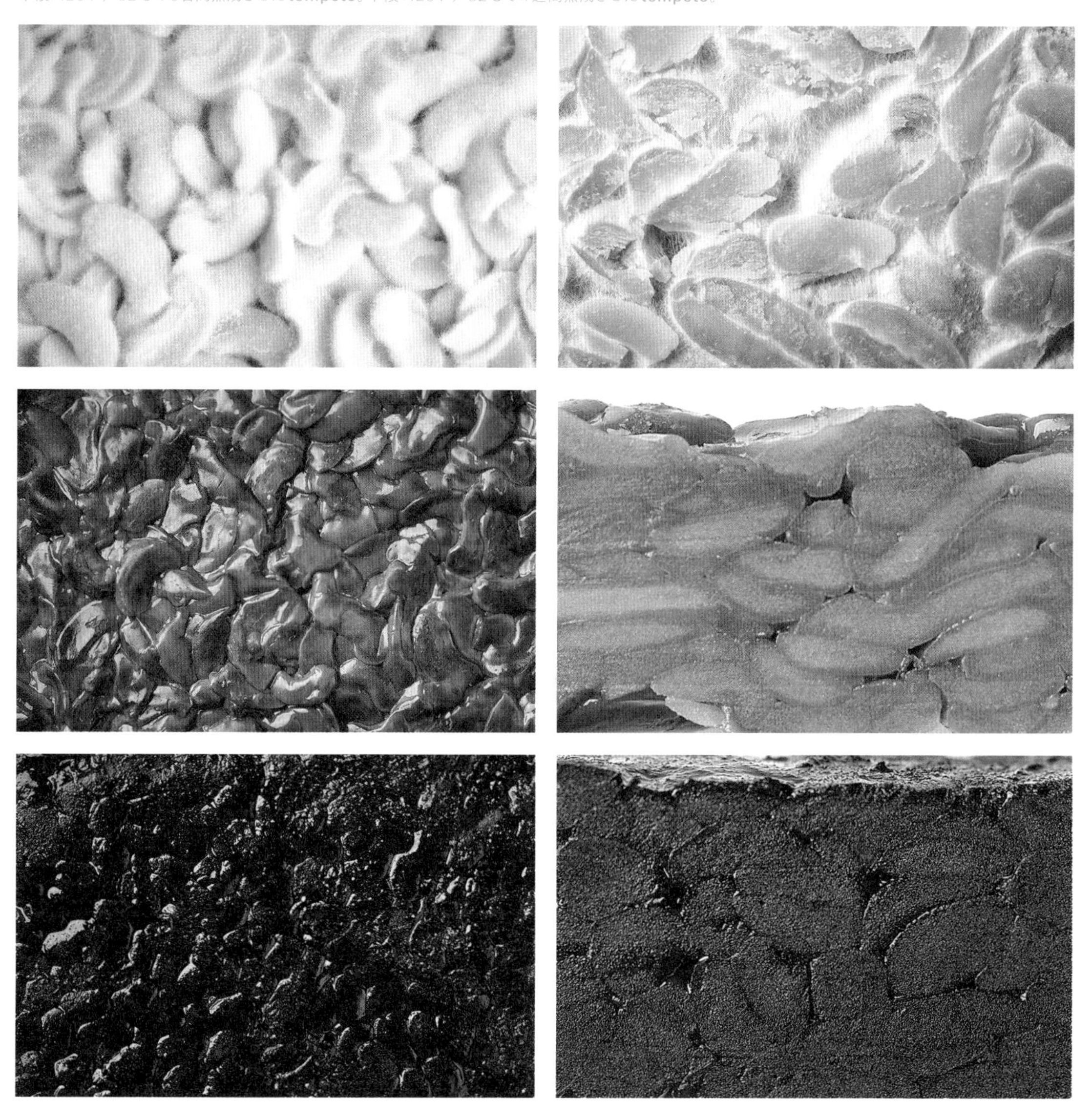

毛豆腐

中国では毛豆腐は市場で、あるいは行商人から広く入手できる。

私のキッチンにてMara Jane KingとPao Liu、そしてPaoが持ってきてくれた*Actinomucor elegans*のスターターで作った毛豆腐。

中国でカビを生やすことが広く行われている、もうひとつの食材が豆腐だ。このカビの生えた豆腐は中国語で毛豆腐（マオドウフ）と呼ばれ、一般的には*Actinomucor*属、*Mucor*属、または*Rhizopus*属のカビが優占している。私は中国へ行ったとき、どの市場でも毛豆腐が売られているのを見た。カビによって豆腐に上品でクリーミーな食感が加わる。毛豆腐はそのまま揚げて食べることもできるし、さらに発酵させることもできる。中国で私が訪れた家庭の多くでは自宅で豆腐を発酵させていたが、それに使う毛豆腐はどの家庭でも自家製ではなく買ってきたものだった。

毛豆腐を作る伝統的な手法には、もちろん純粋培養されたスターターは使われない。稲わらやカボチャの葉といった植物由来の材料が、菌類の供給元として利用される。私はカボチャの葉と（稲ではなく麦）わらを使って試してみたが、中国のどこでも見られた白いカビではなく、鮮やかな赤と黄色のカビが生えてきた――またもや実験失敗、堆肥行きだ。かつての私の生徒であり、今はロンドンに住んでいるが台湾で生まれ育ったPao Liuが、台湾の毛豆腐のスターターを持ってきてくれた。その*Actinomucor elegans*の胞子を試してみると、大成功だった。残念ながら、英語でインターネットを検索しても、このスターターを見つけることはできていない。しかし毛豆腐に普通に見られる*Rhizopus*属のカビは、テンペのスターターと同属だ。テンペのスターターならインターネットで簡単に見つかるし、それを使って毛豆腐を作ることができる。

［発酵期間］

30〜40時間

［器材］

- 竹せいろ、または木箱か段ボール箱、そして豆腐を覆うための薄い布

［材料］ 1ポンド／500g分

- 豆腐…1ポンド／500g
- 米粉（他の穀物の粉でもよい）…大さじ1
- 胞子[*1]…豆腐1ポンド／500gにつき小さじ¼（約0.75g）

［作り方］

1 豆腐の表面に沸騰した湯を注いで汚れをとる。

2 硬い皮（もしあれば）を取り除き、豆腐を大まかに1インチ／2.5cmの角切りにする。

3 角切りにした豆腐を清潔なふきんの上に置き、豆腐の表面から水分をやさしくふき取って乾かす。

4 米粉（あるいはその他の粉）を、鋳鉄製のフライパンなどの重い鍋に入れ、中火にかけて乾煎りする。焦げ付かないように頻繁にかき混ぜ、粉から香ばしい匂いがして触ると熱く感じるようになるまで、5〜10分炒る。目的は、粉を熱で殺菌し、培地中の胞子と競合しかねない微生物の生存数をなるべく減らすことだ。粉を冷ます。

5 乾煎りして冷ました粉と胞子を混ぜ、完全に混じり合うまでよくかくはんする。胞子と粉を混ぜたものを、小さなトレイまたは皿に入れておく。

6 箸か小さなトングを使って、角切りにした豆腐にひとつひとつ胞子をまぶす。豆腐の6つの面すべてに胞子が付くように気を付けること。

7 胞子を接種した角切りの豆腐を竹せいろなどの容器に入れる。

8 せいろにふたをして、暖かく（理想的には80〜90°F／27〜32℃）湿った場所で30〜40時間、豆腐が白い綿毛状のカビに覆われるまで発酵させる。

9 完成した毛豆腐は、コーンスターチなどのデンプン質の粉をまぶして揚げるか、**腐乳**（228ページの「腐乳あるいは豆腐乳」を参照）など、豆腐の発酵食品を作るために使う。

＊1　できれば*Actinomucor elegans*、代替品としてテンペのスターター（*Rhizopus*）

カビの意外な利用方法

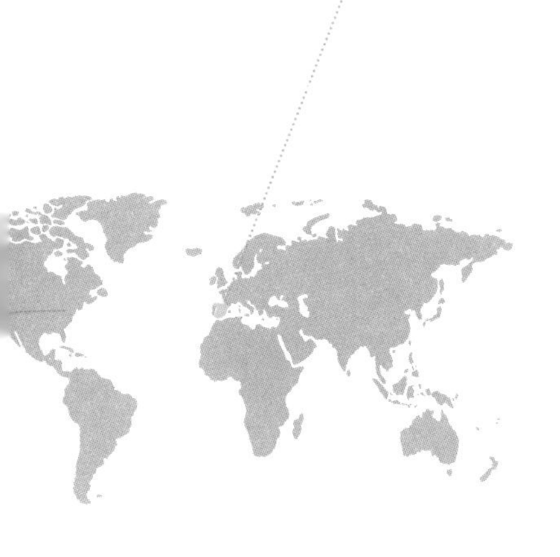

スペインのサンセバスティアンにあるBasque Culinary Centerで開催された発酵シンポジウムで私はRamón Perisé Moréに出会った。彼の素晴らしいプレゼンテーションは、町の郊外にあるレストラン、Mugaritzのテストキッチンで彼と彼のチームが取り組んでいる驚くべきプロジェクトに関するものだった。彼らのしていることは、私がこれまでに見かけたどんな取り組みとも発想が異なっていた。私はそのレストランで食事する機会はなかったが、彼らの狙いは食品に対する人の期待を意図的に覆すことにあるようだった。

そのために彼らが取ったひとつの方法は、故意に*Penicillium*属のカビを育てた食品を食卓に出すことだった。Ramónが私に見せてくれた2つのサンプルは、*Penicillium*のブリオッシュと、カビを育てたさまざまなフルーツだった。ここに示すデザートには、*Penicillium*属のカビを育てたナシが使われており、中身をくりぬいてナシのリキュールのフォームを詰め、それよりもはるかに伝統的な方法で発酵させた野生のナシのピクルスを添えて食卓に出されていた。

Mugaritzで食卓に出される、*Penicillium*属のカビを育てたブリオッシュ。

*Penicillium*属のカビを育てたナシの中身をくりぬき、ナシのリキュールのフォームを詰めたもの。野生のナシのピクルスを添えてMugaritzで食卓に出される。

バスク州の郊外にあるレストランMugaritzの研究用キッチンを運営しているRamón Perisé Moréが、*Geotrichum candidum*という菌類によってケフィアのトレイにできた膜を見せているところ。

Ramónは、異なる種類の表面のカビや膜を料理に取り入れることにも興味を持っていた。例えば、彼が大きなトレイでケフィアを育てていたのは、表面積を最大化して豊かなベルベットのような食感の膜を育てるためだった。そこに優占する*Geotrichum candidum*という菌類は、一般的には柔らかい白かびタイプのチーズに見られるものだ。ほとんどのケフィアの作り手は、表面積を最小限とし、ケフィアをかき混ぜることによって膜ができることを防いでいる。Mugaritzではこの膜を乾かして、このレストランの意外性のある創作料理の構成要素やトッピングとして使っている。Mugaritzのチームでは、さまざまな非常にデンプン質の栄養に富む培地——キクイモやサツマイモなど——でコンブチャを作る実験も行っている。彼らの関心があるのは液体ではなく、通常はマザーまたはSCOBYと呼ばれる、表面に形成されるバイオフィルムの膜のほうだ。

COLUMN

ハキリアリ

菌類を栽培するのは、人類だけではない。コスタリカで私は、意図的に発酵を実践しているのは人類だけであるという一般常識を覆す現象を目撃した。それは、ハキリアリの奇妙な生態だった。

ハキリアリは地下の巣に生息し、そこに（名前のとおり）アリの大あごで切り取った葉を運び入れる。アリは葉を食べることはできないが、葉を使って菌類を栽培し、それをアリが食べている。またアリが幼虫に食べさせる蕪状菌糸も、この菌類が作ってくれる。この関係は完全に双利共生的なもので、アリはこの菌類なしでは生きられないし、またこの菌類はアリによって栽培されている場所以外には見つかっていない。新たなコロニーを作る未来の女王アリは、「スターター」として使うために口の中にある専用の小室に菌糸を蓄えている。そしてこのアリが行っているモノカルチャー（単一栽培）は本質的に脆弱な状態であるため、育てている菌類は特定の寄生菌に感染する危険がある。しかしこのアリは、寄生菌を抑制する化合物を作り出すバクテリアを表皮の専用の小室に住まわせて養うことによって、それに対抗している。進化とは、実にエレガントで奇妙なものではないだろうか？

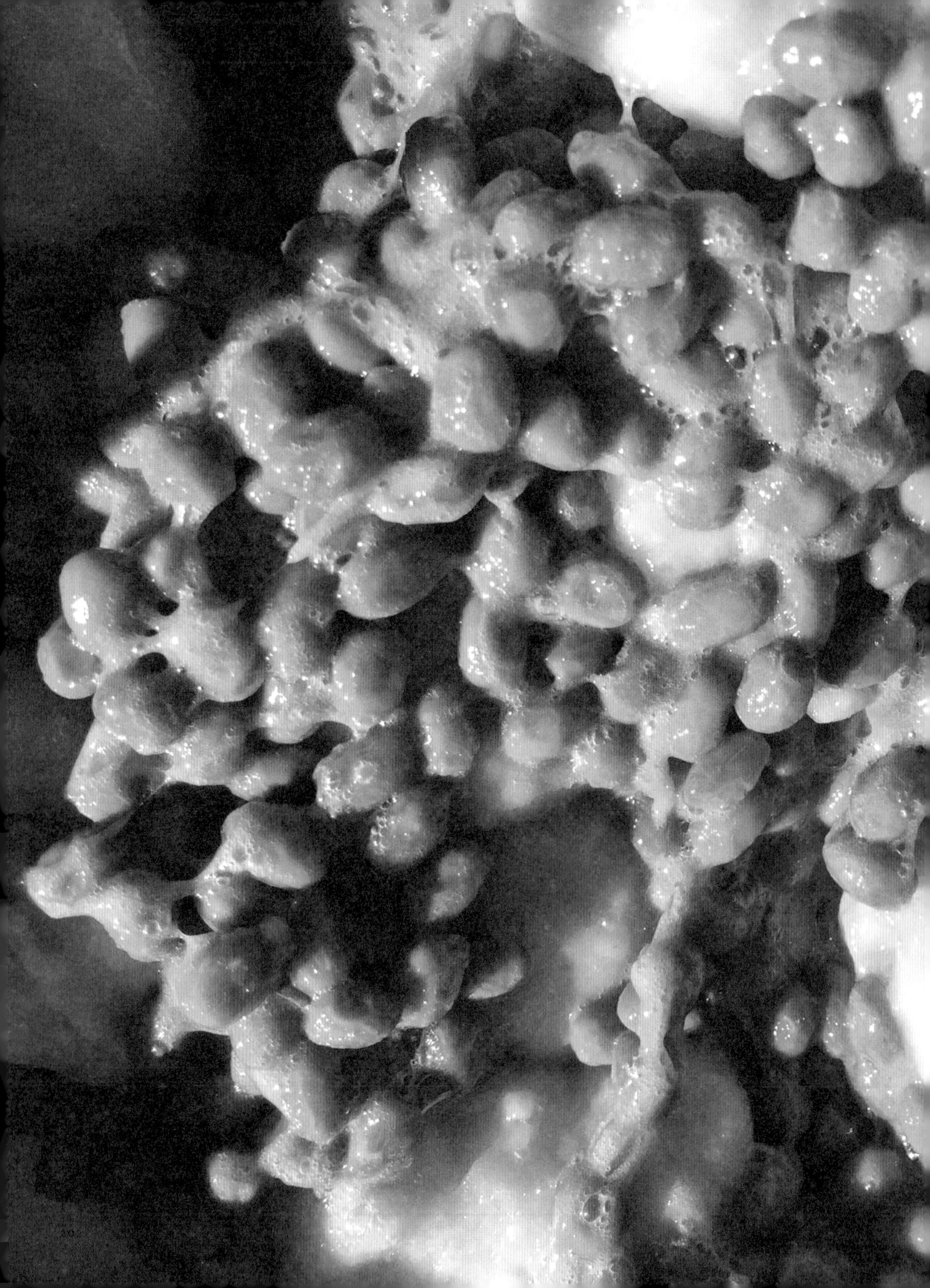

豆類と種子 5

BEANS AND SEEDS

豆類や種子は栄養が豊富であり、発酵により分解してうま味の強いアミノ酸となるタンパク質を多く含む。3章が4章と多少の重複があったのと同様に、この章も4章と重複している。前章では、豆類や種子を培地としてカビを育ててから、そのカビを使って発酵を行うレシピやプロセスをいくつか取り上げた。しかし豆類や種子を発酵させる方法には、それ以外にもシンプルな方法が数多く存在する。自然発生的な天然発酵が行われることも多く、この章ではそれらの手法について調べて行く。

この章の主要な話題のひとつである納豆は、丸大豆を発酵させた日本の食品であり、その作り方、どうすれば好きになれるか、食べ方、乾燥させてふりかけを作る方法などについて説明する。また、納豆の仲間たちについて、これまで私が見たり学んだりしてきたことも紹介しよう。その中には、中国やビルマ（ミャンマー）で偶然に出会ったものもあれば、西アフリカからアメリカへの移民やヒマラヤからオーストラリアの移民から学んだもの、そして研究やキッチンでの実験から得られたものもある。

またこの章では、豆腐を発酵させる手法についても取り上げる。その大部分は私が中国を旅する中で学んだものだ。さらに、コーヒーやカカオの加工における発酵の役割についても調査する。最後に紹介するのは、必ずしも発酵を必要としないが、ひと手間かけて発酵させればぐっとおいしくなる2つの料理、アフリカ系ブラジル料理のアカラジェ（acarajé）と、地中海料理のファリナータ（farinata）だ。

納豆とその仲間たち

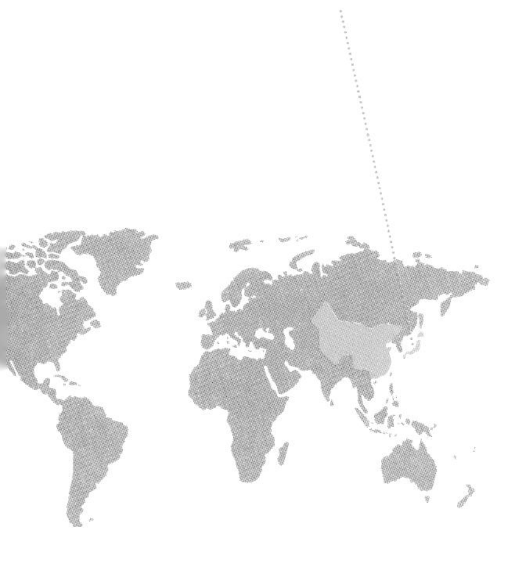

納豆は、丸大豆を原料とする日本の発酵食品だが、しょうゆや味噌、テンペなどその他数多くの大豆発酵食品よりも、国際的にはよく知られていない。大豆を納豆に変えてくれるのは、*Bacillus subtilis* という土壌中によく見られるバクテリアだ。このバクテリアはあらゆる豆類や種子に普通に存在し、競合するバクテリアはほとんど死滅する沸騰温度でもその芽胞は生き残るため、加熱調理した豆類や種子はとても簡単に自然発酵をさせることができる。納豆は、毀誉褒貶の激しい食べものでもある。発酵によって豆の表面にはネバネバする粘液質のコーティングができ、かき混ぜたり引き離そうとしたりすると糸を引く。*Bacillus* 属の発酵から生じるアルカリ性の副産物によって、納豆はアンモニアを思わせる特徴的な匂いと風味を呈する。日本では、納豆はネバネバした生の状態で食べるのが普通だが、*Bacillus* 属の発酵食品を作っている他の大部分の地域では、日持ちさせるために乾燥させて粘り気のない状態にする。

私は、日本に行ったときには大いに納豆を食べる。わら納豆と呼ばれる、稲わらに包まれた伝統的な形態の納豆を食べたこともある。納豆餅も食べた。東京では、自動販売機で納豆を買って朝食に食べたこともある。

正直に言うと、私は最初に納豆を食べたとき、まったく好きにはなれなかった。しかし日本に行くずっと前に納豆が大好きになったのは、ふたりの人物がもう一度食べてみることを勧めてくれたおかげだ。そのひとり、発酵について重要な知識を私に与えてくれた数冊の本（『The Book of Miso』や『The Book of Tempeh』など）を（妻で日本人のAkiko Aoyagiとともに）著したWilliam Shurtleffは、『天然発酵の世界』を読んだ感想を私に電子メールで知らせてくれた。彼は極めて好意的だったが、いくつか漏れがあるため本の価値が落ちているように感じる、とも指摘してくれた。そのひとつが納豆だったのだ。「私の大好きな豆の発酵食品のひとつ、納豆が抜けています」とShurtleffは書いていた。「納豆は、カマンベール風味の自然食品で、24時間で作れます。」私はカマンベールが大好きだし、Bill Shurtleffのことも大いに尊敬しているので、もう一度納豆を食べてみようと決心した。

その直後、私はGEM Culturesの共同創業者、Betty Stechmeyerと会う機会があった。GEM Culturesは、アメリカで初めて家庭の発酵愛好者にスターターや培養菌を提供した会社だ。Bettyは、かなり前から日本の納豆素（納豆のスターターとなるバクテリアの芽胞）を輸入してアメリカで販売していた。

彼女は納豆マニアだったが、夫のGordonはあまり納豆が好きではなかった。そこでBettyは、ポテトサラダなどのクリーミーなサラダに納豆を紛れ込ませるテクニックを開発した。彼女が夫に納豆を食べさせようとしたのは、Gordonが抱えていた心疾患に納豆が有効だとする研究があったからだ。Bettyは私のワークショップに参加するようになり、納豆を紛れ込ませたサラダを持ってきて振る舞い、そして納豆がとても簡単に作れることを教えてくれた。それ以来、私は納豆を作り続けている（208ページの「納豆の作り方」）。

納豆をしょうゆと米酢とからし、そして小ねぎと一緒にかき混ぜてご飯に掛けるのが、私のいつもの食べ方だ。

納豆の風味や食感が好きになってくると、何かに紛れ込ませようとは考えなくなる。シンプルな日本流の納豆の食べ方を私に教えてくれたのも、Lawrence Diggsという日本人ではない人物だった。サウスダコタ州ロズリンでInternational Vinegar Museumを創設し運営している彼は、私が主催する発酵研修プログラムに最初のころ参加したことがある。この食べ方は、私がついに日本で納豆を食べることができたときと同じだったし、今でもこれが私の一番のお気に入りだ。納豆に、からし、米酢、そしてしょうゆを加える。どろどろにしたければ、生卵を加えてもいい。箸を使って納豆と汁気の多い調味料を一緒にかき混ぜると、糸を引くネバネバのかたまりになる。その上に刻んだ小ねぎかアサツキを振りかけ、もしあれば刻みのりを少々加えて、ご飯と一緒にいただくのだ。

私はアジアを旅したとき、この大陸のあちこちで作られ、食べられている納豆に似た食品の数の多さに驚いた。別に私は日本国外で納豆を見つけようとしていたわけではない。納豆に似た食べものがあることすら知らなかった。しかし中国南西部の貴州省にある勤奮という小さな村の滞在中に出会った自家製発酵食品の匂いと食感は、間違いなく納豆によく似ていた。

私たちが勤奮で出会った、豆鼓「クッキー」。

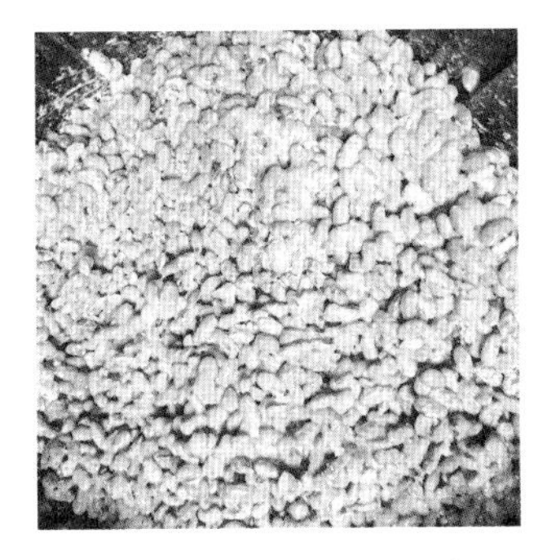

勤奮で豆鼓を作るために発酵させた大豆は、見た目も匂いも感触も納豆そっくりだった。

スパイスを加えてつき混ぜると、糸を引くようになり……

……さらにつき混ぜると、いっそう糸を引き粘り気を増していく。

その村で、赤いものが混じった小さく乾いた茶色のクッキーを使って、おいしいディップソースを作るのを見た。聞いてみると、それは**豆鼓**と呼ばれているという。私たちの知っている豆鼓は、中国の市場や世界中のレストランでよく見かける、麹と同様に*Aspergillus*属のカビを大豆に育てて作る黒い丸大豆の発酵食品だ。そのため、ごく当然に私たちは、この豆鼓クッキーも最初に*Aspergillus*属のカビを育てて作るものだと推測し、その後の工程をぜひ教えてほしいとお願いした。

大豆を発酵させている建物に入るとすぐ、私は納豆の匂いに気づいた。それから、木製の道具を手渡されて豆をつぶし始めると、粘り気のある感触と糸を引く粘液からはっきりと分かったことがある。それは、勤奮の人たちが豆鼓と呼んでいるものが麹よりも納豆のほうにずっと近いことだ。発酵のやり方は決して標準化されたものではない。多少の違いは常に存在している。

勤奮の人たちが豆鼓と呼んでいるものの作り方は、以下のとおりだ。一晩水に漬けておいた大豆を、柔らかくなるまで蒸してから、暖かい場所で4日間ほど自然に発酵させる。次に大豆をつぶし、大量の砕いた乾燥赤唐辛子と少量の塩を加えて、全体がよく混ざるまでさらにつき混ぜる。この粘り気のあるペーストを大きな円盤状に成型し、薪ストーブのある部屋で高い棚に乗せて4日間ほど乾燥させる。そして私たちが聞いた話では、乾燥した円盤を柔らかくなるまで蒸し、もう一度つき混ぜて、クッキーの形にして再度乾燥させるそうだ。この豆鼓のクッキーは日持ちが良く、常温で保存される。使う際には、粉末状に砕いてから、少量の水、しょうゆ、酢と混ぜれば、おいしく複雑な味のディップソースになる。

私たちが納豆だと認識しているものに、豆鼓という単語が使われていたのは、その小さな村だけではなかった。雲南省の首都、昆明の大きな市場でも、私たちが勤奮で食べたものによく似たクッキーを見かけた。水分とスパイスを含む粘り気のあるクッキーも、納豆スタイルの発酵大豆も、同じように豆鼓と呼ばれていた。ビルマでも納豆に似た調味料に遭遇したし、ビルマと国境を接するインド北東部のナガランド州で贈り物にもらったこともある。さらに、西アフリカ一帯で料理に使われる多種多様な発酵調味料にも、以前から私は興味を持っていた。そのような調味料は、伝統的にはアフリカイナゴマメなどマメ科の種子から作られ、やはり*Bacillus subtilis*によって発酵される。

以下のセクションでは、納豆の作り方とともに、私のキッチンの常備品となっている納豆ベースの常温保存可能な調味料についても説明する。次に、世界各地の納豆に類似した*B. subtilis*発酵食品の伝統をいくつか調査する。

納豆の作り方

納豆は作りやすい発酵食品だ。気を付けてほしいのは、大豆を十分柔らかくなるまで煮る（8時間かかることもある）ことと、発酵中の納豆をどうにかして暖かい状態に保つことだ。納豆菌は体温より高い104°F／40℃程度の温度で最も速く（24時間ほどで）育つ。私はオーブンの種火をつけ、ドアを少し開けて（閉めると温度が高くなりすぎるため）納豆を保温している。クーラーボックスの中に温水や電熱パッドを入れて温めている人や、小型冷蔵庫に白熱電球とデジタルサーモスタットを取り付けて使っている人もいる。もう少し低い温度環境でも納豆は作れるが、非常に時間がかかる。麹やテンペと同じように、納豆は酸素を必要とするし、水分も必要だ。湿度を保つためにポリ袋を使う場合には、通気性を確保するために何か所か小さな穴をあけるのを忘れないようにしてほしい。

以下に示すレシピは、大豆で納豆を作る手順を示している。日本では、粒が小さくなるように品種改良された特別な大豆を使って納豆を作ることが多い。表面積を増やし、粘り気を増すためだろう。そのような小粒の大豆（Signature Soy）はアメリカでも入手できるが、通常の大粒の大豆でも上手に納豆を作ることはできる。これまでに私は、レンズマメやジャックフルーツの種など、さまざまな豆類や種子で納豆を作ってみた。大豆と比べて他の豆類はタンパク質や脂質が少ないため、バクテリアは同じように成長するし納豆特有の匂いもするが、表面の粘り気はちょっと物足りないのが普通だ（そのほうがいいという人もいるかもしれない）。

皮の硬い種子や豆類で実験する場合、種子を保護している外皮の層を取り除き、栄養分が集中する胚芽にバクテリアが到達できるようにしなくてはならない。一般的には、外皮がむけるほど十分に柔らかくなるまで、種子を煮ればよい。外皮をむいた後、必要ならば種子の内部が柔らかくなるまでもう一度煮る。

納豆を作り出すバクテリア*Bacillus subtilis*は、大豆など種子の表面には普通に存在するので、スターターなしでも納豆は作れる。しかし、スターターから作る場合と比べて時間が余計にかかり、さらに癖のある味になることは覚悟しておいてほしい。私が知っている市販のスターターはすべて日本産のものだが、世界各地で入手できるようになってきている。熟成した納豆を、次のバッチのスターターとして使うこともできる。細かく刻んで、煮た大豆と混ぜるだけだ。

［発酵期間］

2日間

［器材］

- ガラスまたは金属製の耐熱皿、2インチ／5cm以下の厚さに納豆を敷き詰められるだけの大きさがあるもの

［材料］ 納豆約2ポンド／1kg分

- 大豆…1ポンド／500g
- 納豆素…微量（約0.05g）（スターター、オプション）
- 米粉などの穀粉…小さじ1（スターターを使う場合のみ）

［作り方］

1. 少なくとも8時間、大豆を水に浸す。大豆は水を吸って倍以上の大きさに膨らむので、たっぷりの水に浸すこと。
2. 大豆の水を切って鍋に入れ、新しく水を張る。大豆は長時間煮る必要があるので、水は少なくとも3クォート／3リットル使うこと。
3. 鍋を火にかけて沸騰させ、大豆が柔らかくなるまで煮る。通常は、少なくとも6時間から8時間はかかるだろう。この工程をスピードアップするために、圧力鍋で大豆を煮たり蒸したりする人もいる。（スターターを使わずに、豆の表面にいるバクテリアを利用するつもりなら、圧力鍋を使ってはいけない。高温で*Bacillus subtilis*が死滅してしまうからだ。）2本の指で挟んだときに簡単につぶれるほど十分に柔らかく煮るのが、私の好みだ。大豆が柔らかくなければ、納豆はうまくできない。
4. 煮た大豆をざるにあげて水気を切る。よく揺すって、表面の水分をできるだけ取り除く。
5. 使う場合には、微量の納豆素（小さな計量スプーンが付いてくる）を穀粉と混ぜる。よく混ぜて、スターターをまんべんなく行き渡らせる。
6. 大豆をボウルに移し、使う場合にはスターターと穀粉を混ぜたものを加えてよく混ぜ、行き渡らせる。ほとんどの発酵食品では、加熱調理した培地が体温まで冷めるまで待ったほうがいいが、納豆の場合にはすぐにスターターを加える。芽胞は沸騰温度にも耐えるし、熱ショックを与える効果もあるからだ。（スターターを使わない場合には、心配しなくても大丈夫。バクテリアは豆の表面にいる。）
7. 大豆を発酵容器に移す。私は長方形のガラス製の耐熱皿を使っている。大豆はできるだけ薄く、2インチ／5cm以下の厚さの層にすること。納豆が呼吸できるようにする必要があるからだ。必要ならば、2つ以上の耐熱皿に分ける。私はふた付きの鍋で納豆を作ることもある。
8. 容器にふたをする。納豆は水分量を多く保つ必要があるが、酸素も必要だ。私がこれまで一番うまくいった方法は、耐熱皿の表面にラップをピンと張り、納豆が呼吸できるようにラップにいくつか穴をあけておくというものだ。ワックスペーパーを敷いて端に箸を置いて押さえておくという方法もうまくいったが、どうしても端の部分は乾いてしまう。

9 体温付近かそれ以上の温度で、24時間ほど納豆を育てる。温度は104°F／40°Cが最適だ。発酵後半に、1回か2回かき混ぜる。納豆の風味や食感が大好きなら、もっと長く発酵させてもいいだろう。発酵が進んだ納豆が苦手なら、16時間たったら味見して、どんな感じか見てみよう。あらゆる発酵食品と同様に、発酵副産物は時間とともに増加する。

10 発酵後の納豆は冷蔵する。一般的には、1日か2日冷蔵庫に入れておいてから食べるのが好きな人が多いようだ。私は、しばらく冷蔵庫に入っていた納豆の風味がそのまま食べるには強すぎると感じたとき、次のレシピで説明するように乾燥させて使っている。

スペシャル・ソース

私の中国での旅の道連れだったMara Jane Kingがテネシー州の私の家にやってきて発酵研修プログラムを手伝ってくれたのは数年前のことだ。そのとき、私たちは大量に納豆を作った。Maraの提案により、納豆の一部を乾燥させて、私たちが勤奮で目撃し味わった「豆鼓」のような食卓調味料を作ることにしてくれた。私たちはゴマを炒り、乾燥させた納豆と唐辛子、四川唐辛子、そして塩とともにすり混ぜた。私たちがスペシャル・ソース（実際には粉末なのだが）と名付けたこの調味料は、私のキッチンには欠かせないものとなっている。

それ以来、私はさまざまなバリエーションを試しているが、どれもおいしい。あるとき、大豆ではなく熱帯植物のジャックフルーツの大きな種で作った納豆は素晴らしい出来で、特徴的な納豆らしさもちゃんとあった。種子を柔らかくなるまでゆでて、外皮をむき、納豆スターターを加えて、普通の納豆を作るのと同じように培養する。丸のままでもつぶしたものでも、さまざまな種子にこの作り方は適用できると思う。

私のパートナーShoppingspree3d/Danielも、スペシャル・ソースが大好きだ。私たちはスペシャル・ソースを毎日食べているし、さまざまな風味の実験もしている。プレーン（納豆と炒りゴマ、そして塩だけ）、スーパー・ファンク（納豆の割合の多いもの）、キャラウェイ、コリアンダー、そしてオリジナル（唐辛子と四川唐辛子入り）。最近では、豆鼓（中国の発酵黒豆）を加えてみた。「レベルが上がったね」とはShoppingspreeの評だ。私は食卓調味料としてスペシャル・ソースをほとんど何にでも掛けるし、火を通した料理にも生の料理にもよく使っている。私は納豆それ自体も大好きだが、私が学んだのは——そして納豆の食感と強烈な風味が苦手な人たちから幾度となく再認識させられたのは——納豆や、ほかの料理の伝統に見られるその類似物を調味料として使った場合、ほとんどどんな料理も（たいていは気づかれることなく）素晴らしく奥深い味になるということだ。

すべてのレシピについて言えることだが、特にこのような調味料の配合については、ここに示した比率は大まかな目安としててほしい。味をみて分量を調節し、自分に合ったバランスを見つけること。ここに示した納豆の分量は、水分を含んだ状態のものであり、乾燥させると半分以下の重さになることに注意してほしい。私は韓国の**コチュカル**という、比較的マイルドな唐辛子の粉末を使っている。代わりにもっと辛い唐辛子を使う場合には、それに応じて分量を調節すること。また、このレシピは出発点として考えてほしい。ほかの組み合わせも実験して、納豆のパワーを解き放つ、自分だけの調味料ブレンドを見つけよう。

スペシャル・ソース

[調理時間]

8時間ほど

[器材]

- 食品乾燥器（オプション）
- ジャー

[材料] 約カップ3／375g分

- 水分を含んだ納豆…½ポンド／250g
- ゴマ…6オンス／170g
- コチュカルなどの粉末唐辛子…3オンス／85g
- 塩…大さじ1
- 四川唐辛子…小さじ1

[作り方]

1 納豆を天日干しするか、食品乾燥器で乾かす。食品乾燥器を使う場合には、バクテリアを生かしておくため、約115°F／46℃以下の温度を保つこと。乾くまでの時間は、日差しの強さ、食品乾燥器の温度、そして露出している表面積によって変わる。納豆は非常にネバネバしているので、水分を含んだ状態では互いにくっつき合う。乾いてきたら、かたまりを崩して表面積を増やし、乾燥を促進する。納豆が完全に乾いたことを確かめよう。

2 鋳鉄製などの重いフライパンを中火にかけ、ゴマを炒る。頻繁にかき混ぜて、焦がさないようにすること。香ばしい匂いがして多少色づくまで炒る。

3 ゴマを冷ます。

4 すべての材料を合わせて、すり混ぜる。私はCoronaスタイルの手回し式穀物ミルを使っている。

5 ジャーに入れて常温で保存し、食品に振りかけて召し上がれ。この調味料ブレンドは日持ちするが、何か月もたつと風味は少しずつ失われて行く。

私のキッチンにある。さまざまな風味のスペシャル・ソースの入ったジャー。

トゥアナオ

ビルマで最大の少数民族であるシャン族の人たちは、納豆に似た**トゥアナオ**(Tua Nao)という調味料を伝統的な料理に使う。シャン族以外の人たちは、トゥアナオのことを「シャン族のンガピ(ngapi)」と呼ぶことがある。ンガピとは、ビルマで調味料として使われる発酵させたエビのペーストのことだ。トゥアナオはそのまま、ペーストにして、あるいは円盤状に乾燥させて使われる。私はトゥアナオを使った料理が気に入り、円盤状のものを何枚か買って持ち帰った。私はNaomi Duguid著『Burma: Rivers of Flavor』というゴージャスな本でトゥアナオの作り方を学んだ。彼女が引用を許可してくれた、その本に書いてある作り方を、私は少しだけアレンジした。Naomiはトゥアナオについて、次のように書いている。

> 円盤状のものは、カレーやスープの風味ベースとして(砕いて粉にしたものを香味食材と合わせて調味料ペーストを作り、油で調理する)、あるいは(直火で、あるいは重いスキレットで油をひかずに)軽く炒ってから砕いて粉末状にして使われる。トゥアナオの粉末は、多くのサラダに……そして野菜料理には欠かせない調味料であり……あぶったナッツの隠し味が加わる。水分を含んだ大豆のペーストは、油で揚げてカレーや炒め物の風味ベースの一部とされる。また、バナナの葉やホイルで包んで焼いたり蒸したりしたものを、米飯の付け合わせとすることもある。[原注1]

ビルマの市場の売り手が、売り物の納豆に似た豆を私に見せてくれているところ。

トゥアナオ

［発酵期間］

ペーストができるまでに3日ほど、円盤状に乾燥させるにはさらに数日

［器材］乾燥に必要な器材

- ワックスペーパー、オーブンペーパー、あるいは厚手のポリ袋
- 金属製の乾燥ラック、竹製のマット、または編みかご

［材料］ペースト約カップ3／750ml または小さい円盤40個分

- 大豆…½ポンド／250g
- 塩
- その他の調味料、例えば粉唐辛子、ゴマ、ショウガのみじん切り、ガランガル、ライムの葉など（オプション）

［作り方］

1. 大豆を少なくとも8時間、水に浸す。
2. 大豆が柔らかくなるまでゆでる（6時間から8時間ほど）。圧力調理はしないこと。大豆を発酵させるバクテリアが死滅してしまうからだ。
3. 大豆の水を切る。
4. 温かい場所で2〜3日間、香りが立つまで発酵させる。ビルマでは、煮大豆を米袋に入れて発酵させることが多い。Naomiはかごに入れて綿布で覆っているが、大豆を煮た鍋に入れたまま放置してもうまくいくそうだ。私もそうしている。
5. 発酵した大豆をすり混ぜて、滑らかで粘り気のあるペーストにする。必要に応じて少量の水を加える。
6. 味見しながら塩を加える。最初はカップ1のペーストに小さじ½ほどの分量から始めて、好みに応じて増やすこと。
7. お好みに応じて、その他の調味料を加える。ここに示した調味料の組み合わせを使ってもいいし、ほかのもので実験してもいい。いくつか違った調味料の組み合わせを試してみたければ、ペーストを小分けにする。
8. このペーストは生のまま調味料として料理に使うこともできるし、冷蔵庫に入れれば1週間ほど保存できる。Naomiは生のまま食べるのではなく、「エビのペーストの代わりに風味付けとして」料理に使うことを勧めている。あるいは、円盤状に成型し、天日で、食品乾燥器で、あるいはオーブンで乾燥させれば長期の保存が可能だ。その方法を以下に示す。
9. 円盤状に成型するやり方は、マサ生地をトルティージャに成型する方法に似ている。上下を厚手のポリ袋やワックスペーパー、あるいはオーブンペーパーで挟んで平らにするのが簡単だ。私はワックスペーパーを使った場合に最もよい結果が得られた。水の入ったボウルを手近に置き、少なくとも6×12インチ／15×30cmの大きさのワックスペーパー（あるいはオーブンペーパーかポリ袋）を半分に折ったもの1枚（あるいは半分の大きさのもの2枚）を用意する。テクニックが上達するまで円盤は小さく、ペースト大さじ1杯分くらいにして

おこう。スプーン1杯分のペーストを水に浸し、下側のワックスペーパーに乗せて濡れた手で丸く形を整えてから、上側のワックスペーパーをかぶせ、手のひらを使って⅛インチ／3mmほどの均一な厚みになるように伸ばす。薄くしすぎないこと。

10 上側のワックスペーパーを慎重にはがす。くっついてきても、あわてずに濡れた手ではがし、必要に応じて再び形を整えればよい。それから露出した面が下になるようにひっくり返して乾燥ラック、竹製のマット、または編みかごに乗せ、ワックスペーパーをはがす。ここでも、必要に応じて濡れた手ではがして形を整える。成型用のペーパーまたはポリ袋にペーストがくっついていれば取り除き、くっつきを防ぐために濡らしておく。

11 この円盤を数日間天日干しにする。何回かひっくり返し、夜は屋内に取り込むこと。食品乾燥器をお持ちなら、低温（95〜105°F／35〜40°C）で6時間ほど、何回かひっくり返しながら、十分に日持ちするほど乾いたと感じられるまで乾燥させる。あるいは、温度を最低（150〜200°F／65〜95°C）に設定したオーブンで4時間ほど、何回かひっくり返しながら乾いたと感じられるまで乾燥させる。

12 「涼しく乾燥した場所に、重ねて保存してください。クッキーの缶に入れるのがいいでしょう」とNaomiは提案している。「いつまでも日持ちするはずです。」

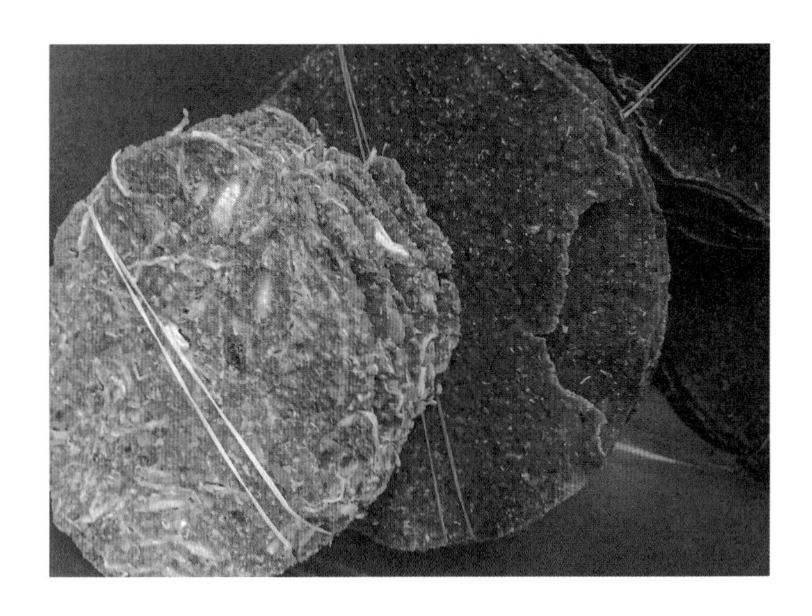

納豆に似た発酵大豆、トゥアナオを円盤状に乾燥させたもの。ビルマの市場で購入した。

アクニ

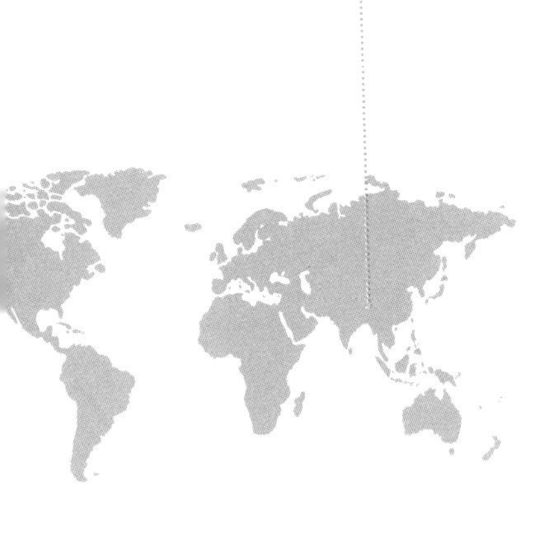

私の2020年のオーストラリアへの旅を手配してくれた人たちは、さまざまな土地から来た先生たちとの共同イベントを多様な観点から企画するという、すばらしい仕事をしてくれた。最も規模の大きなイベントは、ビクトリア州デールズフォード近郊のゴージャスなデールズフォード・ロングハウスで開催され、Harry Mangatを含む数名のアジア人シェフが招待された。Harryは、母国のインド国内を家族で転々と移り住みながら育ったため、インドの非常に多様な文化と地域の料理に触れることになった。彼は、私の本を読んで、彼の故郷に数多く存在する発酵の伝統を探ることに興味を持ったそうだ。自分の著書がそのような触媒作用を起こせるとは、著者冥利に尽きるではないか！　ワークショップでHarryは、**アクニ**（akhuni）（axoneと音写されることもある）の作り方と使い方を実演してくれた。アクニとは、インド北東部のナガランド州で伝統的に作られている、納豆に似た発酵大豆調味料だ。

私がHarryに会い、初めてアクニと出会ってから数日後、ナガランド州で生まれ育った女性が私の講演の合間に名乗り出て、彼女の故郷の発酵食品をいくつか（その中には乾燥させたアクニもあった）私にプレゼントしてくれ

私たちのワークショップのために作ったアクニを手にするHarry Mangat。

デールズフォード・ロングハウス。この明るく美しい施設で、記憶に残るワークショップが開催された。

た。彼女はDolly Kikon、メルボルン大学で教えている人類学者だ。アクニのほかにもらった、発酵させたタケノコを細く切って乾燥させたものもおいしかった！　Harryと同様に、Dollyも私の著書を読んで、自分の故郷の伝統的な発酵食品が学術的な注目に値するテーマであることに気づかされたそうだ。彼女の最近の研究――学術論文や映像作品、そして執筆中の書籍――には、アクニなどナガランド州の発酵食品が作られる様子が記録されている。

アクニは*Bacillus subtilis*が常に大豆の表面に存在し、水の沸騰温度にも耐えられることを利用して、スターターなしで作られる。以下に示すのは、DollyがナガランドFの州のAnoli Sumiという女性のキッチンで記録したそのプロセスだ。「まず、大豆を一晩水に浸し、それから煮る。煮上がった大豆は、バナナの葉かチークの葉、あるいは*Phrynium placentarium*の葉を敷いた竹かごに入れる。その後、発酵ジュースを流し出すために、かごの底に穴をあける。」[原注2] 発酵にかかる時間は、暖かい場所では2・3日、冷涼な場所では1週間以上となる。

Anoli Sumiがナガランド州でアクニを作っているところ。

発酵後、通常は大豆をつぶして葉で包み、暖炉の上でいぶす。いぶしたアクニはそのまま使えるし、またいぶされたことにより多少乾燥しているため、しばらくは日持ちする。Dollyは、アクニを冷凍するほうが好きだと言っていた。「冷凍すると、さらに長い間使えますから」と彼女は言う。「小さく切って、お湯に数分間つけておく必要はありますけどね。よい香りがしてくれれば準備完了です。」

Dollyはアクニなど伝統的なナガ族の発酵食品を作る際に用いられる手法を記録するだけでなく、これらの食品の意味の変遷について調査している。「一方では、アクニを作ったり食べたりすることは、ナガ族のような部族のアイデンティティーの重要な一部であり、ヒマラヤの複数の共同体の間で共有されるアイデンティティーでもある――ある種の感覚による想像の共同体なのである」と彼女は書き、アクニのような食品が東ヒマラヤ地域全体で食べられていることに注目している。「また他方では、アクニは食品の加工と消費という、より大きな文化の一部であり、これらの共同体をインドの、さらには南アジアの料理の序列において、洗練されているとは言い難い存在としている。アクニを消費し製造することは伝統に従うことで

完成したアクニ。このまま使うことができる。

あり、時には反動的で単純なものと位置づけられる——そのような解釈は、アクニの非消費者のみならず、消費者の間にも見受けられる。」[原注3]

Dollyはアクニの匂いについて、多くの記述をしている。実際、スミ・ナガ語ではこの言葉自体が強い、あるいは深い匂いを意味するのだ、と彼女は私に教えてくれた。

> アクニの匂いや味はとらえ難いものである。大豆の化学的バランス——食感、味、そして匂い——を変容させる代謝プロセスはまた、この食品とその消費者との関係性をも恒久的に変えてしまう。生涯にわたって大好物となる場合もあれば、大嫌いになって長期にわたる嫌悪感を抱く場合もある。人類学の文献の教えるところによれば、食の習慣や嗜好は中立的ではあり得ない。道徳観、逸脱、そして境界は、人間社会の中での、そして人間社会をまたぐ、生産と消費の日ごろの行いに端を発している。清浄な食品と不浄な食品の権威ある分類リストに区分される類の食品と、発酵食品や臭みのある食品はまったく異なるものである。匂いは局所的なものであるが、同時に不可視でもある。それは境界を超える。非常に親密な、そして神聖な空間を匂いが汚染し侵犯するさまには、何かしら不気味で破滅的なものがある。それは鼻腔に入り込み、一部の人には嫌悪感を引き起こす。別の人にとっては、同じ匂いが安らいだ気持ちや故郷での思い出を呼び覚ます。[原注4]

アクニの匂いのパワーや、その納豆との基本的な類似性は、Dollyが祖母から聞いた思い出話が裏付けている。第二次世界大戦中、日本軍の兵隊が彼女の祖母の家で食料を探していたとき、彼らはアクニを見つけてうれし涙を流しながら、故郷を思い出させる懐かしい風味の食べものを貪り食ったというのだ。またアクニの匂いは、デリーをはじめとするインドの都市で対立の原因ともなっている。これらの都市では、ナガランド州からの移民が近隣住民や公務員との対立に直面してきた。「それはキッチンという親密な空間であり、地理的な領域のあいまいな境界であり、ニューデリーにおけるマサラ食いとアクニ消費者との間の日常的な交渉である」とDollyは書いている。「市民権、属性、そして民主的空間といった日常的な概念が、定常的に異議を申し立てられ、強力な形で再定義される。」[原注5]

Dolly Kikonの

アクニとショウガのチャツネ

　このシンプルなチャツネは、ご飯やスープのお供となる調味料であり、アクニをショウガと唐辛子と合わせたものだ。

RECIPE

[調理時間]

10分ほど

[器材]

- すり鉢とすりこ木、
  またはフードプロセッサー

[材料] 少量のチャツネ、
調味料として4〜6人分

- 青唐辛子…数本（量はお好みで）
- 塩（量はお好みで）
- おろしショウガ
  …小さじ½（量はお好みで）
- アクニ…大さじ3程度、
  つぶした納豆で代用できる
  （量はお好みで）

[作り方]

1. 熱したフライパンで青唐辛子を5分ほどローストする。頻繁にかき混ぜ、青唐辛子から香ばしい香りがして焼き色が付くまでローストすること。
2. ローストした青唐辛子と塩をすり混ぜる。すり鉢とすりこ木を使うのが最適だが、フードプロセッサーを使ってもよい。
3. おろしショウガとアクニを加え、軽くすり混ぜる。スプーンを使って材料をよく混ぜ合わせる。

Dolly Kikonの

アクニとトマトのチャツネ

これもシンプルなアクニのチャツネだが、トマトを使っている。ご飯やスープのお供として召し上がれ。

RECIPE

[調理時間]

10分ほど

[器材]

- すり鉢とすりこ木、
  またはフードプロセッサー

[材料] 少量のチャツネ、調味料として4〜6人分

- 青唐辛子…数本（量はお好みで）
- トマト…1個（真っ赤に熟したもの）
- ニンニク
  …2かけ、つぶす（量はお好みで）
- おろしショウガ
  …小さじ½（量はお好みで）
- 塩（量はお好みで）
- アクニ…大さじ3程度、
  つぶした納豆で代用できる
  （量はお好みで）

[作り方]

1. 熱したフライパンで青唐辛子とトマトを5分ほどローストする。頻繁にかき混ぜ、香ばしい香りがして焼き色が付くまでローストすること。
2. ローストした青唐辛子とトマトをすり混ぜる。すり鉢とすりこ木を使うのが最適だが、フードプロセッサーを使ってもよい。つぶしたニンニク、ショウガ、塩を加えてすり混ぜる。
3. アクニを加え、軽くすり混ぜる。
4. スプーンを使って材料をよく混ぜ合わせる。

Dolly Kikonの

アクニとヤムのシチュー

　このレシピでは、ナガランドでヤムと呼ばれるタロイモのマイルドなデンプン質の味に、アクニの素晴らしい風味でアクセントをつけている。Dollyは、これを食べて育った。「今でも大好きです」と彼女は言う。私も大好きで、特にこのシチューの粘り気のあるデンプン質の食感が気に入っている。

私とDolly Kikonと、彼女が私にくれた発酵食品のアクニとタケノコ。

RECIPE

［調理時間］

45分ほど

［材料］4～6人分

- 小さなタロイモ*1
  …1ポンド／500gほど
- 塩（量はお好みで）
- アクニ…大さじ4程度、
  つぶした納豆で代用できる
  （量はお好みで）
- ニンニク
  …4かけ、つぶす（量はお好みで）
- からし菜
  …1把、洗って刻む（オプション）

［作り方］

1. タロイモは皮付きのまま洗って柔らかくなるまで25～30分ゆでる。ゆでる前にタロイモの皮をむいてはいけない。加熱調理する前のタロイモには手がかゆくなる成分が含まれているからだ。
2. タロイモの湯を切り、皮をむき、よくつぶす。
3. つぶしたタロイモとたっぷりの水を鍋に合わせ、スープのような濃さにする。
4. 火にかけて沸騰させ、沸騰したら火を弱める。
5. 味をみながら塩、アクニ、ニンニクを加え、使う場合にはからし菜も加える。
6. よく混ぜて、さらに5分ほど煮る。
7. 召し上がれ！

*1　ナガランドでは**ヤム**と呼ばれる

発酵アフリカイナゴマメ

西アフリカ一帯の料理には、アフリカイナゴマメ（*Parkia biglobosa*）などの豆類を発酵させて作る調味料が使われる。これらの豆類は大豆と非常に異なるものであり、大幅に手間のかかる処理を必要とするが、発酵の主役となるバクテリアは同様に*Bacillus subtilis*であり、アルカリ発酵によって特徴的なアンモニア臭を呈する。数多くの言語と先住民の伝統が存在する地域にあって、これらの発酵食品は多種多様な名前で呼ばれている：**スンバラ**（soumbala）、**ダワダワ**（dawadawa）、**イル**（iru）、**オギリ**（ogiri）、**アフィティ**（afiti）、**サンバレ**（sounbareh）、そして**ネテトウ**（netetou）、ほかにもまだたくさんある。私の友人であり同業のフードライターでもあるMichael Twitty——彼は歴史とアイデンティティー、そして食べものを綴り合せるという驚くべき仕事に取り組んでいる——が、ベナンでのアフィティ作りの写真を送ってくれ、現地ではこの発酵食品がmoutarde（マスタード）とも呼ばれていることを教えてくれた。

これらの発酵調味料には数多くの地域名があるだけでなく、製法の細部にかなりの違いがある。共通しているのは*Bacillus subtilis*と、それが作り出す特徴的な匂いや風味だ。スローフード財団の報告書に、サンバレ（シエラレオネで食べられているスタイルの発酵アフリカイナゴマメ）の製法の詳細な説明が掲載されていた。

> 収穫された豆は手でさやをむき、果肉を洗い流してきれいな種子を得る。次にこの種子を木灰とともに少なくとも3～4日発酵させると、厚い中果皮が分解し茶色の子葉のみが残される。これを火にかけて丸一日ゆでてから、ゆで上がった種子をさらに3日間再発酵させる。この種子を、真っ黒になるまで数日間天日干しにする。水分量が非常に少ないため、乾燥させた豆は腐敗することなく何か月も、あるいは何年も保存できる。この段階で豆は販売されたり、保存されたり、あるいは必要に応じて最終消費のために調理されたりする。男性や少年によって行われる収穫を除いて、その他の活動はすべて女性によって、通常は乾季の間に行われる。最終加工では、乾燥させた黒い種子を小さな鍋で、豆がはぜる音が聞こえるまでさらにローストし、それからすり鉢でコショウ、魚肉あるいは塩などの他の食材とともにすりつぶし、調理した米の上に振りかける。この粉末は、ホ

収穫されたばかりのアフリカイナゴマメ、ベナンにて。

調理したアフリカイナゴマメの水を切っているところ。

ウレンソウやジャガイモあるいはキャッサバの葉などの葉物野菜に加えることもある。また魚や肉の代わりにソースにも使われる。また賓客のために鶏肉やブッシュミート、あるいは魚を料理する際には特に、この粉末をそのままスープに使うこともある。［原注6］

この報告書には、「都市あるいはそれに準ずる地域の住民は［サンバレの］代わりにマギーブイヨンのキューブを使う傾向にある」が、伝統的なサンバレは「ありふれた工業製品の固形スープと比べた場合には特に」栄養プロファイルの面では圧倒的に勝っている、という記述もある。

これらの発酵調味料に関する論評の多くには、ブイヨンキューブへの批判が含まれている。安価で風味があって広く入手可能な、これらの工場で生産された人工的な風味の調味料は、多くの家庭のキッチンから伝統的な発酵調味料を駆逐してしまった。ナイジェリア生まれのシェフでフードライターのTunde Weyは、自分で作ったイルを販売しているウェブサイト、https://www.disappearingcondiments.com/で、次のようにこれらを比較している。

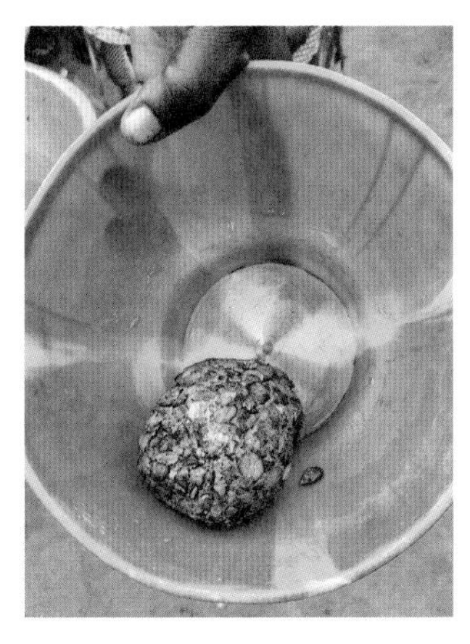

アフリカイナゴマメを発酵させたアフィティの団子。

何世紀もの間、ナイジェリア人は現地の発酵調味料や薬味を利用して、豊かで複雑な風味で食事を彩ってきた。さまざまな民族集団が、種子や茎をピリッとした強烈な味のペーストやペレットに加工するテクニックを数限りなく編み出し、平凡な食材からおいしい食事を作り上げてきた。

1969年にネスレがナイジェリア市場へ参入すると、それからというもの、イルなどの手作りの発酵調味料は工場で生産された大豆由来のブイヨンキューブに取って代わられてしまった。

私は旅の途中で2度、西アフリカの発酵調味料をもらったことがある。数年前、ノースカロライナ州で開催されたサステナブル・アグリカルチャー・カンファレンスで、西アフリカからアメリカへ移住した男性に会った。私がこの種の発酵調味料を知っていることに喜んだ彼は次の日、家族に会いに行ったときに持ち帰ったスンバラを私に持ってきてくれた。それは粉末状で、特徴的なアンモニア臭がした。ニューヨーク市を拠点とするセネガル人シェフ、Pierre Thiamからもらったネテトウというまた別の発酵食品は、ほとんど形が残った状態の豆をつき固めた、乾燥した団子状のものだった。それらの調味料を使って料理してみると、それらの醸し出す風味が私には懐かしく感じられた。何十年も昔に西アフリカを旅したときに食べたシチューの根底にある味だったからだ。これらの調味料の風味は、特に大量に使った場合には強烈だが、(多くの風味の強い調味料と同様に) 控えめに使ったときには、とらえ難く複雑な感覚を呼び覚ます。

アフリカイナゴマメの木が育つ地域以外では、この豆を新鮮な状態で手に入れることはできない。しかし、発酵され乾燥された形態のものは(インターネットで) 広く入手可能だ。そのためここでは、発酵の手順を詳細に説明するのではなく、すでに発酵された調味料を使って調理するレシピを以下に示す。

エフォリロ

このおいしいヨルバ族のホウレンソウのシチューの作り方は、Chef Lola's Kitchenという素晴らしいフードブログから学んだ。このブログは、ナイジェリアで生まれ育ち現在はアメリカに住んでいるLola Osinkoluが書いている。これは彼女のレシピを私がアレンジしたもので、彼女は親切にもこの本への掲載を許可してくれた。

このシチューは、イル（発酵アフリカイナゴマメ）と乾燥ザリガニ、干し魚、そしてパーム油によって、実に素晴らしく特徴的な野性味のある風味となっている。これらの材料はすべてアフリカ食材市場やインターネットで入手できるが、Lolaシェフのレシピでは柔軟に代用品を使うことが推奨されている。ヴィーガンバージョンを作るなら、魚と肉を豆腐やキノコで置き換えることを彼女は勧めている。彼女はイルを省くことすら提案しているが、その風味はこのシチューのかなめだ。もしイルは見つからないが納豆は作れるか入手できるなら、納豆を使えば似たような風味になる。私がインターネットで見つけたすべての**エフォリロ（efo riro）**のレシピと同様に、Lolaシェフのレシピでもブイヨンキューブが使われているが、私はイルがあればそれは余計だし不必要だと思う。同様に、私が中国で会った大部分の料理人はグルタミン酸ナトリウム（MSG）を極めてふんだんに使っていたが、しょうゆや豆板醤、酢などのうま味調味料たっぷりの料理にMSGを加えるのも、私には余計なことに思える。私はブイヨンキューブやMSGを使った料理を食べることに不安を感じたりはしないが、工業生産された代用品の力を借りずに伝統的な調味料を味わうことができるなら、それに越したことはない。

このレシピの大部分を占めるのは材料の下準備なので、あらかじめ済ませておくことができる。下準備さえしてあれば、シチューそのものは20分もあれば作れるだろう。エフォリロは、ご飯にかけて、あるいはフフ（fufu）などの西アフリカの「スワロー」（イモ類から作る、粘り気のあるデンプン質のペースト）を添えて、召し上がれ。

［調理時間］

数時間（干し魚を戻す時間を含む）

［器材］

- フードプロセッサーまたは
  すり鉢とすりこ木

［材料］ 4〜6人分

- 干し魚…¼ポンド／125g、
  新鮮な魚で代用できるし、
  なくてもよい
- 牛肉*1…1ポンド／500g、
  他の肉や魚、豆腐、あるいは
  キノコで代用できる
- 乾燥ザリガニ…大さじ2、魚または
  七面鳥の燻製で代用できる
- タマネギ…2個
- 赤パプリカ…大3個
- スコッチボネット唐辛子…2個、
  ハバネロ唐辛子1個で代用できる
- ホウレンソウなどの葉物野菜
  …1½ポンド／750g
- パーム油…カップ¼／60ml、
  他の油で代用できる
- イルなどの発酵アフリカイナゴマメ
  …大さじ2、納豆で代用できる
  （量はお好みで）
- 塩

［作り方］

1. 干し魚を清水に数時間浸して戻す。戻った魚は水を切り、骨から身を外して、細かくほぐしておく。
2. 牛肉を一口大に切り、水をひたひたに加え、10分ほど煮て、火からおろす。牛肉を煮汁から取り出し、煮汁も取っておく。
3. フードプロセッサーかすり鉢とすりこ木を使って、ザリガニを粉になるまですりつぶし、後でシチューに加えるために取っておく。
4. フードプロセッサーかすり鉢とすりこ木を使って、タマネギ½個、パプリカ、スコッチボネット唐辛子をすりつぶして粗いペースト状にする。残りのタマネギ1½個はさいの目に切る。
5. ホウレンソウを湯がく。鍋に水を張って沸騰させる。ホウレンソウを入れて湯に沈める。湯が再び沸騰したら、すぐに鍋を火からおろしてホウレンソウと湯をざるに空ける。ホウレンソウを冷水で洗い、色止めをする。ホウレンソウを絞り、水分をできるだけ搾り出す。
6. 厚底の鍋にパーム油を熱し、さいの目に切ったタマネギをきつね色になるまで炒める。
7. パプリカとタマネギのペーストを加え、頻繁にかき混ぜながら、ソースに粘り気が出てくるまで炒め煮する。
8. ザリガニの粉末、イル、塩をたっぷりひとつまみ加え、これらの調味料をソースに混ぜ込む。肉と干し魚を加え、ソースたっぷりなシチューの濃さになるまで、肉の煮汁を足す。全体を混ぜ合わせ、数分間煮込む。
9. 最後に、ホウレンソウを加えてさらに数分間煮る。味見して、好みに応じて調味料を加える。

*1 Lolaシェフのおすすめは牛肉とトライプ［牛の第1胃と第2胃］、牛の皮を混ぜて使うことだが、私はシチュー用の牛肉だけを使った

フールー（腐乳）または ドウフールー（豆腐乳）などの発酵豆腐

発酵豆腐は、それだけで1冊の本が書けるほどの食材だ。中国で2週間を過ごした私の非常に限られた経験からも、発酵豆腐にはおそらくチーズと同じくらいのバリエーションがあると言えるだろう。チーズと同様に、発酵豆腐もマイルドなものから極端なものまで多岐に及び、発酵の手法や期間も、そして使われる調味料も、非常に変化に富んでいる。

豆腐を発酵させる方法を取り上げる前に、この広く知られてはいるがあまり理解されていない食品の置かれた状況を整理したうえで、作り方について述べることが重要だと私は考えている。豆腐が伝統的に食べられてきたアジアを除いた地域では、多くの人が豆腐から菜食主義を連想する。中国では、そして実際にはアジアの多くの地域では、豆腐はほとんど誰もが食べる食品だ。豆腐は肉の代用品として料理に使われることもあるが、中国では肉と一緒に調理され食卓に出されることも多い。中国を含めたアジア各地では、豆腐以外にも液体を凝固させて作る食品が存在する。食感の違いを楽しむ料理の文化では、多種多様な食材から柔らかくゼラチン状のかたまりが作られるのだ。私にとって最も驚きだったのは、血豆腐と呼ばれる、豚の血液を凝固させた食べものだった。市場では、リョクトウ、ヒヨコマメ、米などの穀物、そしてタロイモなどのイモ類から作られた、さまざまな色合いのブロックが売られている。私が味見したものは、甘く穏やかな風味だった。またこれらの食材は、驚くほど吸収力が高い。豆腐に類似した数多くの食品は、熱したり冷やしたり、薄切りやかたまりで、あるいは麺にして食べられている。

血豆腐。

中国の市場で見かけた数種類の豆腐類似食品。

貴州省の勤奮村に滞在中のある朝、私たちは夜明け前に起きて近くにある洗米村（Xi Mi Cun）という村へ行き、楊台香という名前の女性から豆腐の作り方を学んだ。彼女とその家族は大豆を自家栽培していて、30年もの間彼女は1日2回、それぞれ2kg（約4¼ポンド）の大豆を使って豆腐を作り、小さな店舗を兼ねた自宅で他の村人たちに売っている。彼女の豆腐作りは、実際には前の晩に大豆を清水に浸すところから始まる。一晩水に浸した大豆は、膨らんで柔らかくなっている。

朝の最初の仕事は、大豆をすりつぶすことだ。私が訪れた中国の別の場所では、手回し式の湿式ミルを使っていた（私も体験させてもらった）が、楊

黄エンドウ豆から作られるビルマの豆腐。

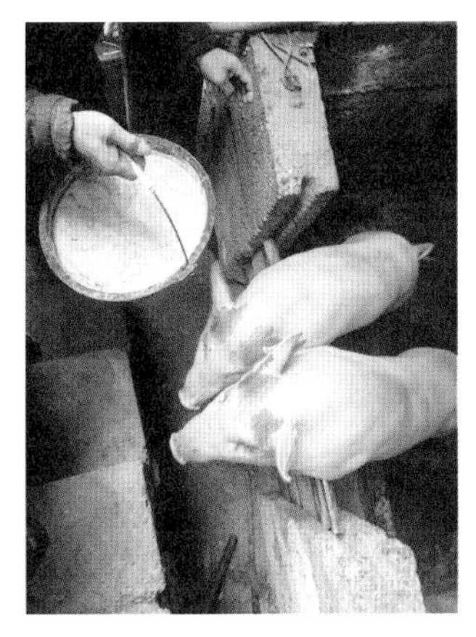

楊台香の飼っている豚は、1日2回与えられる豆腐作りの副産物が大好物だ。

台香は小さな電動ミルを持っていた。それを使って豆をすりつぶし、豆の搾り汁（豆乳）をパルプから抽出する。豆の栄養素を最大限搾り出すため、彼女はパルプに水を加えてもう一度ミルに通す。それから、豆乳を巨大な中華鍋に入れて薪の火で加熱する。一方、残ったパルプ（おから）は家族のサイドビジネスに使われる。彼らが育てている6匹の豚がそれを貪り食うのだ。中国では、豆腐作りの副産物であるおからが多くの豚の飼料となっている。

楊台香は豆乳を沸騰させながら、出てくる泡をすくい取る。この泡が、豆乳を凝固させるタイミングを示しているのだ。凝固剤として、楊台香は石膏（硫酸カルシウム二水塩）を使う。これはチョークのような鉱物だ。豆腐作りには凝固剤として、塩化マグネシウム（にがり）、硫酸マグネシウム（エプソム塩）、グルコノデルタラクトン（GDL）、さらには酸（柑橘類の果汁や酢や乳酸）など、さまざまなものが使われる。楊台香は石膏を多少の水に溶かし、バケツに入れて熱い豆乳を注いでそのまま凝固させていた。

10分ほどたつと、豆乳はヨーグルト程度の硬さの柔らかいかたまりにな

中華鍋で豆乳を熱しているところ。ここで楊台香が取り除いている泡は、おからとともに豚のエサとなる。

新鮮で温かく柔らかいドウフホワ。

る。この温かくてプルプルする十分には固まっていない豆腐を、楊台香はボウルにすくい取って私たちに食べさせてくれた。この温かい、十分に固まっていない豆腐は**ドウフホワ**(豆腐花)と呼ばれる。早朝のひんやりした空気の中で、この温かくて柔らかい豆腐花にちょっと砂糖を振りかけて食べるのは、この上なくほっとするひと時だった。

おいしいおやつを食べた後、凝固しつつある豆腐に戻ってみると、少し固まってはいたが、まだだいぶ柔らかかった。楊台香はそれをすくい取り、チーズクロスを敷いた2つの木型に流し込んだ。それから彼女は、豆腐からさらに水分を搾り出して固くするために、水の入ったバケツを型の上に置いた。重石を数時間かけた後に、より固くはなっているがまだ柔らかい、ゴージャスな豆腐のブロックを彼女は取り出し、切り分けた。

圧搾され、取り出され、切り分けられた豆腐のブロックは、その状態で販売される。このような小さな村では、豆腐は作ったその日に売られるので、冷蔵や正式な包装は必要ない。現在、中国を含め世界中で大量生産されている豆腐もほぼ同じように作られるが、その後豆腐は熱処理され、真空パックされて低温で流通・保存される。言うまでもないことだが、20世紀以前には豆腐を新鮮に保つ方法は存在しなかった。牛乳と同様に、それを保存する唯一の方法は発酵(あるいは乾燥)だったのだ。

豆腐を発酵させる方法はひとつではない。短期間の中国滞在の間に、私は多種多様なバージョンを味わった。マイルドなものも、強烈なものもあったし、赤いものも、白いものもあった。辛いものも、まったく辛くないものもあった。私たちが食べ、学んだものの大部分はフールー(腐乳)またはドウフールー(豆腐乳)と呼ばれるものだ。通常、フールーは毛豆腐(198ページの「毛豆腐」参照)を原料として作られる。ここがフールー作りの最大の難関だが、必ずそうしなくてはならない。最初に菌類で発酵させることが、残りのプロセスを安全に保ち、有害なバクテリアの増殖を防止するために重要だ。アメリカでは、自家製のフールーを原因とするボツリヌス中毒の例が報告されている。その報告書から私が読み取れたのは、すべての例で原料として、入手が難しい毛豆腐ではなく新鮮な豆腐が使われていたことだった。さらに、豆腐はラップをぴっちりと巻かれて自然発酵されていた。これはまさに、*Clostridium botulinum*［ボツリヌス菌］の増殖に適した嫌気性環境だ。毛豆腐なしにフールーを作ろうとしてはならない。

楊台香ができかけの豆腐をすくって布を敷いた木型に流し込んでいるところ。

この木型には柔らかい豆腐が詰まっていて、楊台香はふたを乗せて圧搾する準備をしている。

半分ほど水の入ったバケツが重石の役割をして、豆腐から水分を搾り出して固める。

圧搾した後の豆腐は、より小さく、より固くなる。

楊台香と完成した豆腐。これをブロックに切り分けて売る。

お手製のフールーを見せてくれている丁夫人。

張家のフールーは、はるかに風味が強かった。

綿毛の生えた毛豆腐は、通常は蒸留アルコールに浸してから、塩とスパイス、時には砂糖を混ぜたものをまぶす。「紅麹」、つまり*Monascus purpureus*という菌類を育てた米が加えられることもある。これによって、一部の発酵豆腐に見られる鮮やかな赤い色素が作り出される。調味料をまぶした豆腐のキューブは、かめなどの容器に詰め込まれ、油、塩水、あるいは醸造アルコールに浸された状態で発酵される。発酵期間はさまざまだ。

丁夫人（成都での初日に私たちにランチをごちそうしてくれたうえに、お手製の発酵食品をすべて味見させてくれた女性）が食べさせてくれたおいしいフールーは、比較的マイルドなものだった――特に、私たちが後に試した一部のフールーと比較すれば、非常に取っ付きやすい入門編だったと言えるだろう。彼女の作り方は、先ほど説明した方法の変形だった。毛豆腐のキューブをパイチュウという蒸留酒に浸す。キューブに塩、砂糖、スターアニス、唐辛子、四川唐辛子、そして他のなじみのないスパイスを混ぜたものをまぶす。調味料をまぶした豆腐キューブをかめに入れる。加熱して冷ました菜種油を注いで浸す。そして発酵させる、という流れだ。見たところ、彼女やその家族はかめで発酵させているフールーを冷蔵などせず、そのまま取り出して食べているようだった。私たちが見たかめの中のフールーの減り具合や、そのマイルドさから判断すると、彼女が振る舞ってくれたものはほんの数週間しかたっていないように見えた。

数日後、私たちは成都の郊外の山間にある張家の農場を訪れて、彼らの作った1年もののフールーを味見させてもらった。彼らはキューブを1個だけ皿に乗せ、箸を使ってごく少量だけ取り、崩して他の料理に調味料として混ぜ入れるように勧めてくれた。風味が強いからだ。豆腐キューブの内部はもはや白くはなく、カラメルを思わせる薄茶色をしていた。そのフールーの鋭く刺激的な風味は、私にとってそれ単体では味わうことができないほど強烈なものだったが、ほかの料理に混ぜ入れたときにはおいしいアクセントとなっていた。納豆類似の調味料や魚醤など、非常に癖のある風味を持つ食品と同様に、フールーもそれ単体では風味が強烈すぎることもあるが、控えめに他の風味と混ぜ合わされると、すばらしく複雑で重層的な風味を提供してくれる。

数年後、Pao Liuが私に毛豆腐のスターター（198ページの「毛豆腐」）を持って来てくれた際、私はPaoとMaraと数名の生徒と一緒に、身近な食材を使ってちょっと変わったフールーを2種類作ってみた。ひとつは、キューブに塩をまぶし、ゆでた未発酵の大豆と紅麹そして塩麹と混ぜ、全体をジャーに入れてムーンシャイン［密造酒］と濁酒を混ぜたものに浸したもの。もうひとつは、キューブをムーンシャインにくぐらせ、スペシャル・ソース（211ページ）にさらに塩を加えたものをまぶし、ムーンシャインに浸したものだ。4か月ほど発酵させたところ、どちらも非常においしく、特に極端

私が毛豆腐のキューブにアルコールとスパイスをまぶしてジャーに入れ、発酵させたフールー。

なものではなかったが、風味は明らかに異なっていた。どちらの豆腐も最終的には分解してしまったが、その原因は酵素を豊富に含む麹（最初のもの）や納豆（2番目のもの）を加えたからではないかと推測している。

私はこのセクションを書きながら、もう一度フールーを作ってみた。まず、テンペのスターターを使って毛豆腐を作ったところ、とてもうまくできた。それからキューブをバーボンにくぐらせ、少量の砂糖とさらに塩を加えたスペシャル・ソースをまぶした。このスパイスまみれのキューブをジャーに詰め込み、少量の塩麹と、ニンニクとディルのピクルスの漬け汁に浸した。数週間後、このフールーは匂いも味も素晴らしくなっていて、クリーミーな舌触りとマイルドに刺激的でスパイシーな風味があった。さらに数か月発酵させると、その風味はゆっくりと刺激や癖を強めていった。

このようにありあわせの材料から自宅で作った例から、毛豆腐さえあればフールーは非常に自由に作れることがご理解いただけたと思う。多くの中国の家庭では、思い思いのやり方で、フールーを作っている。実験好きな人は、数多くのバリエーションを試せるだろう。

それ以外にも、毛豆腐を原料とせずに豆腐を発酵させる方法は存在する。その場合でも、有害な微生物の侵入を防ぐために、別の発酵産物を発酵の培地として使うのが一般的だ。日本では、塩麹（156ページの「塩麹」）や味噌（240ページの「豆腐の味噌漬け」）、そしてしょうゆに漬けて発酵させた豆腐に出会った。中国では、野菜などを発酵させた塩水に漬けて豆腐を発酵させることもある。

注目に値するひとつのスタイルが、臭豆腐（チョウドウフ）と呼ばれるものだ。臭豆腐の漬け汁はルー（滷）と呼ばれる。何を使ってルーを作るか、どれほど長く発酵させるかについては、地域によってさまざまなバリエーションがある。私が作った臭豆腐は、英語で中国料理について書いているFuchsia Dunlopの説明をもとにしたものだ。熟したアマランサスの茎を塩水に漬け、「スペシャルな香り」がしてくるまで発酵させる。この塩水が豆腐を発酵させる培地として使われ、発酵した茎は蒸して食べる。Dunlopはその風味を「腐りかかっているのと同時にめちゃくちゃ刺激的」だと形容している。[原注7] Dunlopによれば、アミノ酸の分解によって生成される硫化水素が、臭豆腐の臭みの原因なのだという。材料の違いやルーそのものの発酵の長さ、そして豆腐をルーに漬けて発酵させる時間の長さを反映して、豆腐の臭さには大きな幅がある。

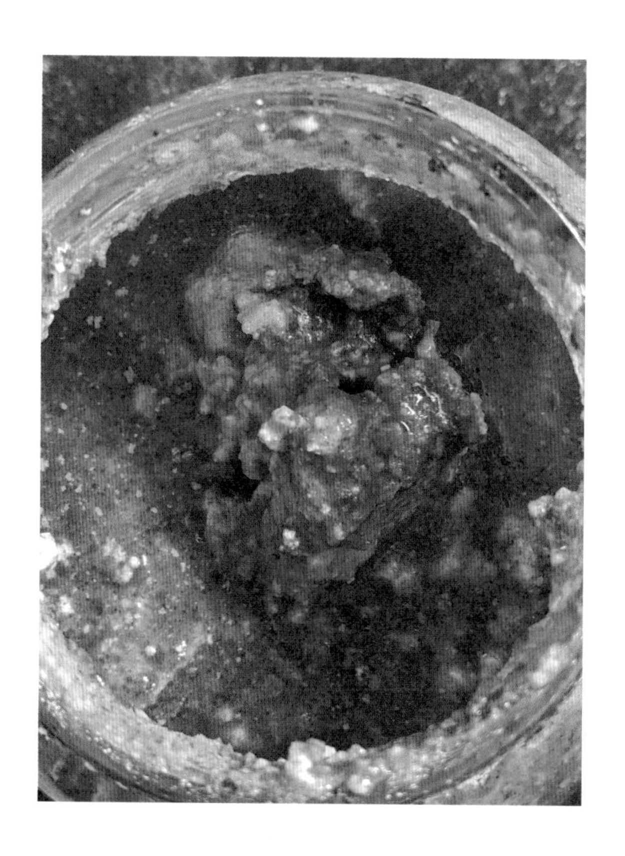

私の作ったフールーを5か月後に味見してみた。おいしい！

COLUMN

発酵の風味の興味本位な取り扱い

臭豆腐は、あちこちで興味本位に取り扱われてきた発酵食品のひとつだ。私が最初にそれについて知ったのは、「Bizarre Foods with Andrew Zimmern」というテレビ番組のあるエピソードを人に教えてもらったのがきっかけだった。そのエピソードではZimmernが台湾へ行き、有名な臭豆腐を食べようとするのだが、飲み込むことができずに吐き出す。「酸っぱくて腐った風味が口の中に残って、ものすごく気持ち悪い」と彼は言い、臭豆腐は「においも味もひどすぎて、私には無理だね」と言い捨てていた。

私も味わったものすべてを好きになれるわけではないが、あえて「異様な（bizarre）」食品を食べてみるというこの番組の基本姿勢は、とうてい容認できるものではない。私たち人類の味覚の素晴らしい適応能力と柔軟性、そしてさまざまな環境で入手可能な食料資源が非常に異なることを考えれば、自分の感覚に合わないという理由でほかの人の食べものを「異様な」とか「においも味もひどい」とか決めつけるのは、ことさらに異質性を他者に投影して笑ったり、品定めしたり、優越感を抱いたり、内心の満足を得ようとすることに他ならない。食の伝統の素晴らしい多様性は、興味本位に取り扱うのではなく、敬おうではないか。

私は臭豆腐を香港とニューヨークのフラッシングで食べたことがある。さまざまな事前知識を得ていたおかげでちょっと身構えていたのだが、どちらの場合も臭みは驚くほどマイルドなものだった。いつの日か台湾を訪れて、かの有名な、もっと強烈な臭豆腐を食べてみたいと思っている。

私が香港の街角で買った臭豆腐。

村の祭り

私たちが豆腐作りを学びに洗米村を訪れたその日、豆腐作りの合間に小さな豆腐屋から外へ出て、近所の村の通りをぶらついてみようと思い立った。私たち自身も注目の的だったが、通りは地域の祭りの準備で大賑わいだった。女性たちは、大量の葉野菜を洗っていた。一団の男たちと数名の女性が、食肉を解体して切り分け、山と積み上げていた。

最も興味を引いたのは、女性たちが**ダンチャン（蛋腸）**という卵のソーセージを作っている光景だった。大きなボウルでかき混ぜた卵にアサツキなどの薬味を加えて、ソーセージを作っていたのだ（238ページの「ダンチャン（卵ソーセージ）」）。

こういった食品の準備はすべて、新しい家の建築を祝う村の祭りのために行われているらしい。私たちはその様子を見たり、写真を撮ったり、ビデオに録画したりしているうちに、宴会に招待されることになった。このような機会に私たちが村に来ていることは縁起が良いと思われたようで、ぜひ一緒に祝ってほしいと世話人たちに頼まれたのだ。山のようなごちそう、パイチュウもたっぷり！　私たちは満腹するまで、いやそれ以上に、飲んで食べた。

洗米村の祭り。

洗米村の祭りのために葉物野菜を準備しているところ。

洗米村の祭りのために豚を解体しているところ。その前では卵ソーセージを作っている。

ダンチャン（卵ソーセージ）

このソーセージを作っている女性に話しかけ、しっかりと記録を取り、そしてこのレシピを書いてくれたMara Jane Kingに感謝する。私たちがごちそうになった卵ソーセージは、味わい深く濃厚なキノコ入りの豚肉スープに入って出てきたが、すばらしくおいしいので、どんな種類の植物や動物のスープの味も引き立ててくれるはずだ。この卵ソーセージを作る前に、スープを準備しておこう。このソーセージを作るには、どうしても二人の手が必要だ。一人がケーシングに漏斗をあてがい、少しずつケーシングを送り出しながら、できてくるソーセージが壊れないように支える。もう一人が漏斗に卵液をゆっくりとレードルで流し入れるのだ。

ソーセージのケーシングに卵液を流し入れているところ。

部分的に火の入った卵ソーセージをスライスしているところ。

さらに加熱調理して膨らんだ卵ソーセージ。この状態で食べる。

[調理時間]

約1時間（スープを作る時間は含まず）

[器材]

- 漏斗

[材料] 卵ソーセージ約24個分

- 豚またはその他の植物や動物のスープ…2クォート／2リットル（味付けはお好みで）
- ソーセージのケーシング…長さ2フィート／60cmで直径1インチ／2.5cmのもの
- 卵…1ダース
- アサツキのみじん切り…大さじ山盛り2杯
- しょうゆ…小さじ1
- 塩…小さじ1
- 白コショウ…少々

[作り方]

1. 卵ソーセージを最後の10分煮込んで仕上げるために、熱いスープを準備しておく。
2. ソーセージを最初に短時間ゆでるための湯を沸かす。
3. ケーシングをすすぎ、水を通して、ぬるま湯に浸す。
4. 卵を溶きほぐし、残りの材料を加えて混ぜ入れる。
5. 濡らしておいた漏斗の管の部分にケーシングをかぶせ、丁寧にたくし上げる。
6. ケーシングの端を結ぶ。
7. 大きなボウルの上で漏斗を持つ。一方の手で漏斗を支えながら、もう一方の手で卵液の入ったケーシングをゆっくりと丁寧に送り出すようにする。
8. 助手に、漏斗を通してケーシングに卵液をゆっくりとレードルで流し込むよう依頼する。
9. 卵液の詰まったソーセージを丁寧にボウルに送り出し、ケーシングを少しずつ伸ばして卵液の入るスペースを作る。必要に応じて、注ぐスピードを遅くしたり速くしたりするように助手へ指示する。
10. 卵液の入っていないケーシングの最後の部分を丁寧に漏斗から外す。ケーシングを結べるように十分な余地を残し、できるだけエアポケットを作らないようにすること。
11. 卵ソーセージを沸騰した湯に入れ、ソーセージが固まるまで10分ほど弱火で煮る。
12. 数分間冷ましてから、1インチ／2.5cm幅に切る。どれも両端が切断面になるように、端の結んだ部分を切り落とす。
13. 切ったソーセージを熱いスープに入れ、卵ソーセージが膨らんでケーシングからはみ出し、上下にキノコのように飛び出した形になるまで、さらに10分ほど煮る。
14. 注意深く観察し、両端が膨らんだら火を止める。火を通しすぎるとさらに膨らんで、Maraの言う「爆発頭」状態になってしまう。

豆腐の味噌漬け

これまで説明したスタイルの発酵豆腐と比較して、**味噌漬け**は簡単で時間もかからない。味噌に含まれる酵素が魔法のように働いて、豆腐のタンパク質がより風味とうま味のあるアミノ酸に分解し、豆腐はさらにクリーミーになる。最もシンプルに豆腐の味噌漬けを作るには、豆腐を味噌でコーティングして、そのまま数日熟成させればよい。しかし、私のかつての生徒で『Ferment』という素晴らしい本の著者であるHolly Davisが、ワンランク上のおいしい豆腐の味噌漬けを作ってくれた。塩辛い、発酵期間の長い味噌を、より酵素を豊富に含む、発酵期間の短い甘いみそとブレンドし、さらに甘味とレモンの皮を加えたものに漬けるのだ。『Ferment』に掲載されている彼女のレシピを、私がアレンジしたものを以下に示す。

［発酵期間］

3〜5日

［器材］

- まな板または平らな大皿２枚
- チーズクロスまたはモスリン

［材料］ 12オンス／350g分

- 固めの豆腐…12オンス／350g
- 塩辛い発酵期間の長い味噌…カップ1／320g
- 甘い発酵期間の短い味噌…カップ½／160g
- みりん…大さじ2
- 米水飴（または麦芽水飴あるいは蜂蜜）…小さじ1
- レモンの皮…小さじ1
- 昆布…¾インチ／2cm、すりつぶして細かい粉末にする（オプション）

［作り方］

1. まな板か大皿を使って、豆腐から余分な水分を搾り出す。シンクの端に板を置き、水がシンクに流れ込むように反対側を少し持ち上げる。その上に豆腐を乗せ、もう一方の板を豆腐にかぶせてやさしく圧力をかける。1時間置いて水切りする。
2. 豆腐を十分に包めるほどの大きさのチーズクロスかモスリンを皿の上に敷く。
3. ボウルに他の材料を合わせ、よく混ぜて味噌床を作る。
4. 水切りした豆腐を取り出して、味噌床を表面全体にすき間なく塗り付ける。
5. 味噌を塗った豆腐を、皿の上の布に乗せる。布で豆腐をゆるく包み、常温で３日から５日置く。暖かい環境では３日、より涼しい環境では５日。
6. 漬け終わったら、豆腐を布から取り出して味噌の層を丁寧に包丁でこそげ取る。味噌床は再び豆腐の味噌漬けを作るのに使ったり、ほかの料理に使ったりできる。豆腐から出た水分で薄まった味噌床は元の味噌ほど日持ちしないので、早く使うこと。
7. この味噌漬けはクリーミーで素晴らしく野性味があり、スプレッドやディップソースとしてもおいしい。Hollyは次のように書いている。「味噌漬けにした豆腐は、セロリの茎につけてもおいしいですし、濃いめの出汁［日本のスープストック］と一緒にミキサーにかけると『チーズっぽい』ソースになります。このソースは、下ゆでした野菜に掛けてオーブンで焼き上げると、すばらしいおいしさになります。」［原注8］

カカオ

私がカカオの木と最初に出会った——熟したさやを収穫し、甘くジューシーな果肉を味わい、果実が発酵され、乾燥され、そして農場でチョコレートに加工されるのを見た——のは、エクアドルのMashpiという名の美しい森林再生プロジェクトでのことだった。Mashpiは赤道にほど近い緑豊かな谷間に位置し、首都のキトから車で西に数時間の距離にある。Mashpiの創立者のひとりAgustina Arcosは、私のキトでのワークショップに参加したことがあり、私を招待してくれたのだ。

Mashpiが再植林を行っている土地は、かつて熱帯雨林だったが切り開かれてアブラヤシのプランテーションになってしまった場所だ。そこへ向かう道すがら、私たちは数多くのアブラヤシのプランテーションを通り過ぎた。パーム油を求める世界的な需要にこたえるための巨大なモノカルチャーだ。アブラヤシは他のどんな油糧作物よりも単位面積当たりの採油量が多く、アフリカや他の一部の熱帯地域の伝統的料理に好んで使われるだけでなく、加工食品や化粧品、動物の飼料、そして（これらすべてを合わせたよりも多量に）バイオ燃料にも使われている。

アブラヤシのプランテーションのために熱帯雨林を燃やして土地を切り開くことには、いくつもの問題がある。燃やすこと自体によって汚染が生じ、木々に取り込まれていた炭素が大気中に放出されるため、気候変動が悪化する。緑豊かな熱帯雨林は、先住民に居住地を提供するだけでなく、植物や動物などの生命体の生息地ともなっている。森林破壊によって住民たちは追い立てられ、生態系のバランスは破壊され、すでに危機に瀕している文化や種への重圧がさらに高まることになる。

アブラヤシと同様に、カカオも一般的には巨大なモノカルチャーで栽培される。特定の作物を大規模に栽培するのが、資本主義的な食料生産の方式だ。残念なことに、それはまったく持続可能ではない。地球上の生命は単独ではなく、互いに結び付き補い合って維持されている。現在、世界の大部分のカカオが主に熱帯雨林が切り開かれたモノカルチャー農園で栽培されている西アフリカでは、カカオが危機に瀕している。多くの木が、原因不明の病気にかかっているのだ。ほかの植物と同様に、カカオも多様性豊かな森林の中で進化してきた。カカオに必要なのは、モノカルチャーではない。実際、Mashpiのように多様性を保って管理された森林のほうが木も土壌も健康であることが一般的であり、生産者にとっては単一作物への依存が軽減される。

森林を再生するためのMashpiの戦略は、食用作物を中心とした生物多様性を作り出すことであり、そこにはさまざまな品種のカカオの木をはじめ、バナナ、サポテ、チクル、コーラナッツ、そして私が聞いたこともない数多くの植物種が含まれる——自生種もあれば、世界中の他の熱帯地域原産のものもある。例えば、彼らが育てているサラクは、インドネシア原産のヤシだ。果皮が蛇の皮を思わせる感触をしているので、英語ではスネークフルーツとも呼ばれる。

カカオの果実。カカオの木は、品種の違いによって異なる色やサイズの果実をつける。

Mashpiで働くMarcoが、カカオの実を割って果肉を取り出しているところ。

Agustinaの夫でこのプロジェクトのパートナーでもあるAlejandro Solanoは、鳥類学者であるとともにオールラウンドな博物学者であり、学術誌に鳥類学の研究を発表したり、南アメリカ全土でバードウォッチングのツアーを主催したりしている。私たちが到着した日の午後、彼は毎日観察している鳥を探しに、私を連れて颯爽と山の中腹まで登った。それはズアカアリヤイロチョウという鳥で、Mashpiはこの鳥の通常の生息地域外にあると考えられていたのだ。

私はちょっと懐疑的な思いで彼に付き合い、数分間のうちにその鳥が姿を現さなければ場所を変えるつもりだった。しかしAlejandroは自信に満ちていた。ここがその場所なのだ。その鳥は何日も連続してこの時間に来たのだから、また来るはずだ。彼は鳥が姿を見せたご褒美に芋虫を用意していた。私にとっても、休みなく旅を続けて初対面の人たちに教えたり自己紹介したりした後で、じっと待つのは心休まるひとときだった。そしてなんと、しばらくすると小さくてカラフルな鳥が姿を現したではないか。Alejandroはその鳥をShungitoと名付けて、3年も観察を続けていた。彼は最近になってもう一羽の小さいズアカアリヤイロチョウを見かけたそうだ。Shungitoの子どもだろうと彼は考えている。

私のMashpiでの主な関心事は、カカオの栽培と加工について学ぶことだった。ここでカカオの木は、さまざまな他のフルーツやナッツの木、さらには食べられる実やナッツをつけない木とも混植されている。いくつかの異なる品種のカカオの木が植えられ、明らかに形や色の異なる実をつけていた。カカオの実は数週間ごとに収穫される。収穫した実はその場で割り、甘い果肉を、そこに含まれる種子とともに取り出す。種子と果肉は収集されるが、果皮は木の周りに捨てられて、木のマルチングや小動物の住み処としての役割を果たす。Mashpiの人たちは、農場の運営のすべての面を収奪ではなく再生に結び付けるよう努力しているのだ。

新鮮なカカオの果肉は、とてもおいしい！　みずみずしく甘く、新鮮なジュースも素晴らしかった。1日か2日発酵させると、いっそう味わい深くなる。Mashpiでは、果肉を網の袋に入れてジュースを落としながら、4日ほど発酵させる。初期の発酵は主に嫌気的に行われるが、果肉が分解して空気が通るようになると、好気性の微生物が優勢になる。発酵によって発生する酸や熱、そして酵素がカカオ豆の生化学的特性を変化させ、色は黒ずんでユニークな風味が出てくる。発酵後、果肉がほぼ完全に分解したカカオ豆は1週間ほど天日干しにされる。

この状態のカカオ豆は日持ちするので、輸送が可能となる。しかしMashpiは、農場の中でチョコレートを製造している珍しいショコラティエだ。カカオ豆はローストするとさらに風味が増し、豆の外皮が緩む。それからカカオ豆を粗く挽いて、外皮を吹き飛ばして取り除くと、カカオニブとなる。

カカオの果肉。種子は果肉の中に埋もれている。

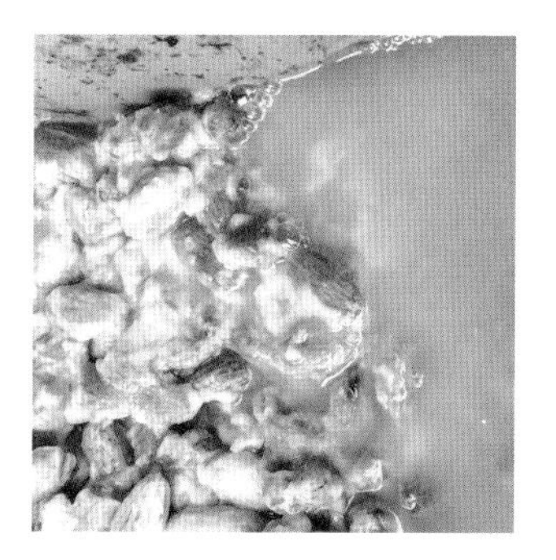

発酵によってカカオの果肉は分解し、種子もまた変容する。

最後に、カカオニブを何時間もかけてゆっくりと挽くと、どんどんきめが細かくなり、最後には滑らかでクリーミーなカカオリカーとなる。これを他の材料とブレンドし、テンパリングし、型に流し込めば板チョコレートの完成だ。

Mashpiで作られる最もユニークな板チョコレートは、乾燥させたカカオの果肉が入ったものだ。私が知る限り、カカオの果肉を混ぜ込んだチョコレートを作っているところは他にないし、これが実においしいのだ！　これが非常に珍しいという事実が、カカオの栽培からチョコレートの製造への隔たりの大きさを如実に物語っている。カカオは熱帯地域で栽培されるが、チョコレートは大きな市場が存在する場所で加工されるのが普通だ。スイスはチョコレートで有名だが、カカオの木からは遠く離れている。

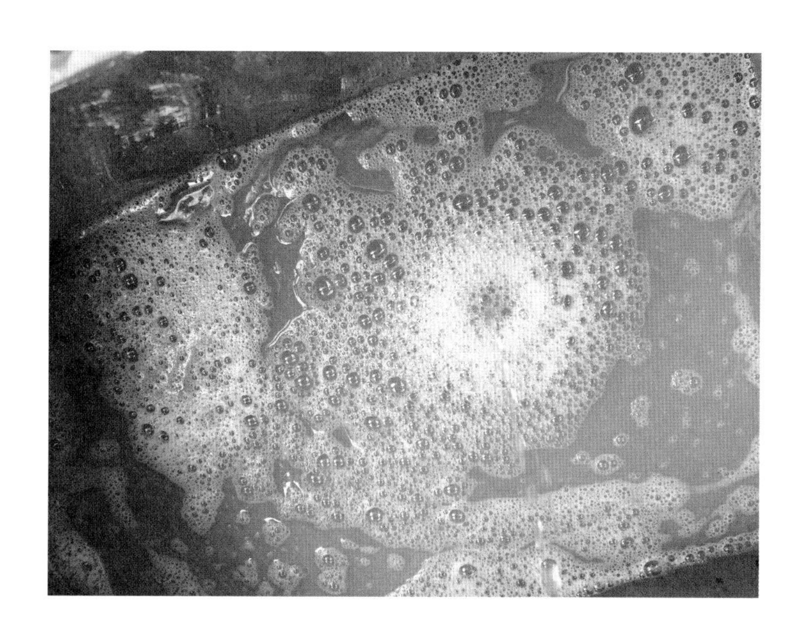

発酵しているカカオのジュース。

チュクラ

この項の筆者はEsteban Yepes Montoya

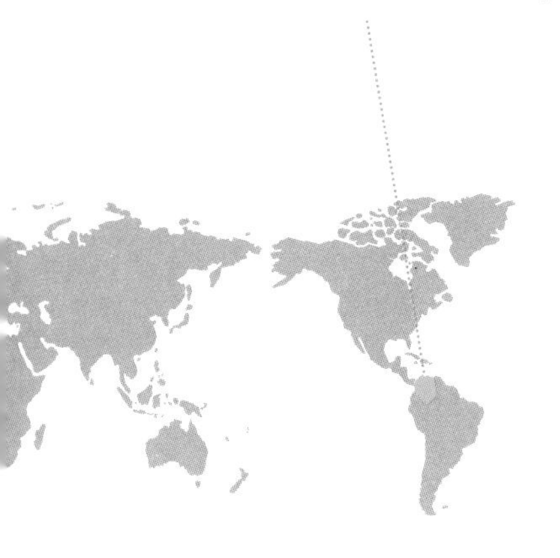

チュクラ（Chucula）はコロンビアのホットチョコレート飲料で、クンディナマルカからボヤカに至る高原地帯の農夫のレシピだ。この地域のMhuysqaと呼ばれる土地管理人や農民にとって伝統的な朝食であるこのホットチョコレートはそれだけで食事になり、食べごたえがあり、濃厚で栄養豊富であり、何日にもわたる重労働の糧となる。チュクラづくりは2つの段階からなる。最初に、材料を合わせて乾燥した団子を作る。これを私はツァンパ（tsampas）［本来の意味は、炒った大麦を粉にしたチベットの主食］と呼んでいるが、日持ちが良く保存も容易だ。次に、必要に応じてこのツァンパを使ってチュクラを作る。

以下のレシピは伝統的な農夫のレシピを私なりに解釈したものであり、脳の働きを増強しシャーマニックな秘薬とするためにハーバルエンハンサーを加えている。これは、私たちの前を歩いて行ったすべての人、土地管理人、先住民、生物多様性の擁護者、そしてこの伝統を今に伝えている老女たちへのオマージュだ。そこには、地域の保護とその民族植物学的な財産の保全へ向けた祈りが隠されている。さまざまな互恵的で修復的な手法がキッチンの火と肥沃な土地との間で育ちますように。そして、古いものがゆっくりと崩れ去るのを私たちが目撃している今現在に生まれつつある新しいパラダイムへ適合しますように。

チョコレートは世界中で愛されている食品のひとつだが、大部分の人はその先住民の神聖な食べものとしてのルーツや、その原料となる木*Theobroma cacao*のことを無視している。西洋では、伝統的に医薬品や栄養物として使われてきたこの貴重な植物と私たちの関係が、嗜好品や日用品のひとつへと変化してしまった。先住民の伝統では、カカオは儀式に利用されてきた長い歴史がある。中南米全域にわたる先住民コミュニティーでの直接的な経験とフィールドワークを通して、私はチョコレートを一種の緊張をほぐす再生の秘薬、カウンセリング医薬品、無条件の愛の触媒、家族を聖別しモチベーションを強化する日常の聖餐として理解するに至った。

この本でチョコレートのレシピを紹介してほしいとSandorに頼まれたとき、この歴史を紹介しようと思い立ったのは、実はそういうわけなのだ。チュクラは私たち人間のありようを再び威厳あるものとし、発酵の錬金術を通して、カカオの実からホットチョコレートの器へと至る奥深い結び付きを理解する手助けをしてくれる、飲むことのできるマニフェストだ。私たちがこのような意図をもって愛する人とチョコレートを分かち合うとき、それが収穫された土地の記憶は私たちの中で発酵し続け、私たちは世代を超えて生き続ける遺産の受領者となる。古代の情け深い精霊、Xocolatl、Ix-Kakaw、Yeté、Yelá、Muzeyu、Oreba、Sibu、Ix-Balam、Bacau、Ologeliginyabbileleの、民族植物学的な、薬学的な、原型的な、神話的な、儀式的な、そして社会的な文脈に埋め込まれた遺産だ。

このレシピは、あなたの愛する人とともに味わい、常に心地よく脈打つ心臓のほろ苦い性質に安らぎを見いだしてほしい。偉大なサルと、私たちの前を歩いて行ったすべての人たちの長生きを祈る！

ツァンパを準備する

［調理時間］

約1時間

［器材］

- 二重鍋（水を張った大きな鍋の中に小さな鍋を浮かべる）
- 泡立て器
- ふるいまたはざる

［材料］ ツァンパ10〜15個分

- カカオペースト、カカオ100％の板チョコレート、または製菓用チョコレート…½ポンド／250g
- シロップ状の甘味料*1 …カップ⅓／100g
- ハーバルエンハンサー*2
- シナモンパウダー…小さじ1
- クローブパウダー…小さじ¼
- カルダモンパウダー…小さじ½
- ジンジャーパウダー…小さじ½
- 本物のバニラエッセンス…大さじ2、またはバニラ豆のさや4本の中身をかき出したもの
- チリパウダー…ひとつまみ
- 海塩…ひとつまみ
- ローストして挽いた穀物または豆類*3…カップ¾／100gほど

［作り方］

1. カカオペーストまたは無糖チョコレートを二重鍋で温める。直火でチョコレートを温めると、簡単に焦げてしまう。
2. 別の鍋で、お好みのシロップを沸騰させないようにじっくり温める。
3. カカオが完全に溶けたら、湯せんにしたまま泡立て器でかき混ぜながら温めたシロップを少しずつ加える。味見して甘さを確かめ、お好みでさらに温めたシロップを加える。
4. 溶かしたペーストを引き続き泡立て器でかき混ぜながら、ふるいまたはざるを使って少しずつハーバルエンハンサーを加える。
5. 溶かしたペーストを引き続き泡立て器でかき混ぜながら、ふるいまたはざるを使って少しずつスパイスを加える。
6. ペーストを湯せんから取り出す。
7. ローストした穀物と豆類の粉をボウルに合わせておく。
8. 溶けたカカオとスパイスのペーストがまだ熱いうちに、ローストした粉の入ったボウルへ少しずつ注ぎ、よくかき混ぜてまんべんなく行き渡らせる。
9. このチュクラの生地を常温で数分間寝かせ、少し冷やしてとろみをつける。
10. チュクラの生地を、大さじ2〜3／30〜50gの団子に成形する。
11. 団子をトレイに乗せ、清潔な布をかぶせて数日間乾かす。
12. 団子が乾いたらジャーに入れて保存し、必要に応じてチュクラを作るのに使う。

＊1　蜂蜜、メープルシロップ、ヤーコンシロップ、デーツシロップ、あるいはパネラ、ピロンシージョ、糖蜜など、好みの甘さのもの

＊2　乾燥させ粉末にしたアダプトゲン、強壮効果のある薬草、キノコなど、例えばホーリーバジル、霊芝、チャーガ、ヤマブシタケ、アシュワガンダ、オウギ、オシャ、シラジット、ツルドクダミ、イワベンケイ、ダミアナ、キャッツクロー、五味子、ビーポーレンなど、すべてでも一部でも、まったく使わなくても、ほかのものを使ってもかまわない

＊3　以下のすべて、または一部を含め、なるべく多くの種類を使うこと：トウモロコシ、ヒヨコマメ、ソラマメ、エンドウ、レンズマメ、小麦、大麦、あるいはその他の地元産の豆類や穀物

チュクラを作る

［調理時間］

約10分

［器材］

- 伝統的にはモリニージョ
  （チョコレート用の木製の泡立て器）、
  あるいは泡立て器または
  ハンドミキサー

［材料］ カップ1／250ml分

- チュクラのツァンパ…1個
- ギーまたはバター…大さじ1
  （オプション）
- チリパウダー
  （量はお好みで、オプション）
- ローズウォーターまたは
  エディブルフラワーのハイドロゾル
  （量はお好みで、オプション）

［作り方］

1. チュクラ1杯につき、カップ¾／180mlほどの湯をフツフツと煮立たせる（沸騰させてはいけない）。
2. チュクラのツァンパ、ギー（使う場合）を加える。
3. 伝統的なモリニージョをお持ちであればそれを使って、あるいは泡立て器かハンドミキサーで、色とりどりの虹のような泡が表面に上がってくるまで、まんべんなくかき混ぜる。
4. もう一度、フツフツと煮立たせる。
5. チリパウダーとローズウォーター（使う場合）を加える。
6. 熱いうちに召し上がれ。愛する人と一緒に楽しんでほしい。このチュクラは、あなたの心と体と精神を元気づけ、和らげてくれる秘薬なのだから。

コーヒー

コーヒーには、さまざまな段階で発酵が伴う。私が最初に訪れたコーヒー農園、Kuaiwi Farmは、ハワイ島のコナにある。非常に小さな農園で、発酵は極めてシンプルなものだった。収穫したばかりのコーヒーベリーを小山のように積み上げ、ホースで水を掛けて洗い、タープで覆い、そのまま数日間自然発酵させて果肉を分解させるとともにコーヒー豆の風味を引き出す。数年後、私はコスタリカで小規模な農家からコーヒー豆が集められるのを見た。コーヒー豆は新鮮で無傷のように見え、どんな形の発酵や加工もされていないようだった。しかし集荷場でコーヒーベリーが巨大な鋼鉄製のかごから出される時までに、底のほうの最初に摘まれたベリーは、きっと発酵を始めているだろうと私は想像している。

私はブラジルで、Fazenda Ambiental Fortaleza（環境の砦農場）というコーヒー農園の発酵ワークショップに参加した。この農場のあるモコカという街は、サンパウロから北へ3時間ほど行ったところにある。Mashpiのカカオと同様に、コーヒーは樹木に覆われた日陰の多い区域で育てられていた。その農園で最も興味深かったのは、コーヒーの発酵に関する実験的な調査が行われていることだった。この調査のために、彼らは発酵の長さや温度、湿度などの変数をコントロールし、それが結果としてコーヒーの風味にどう影響するかを調べていた。私は、農場を所有し運営している家族の一員であるFelipe Croceに、得られた知見の一部を教えてくれるよう依頼した。

コスタリカの小規模農家から収穫されたばかりのコーヒーベリーが集められる集荷場。

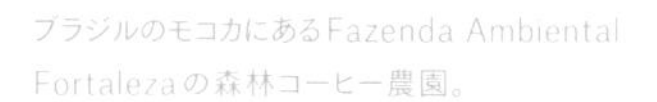

ブラジルのモコカにあるFazenda Ambiental Fortalezaの森林コーヒー農園。

COLUMN

コーヒーの発酵に関する考察

この項の筆者はFelipe Croce

かつて発酵は、コーヒーの生産において欠点とみなされていた。伝統的な農村地域では、コーヒーを適切に焙煎して淹れて味わうスキルがコーヒー農家にないため、収穫した後のコーヒー豆は地元の仲買人へ運ばれて評価され販売される。伝統的なコモディティーコーヒー［大量に国際取引されるコーヒー］の用語では、「コーヒーが発酵している」とは異臭がするという意味になる。この業界でトレーニングされた鑑定人は、澄んだ甘い風味を高く評価する。このような状況で、コーヒーにおける発酵の役割は何十年も顧みられなかった。その後、コーヒーの風味は幅広く標準化されることになった。発酵は、コーヒーの種子から果肉を取り除くシンプルな手法として利用されたが、それ以外の発酵は欠点とみなされた。

コーヒー業界に新しい発想が生まれ、香りや風味のおいしさが追及されるようになると、コーヒー豆に含まれる風味前駆物質が新たに注目されるようになった。コーヒーの風味前駆物質は、主に遺伝的表現型とコーヒーが育った環境に由来する。その環境は、気候条件によって変わる。モジアナ地区の乾燥した収穫シーズンは、夜の寒さや昼の暑さと相まって、より多くの糖と濃厚なボディーをコーヒーチェリーに作り出す。その一方で、エスピリトサント地区の湿度の高く寒い夜と昼の寒さは、さわやかな酸味と滑らかでライトなボディーを作り出す。テロワールのもうひとつの側面は、人的要素——土壌を肥沃にするための堆肥づくりなど、農家に影響される要因——であり、発酵はここから始まるとみなさなくてはならない。また私たちの行っている発酵産物の葉面散布は、より多くの風味をコーヒーに作り出すことを最近の研究が示している。

コーヒーで発酵が最も普通に利用されるのは、コーヒーチェリーが摘み取られた段階だ。コーヒーの果実が枝からもぎ取られると、枝があった部分に穴ができ、この開口部から微生物が糖分豊富な果肉にアクセスできるようになるため、必然的に発酵が始まる。私たち農家は一日中コーヒーチェリーを摘み、それを日陰に置いた清潔な袋に入れて行く。一日の終わりに、トラクターが畑を回ってその日に摘んだコーヒーチェリーをパティオ［乾燥場］へ運ぶ。コーヒーがパティオに到着した際、農家にはいくつかの選択肢がある。その選択は最終的に、カップの中の風味に影響することになる。

一般的な乾燥のスタイルには2種類ある。コーヒーが摘み取られた段階での水分量は60パーセントほどだ。業界標準では、種子を生きた状態に保つとともに大規模な変化を防ぐために、酵素活性の安定点である水分量11パーセントまで豆を乾燥させる。業界では、特にコモディティーコーヒーと物量が重視されてきたブラジルでは、精製（果肉の除去）と乾燥を迅速に行うことが最上とされてきた。これには、外皮をつけたまま乾燥させる（ナチュラルと呼ばれる）方法と、外皮を除去する（パルプトと呼ばれる）方法がある。

ナチュラルスタイルの乾燥の場合、外皮が付いたままの果実を単純にコーヒーパティオに広げて乾燥させる。この比較的遅いプロセスにかかる時間は、農園の湿度や温度によって大きく変化するが、7日から21日の範囲である。パルプト乾燥の場合、水を利用してコーヒーチェリーをデパルパー［果肉除去機］に通し、それから豆を水槽の中で発酵させる（ウォッシュトと呼ばれる）か、外皮を取り除いた豆をパティオの上で直接乾燥する（ハニーと呼ばれる）。ハニープロセスではナチュラル手法の半分ほどの時間で発酵が進み、ウォッシュトプロセスは最も高速で、豆は水中に12時間から36時間浸される。

酵母とバクテリアがミュシレージ［粘質物］に含まれる単糖を消費するにしたがって、一連の風味に富む副産物が生成される。この発酵のひとつの成果が、より長鎖の多糖類の生成であり、それが焙煎のプロセスを経て、口当たり（mouthfeel）やぬめり（viscosity）と表現されるカップの中の感覚に変化する。そのため、大幅に一般化すれば、ウォッシュトプロセスの風味はさわやかでデリケートであり、ナチュラルプロセスの風味は重厚・濃密で香り高く、そしてハニーはその中間となる。

私が発見したのは、60パーセントの水分量がナチュラルプロセスのコーヒーを作るための閾値だということだ。水分量が60パーセントを超えると、バクテリアの活動によって強い酢酸の風味が作り出される。65パーセントを超えると、発酵中の果皮上にカビが発生するリスクがある。50〜60パーセントの水分量では、非常な注意と清潔が必要とされるが、強く好ましいフルーツの風味が得られる可能性がある。水分量が50パーセント未満であれば、安全にレッドフルーツからドライフルーツのクリーンな風味のあるナチュラルプロセスのコーヒーが作れる。

私がこの農園に来て働き始めたときには、年老いた労働者が夏の盛りの日々にアスファルト舗装されたパティオで乾燥作業を行っていた。非常な高温になるのでコーヒーはすぐに乾いたが、焼けてしまうこともあった。現在では私たちのパティオは清潔なセメントに代わり、ネットで部分的に日陰を作り出すことによって乾燥中のコーヒー豆の温度が28℃／82℉を超えないようにコントロールしている。洗浄とパルプ除去プロセスの水源を変更し、湧き水から直接引くようにした。器材を常に清掃し消毒することによって、バクテリアや酵母のクラスターの発生を防いでいる。発酵と風味向上の分野で、コーヒー業界が大いに発展するだろうと私は信じている。しかしそのためには、まず農家を支援する市場を開拓し、農家に求められる投資を呼び込まなくてはならない。

COLUMN

自転車をこいで動かすコーヒーミル

もうひとつの忘れられないコーヒーの思い出は、オアハカの素敵なコーヒー協同組合を訪れたことだ。協同事業という、私的所有に代わる事業形態が存在することを私はいつも心強く思っている。そして、オアハカには数多くの協同組合が拠点を置いていることがわかった。1章ではプルケを作っている女性たちの協同農場、Mujeres Milenariasを訪れたときのことを書いた（10ページの「Mujeres Milenarias」）。オアハカのコーヒー協同組合は地元の協同事業ネットワークに属していて、コーヒー以外にも、別の協同組合が加工したチョコレートや、別の協同組合が出版した小さな本などを売っている。

そこで目にした光景で私がとても気に入ったのは、自転車をこいで動かすコーヒーミルだった。小規模な事業にはぴったりの発想だ。安価で、運用や保守が容易だし、人力で動かすため、停電や電力料金の急騰の影響を受けることもない。このような中規模の食品加工事業や、従業員所有の協同組合がもっと増えてほしいものだ！

オアハカのコーヒー焙煎協同組合にあった、自転車をこいで動かすコーヒーミル。

アカラジェ

アカラジェをパーム油で揚げているところ。

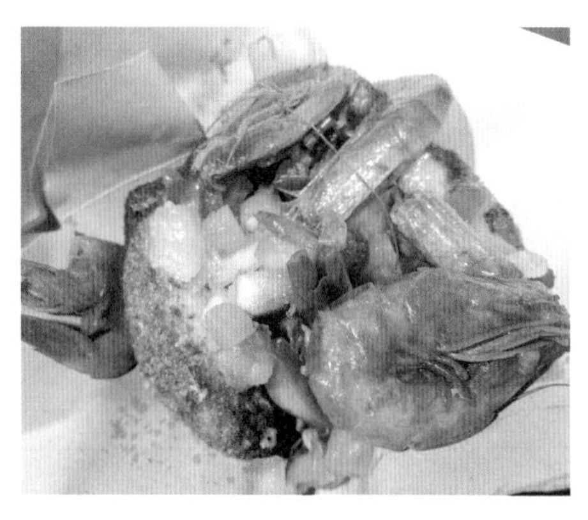
エビのヴァタパを添えたアカラジェ。

ベジタリアンのソースとカシューナッツを添えたアカラジェ。

アカラジェ（Acarajé）は、黒目豆［black-eyed peas、ササゲの一種］とタマネギの生地から作る、おいしいアフリカ系ブラジル料理のフリッターだ。私はだいぶ昔に、コネチカット州ブリッジポートにある協同組合レストラン、BloodrootのSelma Miriamから教わった。Bloodrootでは、豆のピュレを常温で1時間から数時間置いてから揚げていた。それに対して私は何年も前から、1日から数日発酵させている。ある時点までは、どんどんおいしくなって行く。発酵によって、どちらかと言えば淡白な風味が、より興味深い、複雑な、そして深い味に変わって行くのだ。発酵によって栄養素の生物吸収性が高まり、発生する二酸化炭素の泡はピュレを膨らませてアカラジェの食感を軽くする。

私は、ブラジルで教えていたときに食べたアカラジェの味が忘れられない。熱く、サクサクしていて、ヴァタパ（vatapá）と呼ばれる海老とココナッツとピーナッツのペーストと一緒に食べるのが定番だ。アカラジェはいつでもおいしいし、その周囲には素晴らしい文化がある。サンパウロでの初日、私のホストであるLeticia Janicsekが、Acarajé do Cacáというカウンターとテーブルがいくつかあるだけの小さなオープンカフェに連れて行ってくれた。私たちは伝統的な海老のヴァタパを添えたアカラジェと、ローストしたカシューナッツと濃厚なナッツ入りソースのベジタリアンバージョンを食べた。

そのサンパウロの店でアカラジェを作っていたのは短いあごひげを生やした男性で、turbanteをかぶっていた。これはアフリカ系ブラジル人女性の伝統的な被り物で、ブラジルのバイーア州の都市サルバドルではアカラジェの作り手を示すものとなっている。Leticiaの説明によれば、慣習的にアカラジェの作り手は女性であり、時にはクィアの男性やジェンダー・ノンコンフォーミストのこともあるそうだ。私たちがサルバドルに立ち寄った際に見かけたアカラジェの作り手はすべて女性だった。しかしサルバドルにほど近いブラジル海岸沿いの島ボイペバでは、Dannyが所有し運営するレストランでおいしいアカラジェを食べた。素晴らしい料理人で愛想のよい主人でもあるDannyはクィアのジェンダー・ノンコンフォーミストで、ムームーを着てネックレスをしていた。

私がブラジルで出会ったアカラジェの作り手の中には意図的に生地を発酵させている人はいなかったが、私が食べたアカラジェはどれも最高においしかった。おそらくそれは（冷蔵の手段を持たない露天商の場合は特に）熱帯の暑さの中では数時間のうちに生地が必然的に発酵を始めてしまうためだろう。それはテネシー州の夏でも同じことだ。アカラジェは発酵させたほうが断然おいしいと私は思う。以下に示すのは、私のやり方だ。

RECIPE

［発酵期間］

1日またはそれ以上

［器材］

- かめ、広口のジャーなど、容量2クォート／2リットル以上の容器
- ミキサーまたはフードプロセッサー
- 泡立て器、ハンドミキサー、またはパドル付きのフードプロセッサー

［材料］4～6人分

- 黒目豆（生）…カップ1／250g
- タマネギ…1個、荒く刻む
- 塩…小さじ2／10g（量はお好みで）
- 黒コショウ（量はお好みで）
- 油（どんな種類でもよい）またはバター

［作り方］

1 黒目豆を一晩水に浸す。

2 好みに応じて、豆の皮をむく。ブラジルでは、皮をむくのが普通だ。（とても手間がかかるし、私は豆の皮に含まれる食物繊維を食べたいので、皮はむかないことが多い。）豆を水に浸したまま、両手を水に突っ込んで、両手を押し付けながら円を描くように動かし、手のひらの間で豆をこすり合わせて豆の皮を取り除く。豆を一粒ずつ親指と人差し指でつまんだり、重く先の丸い道具で豆を叩いたりする必要があるかもしれない。定期的に水をかき混ぜて、はがれた皮を水面に浮かび上がらせる。皮は取り除いて捨てる。必要に応じて水を足しながら、何回かこの作業を繰り返す。皮を取り除けば取り除くほど滑らかな生地になるが、おそらくすべて取り除くことはできないだろう。少なくとも私には不可能だった。

3 タマネギ、塩、そしてコショウとともに豆をミキサーまたはフードプロセッサーに掛ける。滑らかなペースト状になるまで、よく混ぜること。水分を補って生地がまとまるように、必要に応じて水をほんの少し加える。

4 このペーストを、かめ、ジャー、またはボウルに入れ、虫が入ってこないように（しかしガスは逃がせるように）ゆるく覆って発酵させる。少なくとも容量が倍になっても大丈夫なほど大きな容器を使うこと。

5 1日または数日間かけて、容量が少なくとも50パーセント増加するまで発酵させる。数日置くと、風味は強くなる。さらに何日かすると——暑ければ短い日数で、涼しければ長い日数で——腐り始めてしまうかもしれない。そうなる前に、発酵した生地を冷蔵庫に入れて、アカラジェを作る時まで保存しよう。

6 アカラジェを調理する前に、生クリームや卵の白身を泡立てるのに使う道具、例えば泡立て器を使って、必要に応じて少しずつ水を加えながら、滑らかで粘り気のある生地になるまで十分にかき混ぜる。これによって生地は劇的に変化し、はるかにクリーミーになって空気を含むようになる。

7 ブラジルでは普通、アカラジェの生地をパーム油で揚げてフリッターにする。私はたいてい、フライパンに油（種類は何でもよい）かバターをほんの少し入れて、カリッときつね色に焼けるまで、両面を数分間ずつ揚げ焼きにする。

8 召し上がれ！　伝統的にはエビとヴァタパを添えるが、キムチ、アボカド、バジルペースト、チャツネ、あるいは甘くないヨーグルトソースなどのトッピングを実験してみるのもいいだろう。

ファリナータ

ファリナータ（Farinata）は、ヒヨコマメの粉から作るイタリアの揚げ菓子だ。それに類するものは、イタリアのさまざまな地域やフランスなどでも食べられている。ファリナータは、socca、fainá、cecina、そしてtorta di ceciなど、さまざまな別名でも知られている。私はこのヒヨコマメのケーキについて知りたいと思っていた。豆を発酵させる慣習はアジアでは広く見られるが、アジア以外に豆を発酵させる伝統は存在するかと質問されることが多いからだ。私は旅先でファリナータに遭遇したことはないが、多少の調査と実験はしてみたことがある。

私が見つけたファリナータのレシピの中には、明示的に発酵を取り入れたものはなかった。どのレシピにも、生地をしばらく（20分から1時間）置いておくという記述はある。Enrica Monzaniによれば（彼女は生まれ育ったイタリアのリグリア州の料理について研究し、教え、ブログを書いている）、適切な時間は「少なくとも4時間、できれば8時間」だそうだ。彼女のブログ「A Small Kitchen in Genoa」が、ファリナータを作るための分量とテクニックを私に教えてくれた。

Enricaによれば、そのように長い時間粉を浸しておくのは「粉が水分を十二分に吸収しなくてはならないから」だ。それが正しいことに疑いはないが、材料を合わせて寝かせておく時間が必要だというなら、さらに長く（時間単位ではなく日単位で）置いたらどうなるだろうか？　ファリナータの生地がふんわりと泡立つまで1日あるいは2・3日発酵させるという実験をしてみたところ、ふわふわのオムレツやスフレを思わせる、軽い食感のおいしくクリーミーなごちそうができ上がった。

ファリナータ。

ファリナータ

［発酵期間］

2〜3日

［器材］

- 泡立て器
- 直径10インチ／25cmの銅または鋳鉄製のクレープパン（もっと大きなパンを使う場合には、パンに流し込んだとき生地の層の厚さが¼〜⅓インチ／7〜9mmほどになるように、レシピの分量を増やすこと）

［材料］直径10インチ／25cmのファリナータ1枚分

- ヒヨコマメの粉…カップ¾／100g
- 塩…小さじ1／5g
- オリーブオイル（またはその他の植物油）…大さじ3½／50g
- 少量の薄切りにした野菜（タマネギ、パプリカ、アーティチョークの芯、キノコなど何でも）や、すりおろしたり砕いたりしたチーズ、ファリナータの表面に振りかける（オプション）

［作り方］

1. ヒヨコマメの粉を10オンス／300mlの水と合わせて、泡立て器でダマがなくなるまでよく練り混ぜる。（まだ塩は加えないこと。）
2. この生地にゆるく覆いをして、数日間発酵させる（暖かい場所では短めに、涼しい場所では長めに）。
3. ふんわりと泡立つのがわかるまで、少なくとも1日に1回は泡立て器でかき混ぜる。泡立ってきたら次の手順に進む。
4. オーブンを最高温度で予熱する。
5. オーブンにパンを入れて予熱する。私は鋳鉄製のパンを使っている。多くのレシピは銅製のパンを指定しているが、残念ながら私は持っていない。
6. パンを温めている間に、生地に塩を加えて泡立て器で最後のひと混ぜをする。
7. 熱くなったパンを慎重にオーブンから取り出す。
8. 油を注ぎ、熱したパンの表面全体に均等に広げる。
9. 油と生地が混ざらないように、油の上に浮かべるように生地を流し込む方法については、「ファリナータの重要なテクニック」に示したEnricaの有益な助言を参照すること。パンの中心のすぐ上に45度の角度で保持した木製のスプーンを伝わせながら、熱い油の上にゆっくりと生地を流し込む。
10. お好みに応じて、小さく切った野菜やチーズ、あるいは何か思いつくものを生地の表面に振りかける。
11. パンをオーブンの下段に入れ、ファリナータが固まってきつね色になるまで10〜15分焼く。
12. オーブンをグリルモードにして数分間焼き、表面に焼き色を付ける。
13. 1分間冷ましてから切り分ける。
14. できたてのファリナータを、熱いうちに召し上がれ。

COLUMN

ファリナータの重要なテクニック

Enrica Monzaniのブログ「A Small Kitchen in Genoa」より

油は……パンの内面に保護膜を形成するとともに、生地の上側と下側を覆わなくてはいけません。この重要な第一歩を成功させるためには、いくつかの注意が必要です。パンは、その中に油を（そしてファリナータを）注ぐ前に、すでに熱くなっている必要があります。ファリナータの生地は、パンの中心に保持したスプーンを伝わらせながら、非常にゆっくりと注がなくてはいけません。こうすることによって、生地は油の表面を突き抜けたり油と混じったりせず、油の上に浮かぶことになります。その後、生地の縁を回って上がってきた油が、生地の表面を均一に覆います。こうして、生地を包み込む油の「パジャマ」が形成されるのです。

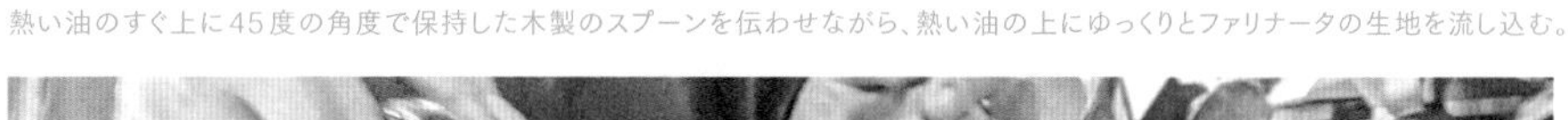

熱い油のすぐ上に45度の角度で保持した木製のスプーンを伝わせながら、熱い油の上にゆっくりとファリナータの生地を流し込む。

COLUMN

発酵の多様性と正義

この章では、この本のほかの章と同様に、世界各地にわたりアフリカや南北アメリカ、アジア、そしてヨーロッパのレシピや話題を取り上げている。残念なことに、私たちの住んでいるこの巨大で文化的に多様な世界では、すべての人に資源への平等なアクセスが確保されているわけではない。それは金銭面だけではなく、土地や空間、時間、教育、情報、旅行の機会など、多くのことについて言える。世界各地で発酵の伝統は食料資源を効率的に利用するための実用的な戦略として発達したにもかかわらず、次第に発酵食品や発酵飲料は白人を中心とした豊かな消費者向けのニッチな産品とみなされるようになってきた。私の友人で発酵愛好者仲間のMiin Chanが、Eaterというウェブサイトで発表したエッセイで「発酵業界も他の業界と同様に白人問題を抱えています」と指摘している通りだ。彼女は以下のように続けている。

> どこを見ても、欧米（つまり北米、イギリス、ヨーロッパ、そしてオーストラレーシア［オーストラリアとニュージーランドの周辺地域］）の発酵業界はほとんど白人の発酵愛好者に支配されていて、多くの場合うわべを取り繕ったBIPOC［黒人、先住民、そして有色人種］の発酵食品を販売し、主に白人の消費者に向けて、それらの食品に関する白人目線の説明を行っています。この多様性の欠如はそれ自体問題ですが、それをさらに悪化させているのが、BIPOCの文化的アイデンティティーに根付いた発酵食品を白人の発酵愛好者が商品化しているという事実です。発酵食品を作るために必要とされる微生物との関係性は、彼らの何世紀にもわたる努力によって発展し改良されてきたのです……。
>
> ほとんどすべてのレベルで、成功を左右するのは白人の窓口です。企業はそこを通して資本を獲得しますし、フェスティバルを企画したりワークショップで教えたりする人物に接触しますし、フードメディアの注目や本の契約、あるいは食品店の棚のスペースが与えられるのもその人物だからです。［原注9］

Miinの言葉はインターネットで論争を巻き起こしたが、私には真実のように思える。この白人問題は、特定の個人の人種差別的な意識に起因しているのではなく、制度的な偏見の表れなのだ。構造的な人種差別について考えれば考えるほど、私がさまざまな特権から個人的に得た利益の大きさを認めざるを得なくなる。私は白人男性であり、エリート教育を受けて成功するように育てられてきた。私はさまざまなことを学び、さまざまなことを書いてきたが、それができたのは私がこの世の中を渡るために利用している特権のおかげだ。発酵について本を書こうと決めたとき、私は自分の持っている特権のおかげでどうすれば本を出版できるか知ることができたし、本を売り込むこともできた。

食べものは、異文化について学び、異文化を楽しみ、尊重するための素晴らしい手段だが、それは複雑で非常に厳しい巨視的な歴史の力と社会構造を背景として存在している。私に提供できる簡単な解決策はないし、そのような簡単な解決策が存在するとも思っていない。Miinが注意を喚起しているダイナミクスは、植民地支配や奴隷制度といった、はるかに大規模な抑圧のシステムの今なお残る遺産だからだ。しかし私が彼女の記事に関する敵対的なソーシャルメディアのコメント——彼女を人種差別主義者と呼ぶもの、自分自身の偏見を彼女の言葉に投影しているもの、またどういうわけか食べものはこういったより大きな社会のダイナミクスの外部に存在すると夢想しているもの——をすべて読んだとき、私はそこに否認を感じた。どんな種類の特権でも、そこから利益を得ている人の責務は、そのような特権を持たない人の言葉を聞き、理解しようと努めることだ。彼らを否定したり、嘲笑ったりしてはならない。そういった重要な社会問題が存在することを認めずに、それを克服することはできないのだから。

発酵は主に裕福な——大部分は白人の——消費者のためのものだ、という誤解には異議を唱えなくてはならない。この本の主題となっている発酵という多様なプロセスは、多様な文化的伝統から生まれたものだ。本当の専門家とは、そのような伝統を生きている人たちであり、彼らの食べものや飲みものをいただく私たちは、彼らとその文化に感謝し、敬意を持たなくてはならない。願わくは、これからの時代の発酵教育者や事業家たちには、私のように人生の半ばにして発酵に興味を持ち始めた人間がもっと減り、世界各地で自分たちが身近に感じながら育った伝統を分かち合う機会を得られる人の数がさらに増えますように。

ghost pepper 31 oct

ミルク 6

MILK

冷蔵や超高温殺菌の技術が普及するまで、新鮮なミルクを飲めるのは乳を出す動物が近くにいる人に限られていた。それ以外の人の飲むミルクは、ほとんどが発酵させたものだった。生乳には常に乳酸菌が存在し、急激に増殖してミルクを酸性化する。生乳が自然発酵すると、とてもおいしいものになる――英語では伝統的にclabber（凝乳）と呼ばれてきたものだ。あるいは、ヨーグルトやダヒ、ケフィア、あるいは**ビーリ**（viili）など（これらはほんの数例だ）乳飲料として発酵させることもできる。そのためのスターターとしては、研究所で分離された純粋培養スターター、ケフィアグレインなどバクテリアと酵母の共生群落（SCOBY）、以前のバッチからの少量の発酵物、そして多彩な植物性の素材など、さまざまなものが使われる。また発酵によってミルクを凝固させ、水分を（ホエーの形で）取り除くことも可能だ。その結果として得られるチーズは、水分を失って固くなっており、エージングする――言い方を変えれば、さらに発酵させる――こともできる。一般的に言って、水分の少ないチーズほど、長期間のエージングや保存が可能だ。

私はあらゆる種類の発酵乳が大好物で、特にチーズにはめっぽう弱い。私は旅しながら信じられないほど多種多様なチーズを食べてきたが、その作り方についてはほかの発酵食品ほど多くを学んではいない。数年前、私がヤギの飼育を分担していたコミュニティーを出てからは、定期的に十分な生乳を入手することもできなくなった。ヤギの生乳が手に入った時は、『天然発酵の世界』の改訂版［日本語版は未出版］に書いたように、たいていシェーヴル（chèvre）を作っている。私が最もよく口にする自家製チーズは、私のパートナーShoppingspree3d/Danielが作ったものだ。彼は私がかつて暮らしていたコミュニティーに暮らしていて、頻繁にヤギの乳を搾り、ミルクが余ったときにはよくチーズを作っている。また、友人でかつて私の生徒だったSoirée-Leoneからもらったチーズを口にする機会もある。彼女は2時間ほど離れたところに住んでいて、数か月に一度は我が家に来てくれる。彼女が携えてくるおいしいおみやげには、お手製の素晴らしい熟成チーズがよく入っているのだ。この章では、彼女とShoppingspreeが私に教えてくれたチーズの作り方を紹介しよう。また、中国で見かけたチーズ作りの詳細と、麹をチーズ作りに応用した素晴らしいリコッタ「味噌」の作り方についてもお知らせする。

この章では、私が毎日のように作っている発酵乳製品、ヨーグルトについてもさまざまな角度から考察する。バルカン半島に点在する辺境の村々では、さまざまな植物などの伝統的なスターターがヨーグルトに使われてきた伝統がある。もはや一般的に使われてはいないが記憶には残っているスターターについて記録した、魅力的な民族植物学の研究について考察する。最後に、ヨーグルトと小麦と野菜から作るトルコの保存食品――**タルハナ**（tarhana）――のレシピを紹介する。タルハナは、インスタントのスープとしても、風味付けとしても、とろみ付けにも使える。

Bruce Kempが彼のチーズのエージングルームを見せてくれているところ。

情熱のチーズ作り

私はチーズ作りを専門とするさまざまな規模の施設を数多く訪ねてきた。一貫した結果を効率的に達成するためにデザインされた空間やシステムを見るのはいつも楽しい。しかし、私は時折ミルクが余ってしまったときにチーズを作るアマチュアなので、野心的な事業家よりも、自宅のキッチンで楽しみや冒険のためにチーズ作りに情熱を傾けている人たちのほうがずっと気兼ねなく付き合える。

私が旅先で出会った、とりわけ情熱的な発酵愛好家がBruce Kempだ。引退してタスマニアの農村部に住んでいる彼の自宅には、熟成中のチーズや肉のアロマが満ちている。Bruceは、トレイにあふれんばかりのお手製のごちそうで私たちを歓迎してくれた。彼は自分で動物を飼育してはいないが、彼のようなスキルがあれば、地元の農家とも容易に取引できるだろう。「私は発酵への情熱を探求し共有しながら、友情とコミュニティーを築き上げてきました」とBruceは説明してくれた。家畜を飼っているご近所からミルクや肉をもらうお返しに、Bruceは自分の作ったチーズや熟成肉、そして知識や時には助力をも提供している。

「伝統的なチーズに、タスマニアならではの工夫を加えることを目指しています」とBruceは言う。彼のロマーノチーズは地元産のコショウの実で風味付けされ、ヴァランセにはハマアカザの灰がまぶしてあり、カマンベールは地元で採れた干しキノコを浸して風味を加えたミルクで作られている。Bruceがチーズを熟成させている場所は、ひんやりとした自宅の中だ。「善玉のカビや常在バクテリアに最も適したプロセスや環境を作り出すようにしています。」彼は、自分のしていることは商業活動ではないと強調する。「伝統やイノベーションを犠牲にしたくはないのです。」売り物にするつもりなら、そのような犠牲を払う必要も出てくるだろう。

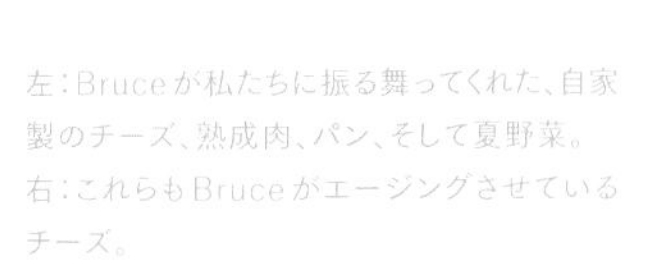

左：Bruceが私たちに振る舞ってくれた、自家製のチーズ、熟成肉、パン、そして夏野菜。
右：これらもBruceがエージングさせているチーズ。

チーズの物語

近ごろ私が最もよく食べている自家製のチーズを作っているのは、私の愛するパートナー、Shoppingspree3d/Danielだ。彼は歩いて行けるほどすぐ近くに住んでいて、私が『天然発酵の世界』に書いたヤギの群れの子孫の乳しぼりをしている。彼はヤギたちを深く愛しており、「森の元素を豊かな栄養に変換してくれる彼らの錬金術」について尊敬を込めて語る。非常に限られた冷蔵設備しかないひとつのキッチンを多人数で共有しているため、コミュニティーにミルクを冷蔵するスペースが不足することは珍しくない。チーズ作りは、緊急課題の解決策ともなる。

たいていShoppingspreeは、フレッシュでエージングしない、酸で凝固させたチーズを作る。彼がチーズのエージングをあきらめたのは、エージング中のチーズをたびたびネズミにかじられたのが原因だが、フレッシュチーズがおいしくて簡単に作れることがわかったためでもある。インドのパニールやメキシコのケソフレスコなど、伝統的なフレッシュチーズを作ることもあるが、チーズにはそれぞれ「チーズの物語」がある、というのが彼の口癖だ。「『これはどんな種類のチーズですか?』といつも聞かれる」と彼は言う。彼は特定の伝統的なスタイルの再現を試みるのではなく、バッチごとの違いを受け入れようとしている。「これは間違って焦がしてしまったもの、これはミルクがあり余っていたときに作ったもの。どのチーズにも物語がある。その物語が、チーズそのものなんだ。完璧という言葉はチーズの物語にはないし、どのチーズも乳腺の奇跡をユニークな形で具現化しているんだ。」

スーパーマーケットで買ってきた低温殺菌牛乳もこのレシピに使えるが、超高温殺菌されたものは避けてほしい。高温処理のため、カードがうまく形成されないおそれがあるからだ。Shoppingspreeが使うのはたいてい生乳で、新鮮なミルクよりも、すでに発酵が始まっている古いミルクを好んでいる。古くて酸味の強いミルクほど、しっかりしたカードができ、固く一体感のあるチーズになる。このスタイルのチーズは、ミルクを凝固させるためにさまざまな酸を使って作られる。Shoppingspreeがお気に入りの凝固剤はザワークラウトのジュースで、次いでライムジュース、レモンジュース、そして酢の順だ。いくつかをブレンドすることもよくある。

このチーズは揚げ物にも向いている。Shoppingspreeのお気に入りの朝食は、彼が「大地に帰る朝食チーズの物語」と呼ぶ、しんなり野菜のサラダだ。バターを溶かし、小さく切り分けたチーズにスペシャル・ソース(211ページ)をまぶして揚げ、揚げたチーズを熱いバターごと採れたての葉物野菜の上に掛けるのだ。何ひとつ無駄にしないよう、彼はチーズ作りの過程で出たホエーを、菜園の葉物野菜の肥料として使っている。

［調理時間］

6時間以上

［器材］

- チーズクロス

［材料］ チーズ約2ポンド／1kg分

- ミルク…1ガロン／4リットル、できればすでに発酵して酸っぱくなり始めている生乳
- 凝固剤として、ザワークラウトのジュース、ライムジュース、レモンジュース、または酢…カップ¼／60ml（ミルクが酸っぱければ少なめに）
- 塩（量はお好みで）

［作り方］

1 ミルクをゆっくりと穏やかに加熱する。ミルクを焦がしてしまったら、そういう味のするチーズになるし、それがあなたのチーズの物語の最も際立った特徴になることだろう。目を離さずに、中火で温めること。「混ぜて、混ぜて、混ぜて、混ぜて、混ぜるんだ」とShoppingspreeはアドバイスしている。彼はミルクに渦ができるようにかき混ぜるのが好きで、「このときミルクに歌いかけて求愛するんだ」と言っている。「チーズは求愛にちゃんと答えてくれる」とも。

2 ミルクがフツフツと煮立ってきたら火を止めて、そのまま熱いミルクを数分間冷ます。

3 凝固剤を大さじ数杯の水で薄める。熱いミルクをやさしくかき混ぜながら、水で薄めた凝固剤を少しずつ加える。「この手順のどの段階も、時間をかけるほどうまくいく」と彼は力説している。壊れやすい、雲のように見えるカードを崩さないように注意しよう。ミルクを凝固させるのにちょうど必要な量だけ、酸性溶液を加えること。熱いミルクに対して酸が十分な量に達すると、凝乳がはっきりと見えてくる。必要以上に酸を加えて凝固させると酸っぱい風味になってしまうし、チーズがべたつくこともある。いったんミルクが凝固してしまえば、カードをホエーの中にしばらく放置しておくことは問題ない。

4 ざるにチーズクロスを敷き、ホエーの中からカードをやさしくすくい上げてチーズクロスに乗せる。このときカードを崩さないように注意すること。ひとすくいごとに塩を振りかける。

5 チーズクロスの四隅をつまんで持ち上げ、ボウルか鍋の上につるしてホエーをさらに抜く。可能であれば、涼しい場所で少なくとも6時間つるしておくこと。

6 でき上がったチーズは、Shoppingspreeが「脳みそのよう」と形容する丸っこくて不規則な形で、スライスできるほどの固さになるだろう。

テン・ベルズ・チーズ

私の友人のSoirée-Leoneは、本当に素晴らしく熟成したチーズを作る。彼女は自分で乳を出す動物を飼育してはいない。その代わり、地元の農家から生乳を仕入れて、チーズなど自分の作った食品（大部分は発酵されたもの）と物々交換している。私が彼女に、この本のためにいくつかチーズを紹介してくれるよう頼んだとき、すぐに彼女が提案したのがこのテン・ベルズ・チーズ（Ten Bells Cheese）だった。「このチーズは作るのが簡単で、成型や培養発酵、スパイスや添加物などの面でチーズ作りに創造性を発揮できます。生乳チーズの安全性が心配なら、60日［適法に販売される生乳チーズについてアメリカ食品医薬品局が設定している最低限の日数］以上エージングするのがいいでしょう。そして重要な点は、特別な器材を必要としないことです。」

テン・ベルズは牛の生乳を使ったチーズで、スイスのチーズの作り手、Glauser氏のBelper Knolle（ニンニク風味で団子状に成型され、黒コショウをまぶして熟成される）にヒントを得たものだ。完成したチーズは「見た目はトリュフにちょっと似ていて、トリュフのように削って食べます」とSoiréeは述べている。「Belper Knolleと私のテン・ベルズは、不可能とも思えるチーズです。たった数週間でハードチーズになってしまうのですから。」エージングは冷蔵庫の中の小さな保存容器で行うことができ、特別なエージング用のスペースは必要ない。以下に示すのは、Soiréeのレシピだ。

テン・ベルズ・チーズ。

［熟成期間］

1か月以上。最初のミルクを寝かせる工程は12〜16時間かかるので、このチーズは午後の遅い時間か夕方早くに作り始め、翌朝に水切りをするのがいいだろう。

［器材］

- 容量1ガロン／4リットル以上のかめまたは鍋
- チーズクロス
- 蓋付きの小さなプラスチック製保存容器
- 竹製のマットまたはチーズマット

［材料］小型のチーズ2個（重さは合わせて½ポンド／225gほど）分

- 全乳（できれば生乳）…1ガロン／4リットル（スーパーマーケットで売っている低温殺菌牛乳も使えるが、超高温殺菌されたものは避けること）通常、このチーズは牛乳で作るが、Soiréeはヤギのミルクでも作っている
- 培養微生物を導入するための熟したケフィア*1…カップ¼／60ml
- 塩化カルシウム*2…小さじ⅛〜¼、カップ⅛／30mlのカルキ抜きした水で薄める（低温殺菌牛乳を使う場合）
- レンネット*3…タブレット¼個、カップ¼（60ml）の水に溶かす
- 塩*4…大さじ1½
- ニンニク…2かけ、つぶす（量はお好みで）
- 粒黒コショウ…大さじ4、香りが立つまで炒ってから、あらびきにする（量はお好みで）

［作り方］

1 冷たいミルクを使う場合には、ミルクを人肌（85°F／29℃ほど）に温める。頻繁にかき混ぜながら、中火で温めること。ミルクが熱くなりすぎたら、火からおろして冷ます。新鮮な温かいミルクを使う場合には、それを単純に鍋またはかめに注ぎ入れる。かめのほうが断熱性能は高いが、鍋を使う場合にはタオルで巻けばよい。

2 ケフィアを使う場合には、やさしくそれを混ぜ入れる。市販の培養スターターを使う場合には、ミルクの上に振りかけて数分間かけて戻してから、スプーンを上下に動かしながらかき混ぜて、まんべんなく行き渡らせる。

3 低温殺菌されたミルクを使う場合には、薄めた塩化カルシウムを加える。数分間置いてから、レンネットを加えること。

4 ケフィアなど、レンネットを含まない培養スターターを使う場合には、レンネットを加える必要がある。水に溶かしたレンネットをミルクに加えて、数分間やさしくかき混ぜる。

5 鍋またはかめにふたをして、タオルで巻く。12〜16時間ミルクを寝かせて、カードを形成させる。

6 チーズクロスをざるの上に敷き、鍋またはバケツの上に乗せる。（栄養豊富なホエーは無駄にせず、飲んだり、発酵食品づくりや料理に使ったり、動物のエサにしたり、植物の肥料にしたり、堆肥にしたりしてほしい。）スプーンでカードをすくってチーズクロスに乗せ、ホエーが勢いよく流れ出なくなるまで水切りをする。それからカードを少しかき混ぜて、さらにホエーを抜く。チーズクロスの3つの角をつまみ、4つ目の角をそこに巻き付けて縛る。このカードを8〜12時間つるして水を切る。虫が寄ってこないように、何か対策をしておくのがいいだろう。私のお勧めは、バケツの中に小さな板を渡し、水切り中のカードをひもでぶら下げて、バケツにふたをすることだ。ときどきチーズクロスを

*1 純粋培養スターターを使う場合、Soiréeのおすすめはレンネットを含むC20GまたはC20使い切り培養スターター1パック、あるいはMA4001かFlora Danicaなどの中温性培養スターター小さじ⅛（この場合レンネットを加える必要がある）

*2 店で買ってきた低温殺菌牛乳を使う場合には、レンネットを加える前に塩化カルシウムを加えることをSoiréeは勧めている

*3 Soiréeは遺伝子組み換えでないWalcoRen製のレンネットのタブレットを使うことを勧めている。液体状のレンネットよりも日持ちする。

*4 Soiréeはヒマラヤピンクソルトかグレーセルティックを使うことが多いが、どんな塩でも構わない。特別な「チーズ作り用の塩」は必要ない。

ほどいてカードをかき混ぜると、より均等に水分が抜ける。このような少量のバッチでは、水切り中にカードをかき混ぜるのは1回で十分だ。

7 水切りしたカードに塩を加え、手でやさしく混ぜ込む。

8 水切りしたカードに、つぶしたニンニクをやさしく混ぜ込む。お好みで、その他の調味料も加える。

9 このチーズのヒントとなったBelper Knolleは伝統的にトリュフのようなかたまりに作るが、パティに成型したほうがエージングや保存が容易になるようだ。カードを半分ずつに分け、それぞれを厚さ1インチ／2.5cmほどのパティに成型する。上面と下面、そして側面が滑らかになるように形を整える。ほかの形状で実験してみるのもいいだろう。

10 それぞれのチーズに、炒って砕いた黒コショウをまぶす。

11 トレイの上に置いた竹製のマットまたはチーズマットにチーズをのせ、常温で乾燥させる。1～2日かけて、外側が乾いたように見え、乾いた感触になるまで乾燥させる。ファンで風を当てると速く乾く。虫が心配なら、空気をよく通しながら虫を締め出す対策を工夫する。

12 プラスチック容器に竹製のマットを入れ、その上に間隔をあけてチーズを並べ、容器にふたをして冷蔵庫に入れる。数日たったらチェックして、容器が結露しているようならふたを取って外気に触れさせて乾かし、それからふたに穴を数個空けておく。（穴が必要ないこともあれば、たくさん穴をあける必要があるかもしれない。）加湿機能のない冷蔵庫で問題となるのは、チーズが乾燥しすぎてひび割れができてしまうことだ。最初は穴をあけないか、穴は数個にとどめておき、必要に応じて外気に触れさせるのがお勧めだ。均等に水分が抜けるように、チーズを週に1回ひっくり返す。ブラシをかけるなどの世話は必要ない。

13 このチーズは1か月たてば食べられるし、数か月間エージングすることもできる。私は最長で8か月エージングさせたことがある。最終的には水分が抜けきって、あまりおいしくなくなってしまう。

シャンクリーシュ

Soiréeが、この素晴らしく簡単に作れるチーズ、シャンクリーシュ（Shankleesh）を教えてくれた。彼女自身の言葉によれば、「このチーズは簡単に言えば、よく水を切ったヨーグルトに塩をして団子状に成型し、お好みの調味料をまぶして油に漬けたものです。油を満たしたジャーにチーズ団子を入れて冷蔵庫で保存しておき、後で食べるのです。私はこのチーズが入ったジャーを冷蔵庫の中に2年近く置き忘れてしまったことがありますが……それでもおいしく食べられました。重要なのは、このヨーグルトチーズはよく水切りをする必要があり、油とチーズの入った容器は十分に冷たく保つ必要があることです。冷蔵庫が必要です。このチーズは、自家製のヨーグルトでも、市販のヨーグルトでも作ることができます。」

シャンクリーシュ

RECIPE

［熟成期間］

チーズを作るには24時間ほど、
その後は長くエージングするほど
おいしくなる

［器材］

- 目の細かいチーズクロス

［材料］ 約½ポンド／250g分

- 微生物が生きている
  全乳ヨーグルト
  …1クォート／1リットル
- 塩…小さじ1、
  お好みで少し増やしてもよい
- ザータル（Za'atar）ブレンド、
  あるいはお好みのブレンド調味料
  （量はお好みで）*1
- オリーブオイル、またはお好みのオイル
  …16オンス／500mlほど

［作り方］

1. ボウルにチーズクロスを敷いてヨーグルトを乗せる。チーズクロスでヨーグルトを包んでつるし、12～14時間ほど水切りをする。
2. 塩をチーズに混ぜ込む。
3. このチーズをチーズクロスで包んで、もう一度12時間ほどつるす。その時点で固くなり、水分が抜けていれば、次のステップへ進む。
4. お好きなサイズの団子状にチーズを成型する。スパイスとハーブをチーズに加えるのは、団子状に成型する前に混ぜ入れてもいいし、成型した後でブレンド調味料をまぶしてもよい。
5. 丁寧に団子をジャーに詰める。オリーブオイルを団子の上から注いで浸す。冷蔵庫で保存する。
6. このチーズはすぐに食べられるが、数か月置くとずっとおいしくなる。
7. チーズを食べてしまった後に残った油もおいしいので、ほかの料理に使ったり、混ぜ入れたりしてほしい。

*1 クミン、キャラウェイ、コリアンダー、アンチョチリパウダー、フェンネル、燻製パプリカ、ニンニク、シナモン、カイエンヌ、そしてスマックの入った乾燥ハリッサのブレンドが、今の私のお勧め

リコッタ「味噌」

いろいろと麹の応用を試してみたが、中でも劇的で意外だったのがこのリコッタチーズだ。柔らかく塗り伸ばせるリコッタの食感を受け継いているが、風味はフレッシュでマイルドというよりは、長期間エージングされたチーズの癖の強さが（比較的）速く現れる。これを試すにあたっては、Rich Shih と Jeremy Umansky が麹について書いた素晴らしい本『Koji Alchemy』からヒントを得た。

RECIPE

［熟成期間］

2～6か月

［容器］

- 容量1クォート／1リットルの広口のジャー、もう少し小さくてもよい

［材料］1クォート／1リットルのジャーひとつ分、比率さえ守れば量は自由に増減できる

- 麹…15オンス／425g
- 塩…大さじ3／1.5オンス／45g（リコッタと麹の合計重量の5パーセント）
- リコッタチーズ…15オンス／425g

［作り方］

1 麹と塩を合わせて清潔な手で混ぜ合わせ、塩とこすり合わせるようにして麹を砕く。

2 リコッタを加え、材料が完全に一体となるまで手で混ぜ続ける。

3 混ぜたものをジャーに詰める。なるべくエアポケットができないようにすること。ジャーがいっぱいにならずに隙間が空いている場合には、酸化を防ぐために表面をラップで覆う。圧力を逃がすため、ジャーのふたはゆるく締めておく。

4 麹とリコッタを冷蔵庫でエージングする。常温ではエージングが速く進むが、腐敗のおそれもある。

5 2か月ほどたってから味見する。パルメザンのような、十分にエージングされたチーズの味がするはずだ。その時点で食べるか、冷蔵庫で引き続きエージングする。

6 このリッチで風味たっぷりなリコッタ「味噌」は、スプレッドとして、サラダのドレッシングやソースの材料として、あるいはキャセロールやシチューなどの料理の素材として使ってほしい。

ルーシャン（乳扇）

中国にも場所によってチーズ作りの伝統があるとわかったのは、私にとってちょっとした驚きだった。チーズは中国料理には存在しない、とはっきり書いてある文献は非常に多いからだ。中国での短い滞在中に私が目にしたのは、その広大な土地全体にわたる信じられないほど多様な地勢や文化、そして伝統的な手法だった。私たちは雲南省にある鄧川鎮という村を訪れた。ここは大理からそれほど遠くなく、**ルーシャン（乳扇）**というチーズが名物になっている。チーズ作り職人の楊群群が、私たちに作り方の概要を説明してくれた。（この作り方のビデオは、YouTubeの「People's Republic of Fermentation」エピソード7で見ることができる。）

チーズ作り職人の楊群群が、
自分の作ったルーシャンチーズを手にしているところ。

凝固剤として使われる「サワーソース」は、
以前のバッチのチーズから抽出したホエーを、1か月間発酵させたものだ。

カードをまとめて水を切る。

大きな箸を使って、カードを伸ばす。

戸外でルーシャンを干しているところ。

最初のステップは発酵だ。このチーズには凝固剤として、以前のバッチから抽出したホエーを1か月にわたって発酵させ、酸度を高くしたものが使われる。Yang夫人が「サワーソース」と呼ぶそれを、まずカップ2／500mlほど中華鍋に入れる。ホエーが沸騰したら、冷たい新鮮な牛乳「スイートソース」を加える。加熱しているうちに、牛乳は凝固してくる。

ハエたたきのように見えるプラスチック製のうちわを使って楊夫人がカードを水切りし、押し付けてまとめると、ゴムのような、モッツァレッラに似たものができる。次に、カードを手で搾ってホエーを押し出してから、なるべく薄くなるように太い箸を使ってチーズを巻き伸ばす。伸ばしたチーズは、2本の木の棒に巻き付けて干す。しばらく干して固くなったものは、作業場から外に出して天日と風に当てて乾燥させる。

でき上がったルーシャンは、噛み応えのある、革を思わせる食感になる。板状に切り分けて揚げるのが普通の食べ方だ。チーズが油に触れるとすぐに、ジュっという音がしてこんがりと色づき、気泡とともに枕のように膨らむ。揚げた後で砂糖を振りかける。とても軽く、サクサクした、熱々のフライドチーズだ。これはおいしい！

揚げたルーシャン。

ルーシャンを並べて干しているところ。

ヨーグルトのスターター

イタリアのポッレンツォにある食料学大学（University of Gastronomic Sciences）で、私はAndrea Pieroni氏にお会いした。彼はイタリアの民族植物学者で、主に東ヨーロッパの発酵食品やその他の食品、そして薬草の伝統について研究している。彼は共同研究者のチームと協力しながらさまざまな手を尽くして、消滅の危機にあるあらゆる種類の地域の慣習を文書化しようとしている。ある論文で、彼らは次のように書いている。

> これらの食品や飲料の生産において注目した共通のテーマは、地元の環境で入手可能な天然スターターへの依存、さらには主要素材そのものに繁殖する微生物（その土地固有の「野生型」スターター）への依存であった。しかし、こういったユニークな現地知識は、このような食の伝統が市販の大規模な工業型農業や食品産業の製品に取って代わられる傾向が強まるにつれて、農村地域さえ危機に瀕している。この傾向は、局所的な微生物の退避地や発酵食品の素材、そして発酵プロセスに関する伝統的な知見の伝承が衰退しつつあることと相まって、多くの同様な慣行の周縁化を、さらには消滅さえも、もたらしている。[原注1]

Andreaが教えてくれた彼の研究成果の中で、私にとって特に興味深かったのは、現地の人たちがヨーグルトのスターターとして使っていると話す植物や昆虫あるいは物体が、この調査結果に見られる知見、特に「地元の環境で入手可能な天然スターターへの依存」と、非常によく符合している点だ。「The Disappearing Wild Food and Medicinal Plant Knowledge in a Few Mountain Villages of North-Eastern Albania（アルバニア北東部の数か所の村落における天然食品と薬草の知識の消滅）」と題する別の研究プロジェクトで、Andreaとその協力者Renata Sõukandは、以下を含む多種多様なヨーグルトのスターターを記録している。

- カバノキの形成層（樹皮の内側の柔らかい部分）
- 野生リンゴ、ブドウ、プラム、そして野イチゴの未熟な果実
- セントジョーンズワートの新鮮な地上部
- カタバミや*Sedum album*（シロバナマンネングサ）の葉
- アリ
- 澄ましバター
- バターミルク
- 雨水[原注2]

このことから私は、アジア各地で麹などのカビをつけるためにさまざまな植物由来のスターターが使われていることを思い起こした（176ページの「ファフ（Faf）と数多くの麹の仲間たち」参照）。また、どの発酵の分野でも多種多様な植物（およびその他の自然物）がスター

ターとして機能し得ることも思い出した。このことを電子メールで議論している中で、Andreaは別の場所で「(汚い)ガラスの破片」がヨーグルトのスターターとして使われる(!)と聞いたことも付け加えてくれた。

こういったスターターを使ってヨーグルトを作っている写真を持っていたら使わせてほしい、とAndreaに問い合わせたところ、どれも実際に使われているところは見たことがない、という答えが返ってきた。彼がインタビューした人たちから聞いたのは、過去にそれらがスターターとして使われているのを見たことがある、という話だった。現在、ほとんどの人は市販のヨーグルトを買うか、自宅で作る場合でもバックスロッピングに頼っている。

私も、ヨーグルトをバックスロッピングで作っている。つまり、前に自分で作ったバッチをスターターとして使っているのだ。大部分の大量生産されたヨーグルトは、伝統的に受け継がれたヨーグルトに見られる広範囲に発達した微生物コミュニティーではなく純粋培養スターターを使っているため、スターターとしての機能を発揮できるのは1世代か、せいぜい2世代がいいところだろう。発達した微生物コミュニティーという防御機構を持たないため、これらの純粋培養スターターはランダムな環境バクテリアへの暴露や、バクテリアを攻撃するバクテリオファージに対して非常に脆弱だ。それは農業の分野で、生物多様性に富むシステムに回復力があるのに対して、モノカルチャーが脆弱であることに似ている。時間がたっても効果が衰えない、伝統的に受け継がれた培養微生物を見つけることができれば、それを使い続けることは容易であり、また冷蔵すれば長期間にわたって維持することも簡単だ。

私のスターターは、長い距離を旅してきた。19世紀にルーマニアからニューヨーク市へやってきて、それ以来ずっとYonah Schimmel Knish Bakeryというニューヨーク市にある小さなクニッシュレストランで使われてきたものだ。しかし、私はYonah Schimmelのヨーグルトを口にしたことがあり、『天然発酵の世界』でもそれについて書いたとはいえ、自分のキッチンでスターターとして使うためにもらってきたわけではない。『天然発酵の世界』の読者の中には、Eva Bakkeslettというノルウェー人女性のように、ニューヨークへの旅行の際にYonah Schimmelに立ち寄り、そのヨーグルトを持ち帰った人もいる。彼女は2014年にイギリスで彼女と私が講師を務めたワークショップを企画し、その際に彼女がスターターとして使うために持ってきたヨーグルトがそれだった。

私は、一部のヨーロッパからアメリカへの移民が自分たちのスターターを持ち込むために使ったと、ものの本で読んだテクニックを試してみることにした。スターターを布に塗り付けて乾かすのだ。私は清潔な布をヨーグルトに浸し、たっぷりとヨーグルトを含ませてから、窓に貼り付けてカチカチになるまで乾かして、衣類と一緒に荷物に詰め込んだ。自宅に帰ってから、その布は何か月か荷物の中に埋もれて忘れられていた。しかし私はついにそれを見つけ出し、コップ1杯のミルクを熱して110°F／43℃程度に冷ましてから、カチカチの布をその温かいミルクに浸し、乾燥したヨーグルトのかけらをミルクにふるい落として、布にしみ込んだミルクを絞り落した。8時間110°F／43℃を保ったミルクは、濃厚で酸っぱい、おいしいヨーグルトに変化していた。私はその1杯からさらにたくさんヨーグルトを作り、それから現在に至るまで何年もの間、そのスターターからバックスロッピングし続けている。

このように連続して作り続けることができれば簡単なのだが、なかなかそうはいかない場合もある。ジャーが壊れたり、停電があったり、事故はいつかは起こるものだ。そのようなわけで、私はAndreaの研究に非常な説得力を感じている。何らかの理由で信頼に足るスターターを失ったときのために、プランBとして何らかの方法を用意しておくことが大切だ。

タルハナ

私が初めてトルコ人フードライターAylin Öney Tanに出会ったのは、2010年にOxford Symposium on Food and Cookeryで、ヨーグルトを使った数多くのトルコの食べものに関する素晴らしい論文を彼女が発表するのを聞いた時だった。そのカンファレンスで、彼女が私たちに食べさせてくれた硬く乾燥したヨーグルトの小片は、風味豊かで健康的な軽食だった。それ以来Aylinは私と連絡を取り合い、私がこの本に取り掛かると、2020年にオンラインで開催されたDublin Gastronomy Symposiumに私を招待してくれた。そこで彼女は同僚のNilhan Arasと、**タルハナ**（tarhana）と呼ばれるトルコのヨーグルトを使った食べものに関する論文を発表していた。

AylinとNilhanはタルハナを、インスタントのスープであり、アナトリアの遊牧民と農耕民の伝統が融合した、実りの季節の食物を比較的食料が欠乏する時期に備えて保存するための手段だと説明している。夏に大量に絞ったミルクから作ったヨーグルト、夏に収穫される小麦、夏野菜やハーブ。これらをすべてまとめて乾燥させ容易に保存できる形態に加工する。これに熱湯を注いで戻せば立派な食事になる。タルハナは、私が『天然発酵の世界』や『発酵の技法』で取り上げた**キシュク**（kishk）と非常に近い関係にあるが、タルハナのほうがさらに用途が広い。小麦を（粒のまま、ひきわりにして、あるいは粉の形で）ヨーグルトと混ぜるのはキシュクと同じだ。しかし（私の知る限り）キシュクと違ってタルハナには、豆類や野菜、ハーブ、さらにはフルーツなどを加えることが多い。「それは食べごたえがあって濃厚なうま味のある栄養満点の冬のスープで、夏の季節の恵みと美味がたっぷり詰まっています」と、AylinとNilhanは書いている。[原注3]

彼らが記録したさまざまな地域のタルハナには、さまざまな形態の小麦やさまざまな豆類、野菜、ハーブ、そしてフルーツが含まれており、またそれらを加熱調理して使うか生のまま使うか、そして最終製品のさまざまな形態（水分の多いペーストや薄いウエハース、干したドーナッツ、団子、そして粉末）といった違いがある。要するに、非常に幅の広い食べものなのだ。インスタントのスープとしても使えるし、より手の込んだスープやシチュー、あるいはソースの風味付けやとろみ付けにも使える。このレシピは、私なりにタルハナを解釈したものだ。これを出発点として、豊富に手に入るものを使って実験してみよう！

[発酵期間]

日照時間が長い夏には
通常1〜2週間

[器材]

- ミキサーまたはフードプロセッサー（オプション）
- 食品乾燥器（オプション）

[材料] 約カップ4／750g分

- トマト、オクラ、パプリカ、唐辛子などの野菜類…1ポンド／500g、粗く刻む
- タマネギ…小1個
- ニンニク…数かけ
- 全粒粉…1ポンド／500g、必要に応じてさらにたくさん
- ヨーグルト…カップ1／250ml
- 塩…大さじ1／15g

[作り方]

1 油をひかずに、タマネギとニンニクを含めた野菜を鍋に入れて中火にかけ、野菜が柔らかくなって溶け合い、シチューのようになるまで20分以上加熱する。トマトを使わない場合には、野菜の水分がなくなって焦げそうになったら少量の水を加える。調理し終わったら、野菜を冷ます。（あるいは、生野菜を使う。）

2 ミキサーかフードプロセッサーを使って野菜をピュレするか、手で野菜を刻んで、ボウルに移す。

3 小麦粉、ヨーグルト、塩を加えてこね、滑らかな生地にする。水分が多すぎるようなら、生地がべたつかずに扱えるようになるまで小麦粉を加える。

4 ボウルに入れたまま1週間から2週間発酵させる。布で覆って虫やほこりが入るのを防ぐ。

5 毎日こねて、露出した外側の表面を内部にこね入れるようにする。これを怠ると、タルハナの表面がカビで覆われてしまうことになる。日数が経つと、タルハナが発酵のさまざまな段階を経るにしたがって、その特徴的な代謝副産物のアロマが香ってくる。発酵期間が長いほど、アロマは強く、癖のあるものになる。

6 発酵したタルハナでクッキーを作り、天板に乗せる。

7 可能ならば天日で、あるいは低温の食品乾燥器で、タルハナのクッキーを乾かす。

8 乾かしながら、次第にクッキーを小さく砕いて表面積を増やし、1日に何回かひっくり返していろいろな部分が空気や日光に当たるようにする。最終的には、タルハナは粉々になる。

タルハナの使い方

1 タルハナは10分ほど水に浸してから使う。1人分あたり、カップ¼／50gほどのタルハナの粉をカップ½／120mlの水に浸す。浸している間に、タルハナをかき混ぜて大きなかたまりがあれば崩す。

2 熱湯を加えれば簡単なスープになる。あるいは、もっと手の込んだスープを作り、タルハナを加えて風味ととろみをつける。またタルハナは、グレイビーやソースのベースとしても使える。水に浸したタルハナをソテーしてから、望みの濃さになるまで少しずつ熱湯を加える。

カンファレンスを食べ歩く

私はとても言葉で言い表せないほどチーズが大好きだ。どんなありふれたチーズでも、それなりに私を満足させてくれるが、特に私をわくわくさせてくれるチーズもある。いま私が最も魅力を感じている――匂いとかびのきつい――チーズが、子どものころは大嫌いだった。匂いがあまりに強くてひどかったため、そして見た目が悪かったため、腐りかけているように思えたのだ。いまの私は、熟成と腐敗のはざまにあるチーズ、つまり腐る瀬戸際のおいしさに、とても魅力があることを理解している。ある種のチーズは、ある種のフルーツやある種のワインと同様に、時間がたつほどおいしくなり……そしてある時を境に悪くなり始める。私のこれまでの人生で、私にとってのその境目は変化してきたし、多くの人にとってはその境目の向こう側にある食べものも、私はとてもたくさん口にしている。

チーズの風味と同じくらい私が大好きなのは、そのさまざまな食感だ。とろりとした、粘り気のある、クリーミーな、癖の強い、爛熟したソフトチーズほどおいしいものはない――しかし、水晶を思わせるパリパリした食感のドライエージングされたチーズをかみしめると、それもまたいいものだと思えてくる。崩したり、溶かしたり、塗りつけたり、伸ばしたり、チーズのさまざまな食べ方は、人間文化の伝統と想像力によって自在に変化するミルクの万能性を如実に物語るものだ。

私は発酵復興主義者として活動する中で非常にたくさんのイベントに参加してきたが、その席で供された豪奢な食べものの中には、必ずと言っていいほどチーズが含まれていた。このような状況に置かれては、チーズ大好き人間の私が度を過ごしてしまうのも仕方のないことだろう。あちこちのカンファレンスを巡り歩く中で、私は最高級のチーズを食べまくる機会に恵まれてきた。

いくつかのイベントは特に規模が大きく、例えばイタリアのトリノで2年に1度開催されるスローフードのイベント、テッラ・マードレは、「食べもの、環境、農業、そして食の政治学に特化した最大の国際イベント」と称している。私も2008年と2018年に参加したこのイベントには、世界中のあらゆる地域を代表して何千人もの参加者がやってくる。そこには、伝統的な食品を展示した巨大な商談エリアだけでなく、絶滅の危機にある食べものを応援するプロジェクト、スローフードプレシディア（Slow Food Presidia）のコーナーも併設されている。

テッラ・マードレで見かけたチーズたち。

プレシディアも商談コーナーも、興味がかき立てられるような光景や匂いに満ちていた。特に私が感じ入ったのは、そこで見たり味わったりしたチーズの多様性だ。チーズ作りは（あらゆる種類の食品製造と同様に）それが生まれる背景となった資源や条件に適合した、数多くの風変りな独特の手法を進化させてきた。そのような独特の手法の中には、大規模な市場や流通の要求にこたえて生き延びてきたものもあれば、完全に消えてなくなってしまったものもある。しかし一部の非常に風変わりな伝統的なチーズは、流通が非常に困難であるにもかかわらず、なんとか命脈を保っている。羊一頭分の皮で巨大なチーズのかたまりを包みこんだり、同じ目的のために木の樹皮を使ったりする光景を見るのは、なんとすばらしいことだろうか（写真を撮っておけばよかった！）。私がそれまでに目にしたことがないほど豪華なカビの生えたチーズを見かけたのも、このイベントでのことだった。

＊　＊　＊

非の打ち所がないほど完璧にキュレーションされたチーズのビュッフェが用意されているイベントもあれば、数種類の特別な地元のチーズだけが並んでいることもある。時には、参加者が自分の発酵の実験を私に見せてくれることもあった。アイルランドのコーク県で行われるBallymaloe Literary Festival of Food and Wineというイベントでは、バターの作り手であるPatrik JohanssonとMargit Richert——バターバイキングと自称している——が、このフェスティバルが始まる数か月前に農場の泥炭地に埋めておいたバターを掘り出して披露していた。多くの人は、土の中に埋めておいたバターを食べるというアイディアに、あるいはその強いチーズ臭に、恐怖を感じていたようだった。私は最初、その土臭いチーズ臭が気に入ったが、その喜びは酸敗を思わせる風味によって妨げられた。その後、かつて私の生徒だったJohnny Drain博士がバターの酸敗について書いた挑発的な記事によって、私の判断は再考を迫られた。「バターの酸敗を引き起こす化学プロセスや、それによって生じる風味や芳香化合物は、多くの非常に愛されているチーズにも共通して含まれ、またそのようなチーズの特徴でもある」と彼は指摘する。「食品や油脂の酸敗や酸化の知覚は、文化的な差が大きいだけでなく文脈にも依存する。」マイルドな酸敗は、バターの風味に豊潤さと複雑さを付け加える、と彼は述べている。[原注4]

私のカンファレンスでのチーズ食べ歩きのクライマックスは、アメリカチーズ協会の年次総会で講演したときということになるだろう。教育プログラムや人脈作りだけでなく、このカンファレンスではチーズの品評会も呼び物となっている。チーズの作り手たちは、何十種類にも分類されたカテゴリーに、彼らの最高のチーズを出品する。私はその優劣を判定するプロセスに詳しいわけではないが、鑑定人たちはそれぞれのチーズをほんのちょっとしか食べないようだ。なぜかと言えば、このカンファレンスのフィナーレには、出品されたすべてのチーズが味のカテゴリーごとに分類されてテーブルに並べられたレセプションが催され、その中にはうずたかく積まれたものもあったからだ。私はできるだけ控えめに少しずつ食べようと心がけながら、青カビチーズのテーブルから、柔らかく熟成されたチーズの並んだテーブルへと飛び回っていたが、最終的に我を忘れて夢中になったのは燻製チーズだった。チーズの種類が膨大にあるおかげで、ほんの少しずつ食べてもすぐに満腹になってしまう。チーズ以外に食べたものは、パンやクラッカーといったチーズのお供だけだった。私はビールを飲んで、胃の中にたまったチーズをふやかした。バランスを取るために、ザワークラウトのジャーを持ち込むべきだっただろうか？

アメリカチーズ協会のFestival of Cheese会場に、果てしなく並ぶチーズたち。

肉と魚　7

MEAT AND FISH

最も傷みやすい種類の食品、つまり肉や魚を保存するための多面的な戦略の中で、発酵は重要な地位を占めている。しかし保存手段としての発酵が単独で用いられることはまれにしかなく、乾燥、塩蔵、燻製などと組み合わされるのが一般的だ。これらの保存に役立つテクニックを複合的に用いることによって、全体的な保存性を部分の総和よりも向上させることができる。

保存の手法は、気候によって異なる。乾燥は最もわかりやすい。日照時間の多い場所では、食品を乾燥させるのは簡単だ。国際貿易の初期から現在に至るまで重要な食料交易品であるバカラオ（塩漬けタラの干物）は、主に日照時間の長い北大西洋地域で漁獲され乾燥される。ビルマ（ミャンマー）の市場では、これまでに見たことがないほど種類豊富な魚の干物を見かけた。魚や肉を天日干しにすることが難しい地域では、それに代えて燻製にすることが多い。いくつかの保存手段が連続して用いられることもある。日本では鰹節を作るために、内蔵を取り除いて切り分けたカツオを煮熟し、繰り返し焙乾［煙でいぶしながら乾燥させること］し、カビ（*Aspergillus glaucus*）付けをして天日干しにする。完成した鰹節は軽い木材のように感じられるほど乾いていて、台鉋に似た器具を使って薄片を削り取る。この薄片が、調味料として利用される。

他の保存手段を複合させることなく肉や魚を発酵させている地域は、私の知る限り北極圏だけであり、この場合には低い気温そのものが複合的な保存手段となっている。この章では、まずアラスカを訪れてスティンクヘッドなど現地の珍味の作り方を学ぶ。グリーンランドの微生物学者、Aviaja Lyberth Hauptmannが、彼女の故郷の発酵食品の一部について説明し、それらがどのように誤解され歪曲されてきたかを語ってくれる。

次に、米や麹などとともに肉や魚を発酵させる、さまざまなアジアの発酵手法について調べて行く。米が供給する炭水化物は、バクテリアに乳酸の産生を促し、それが肉や魚の保存性を向上させる。私が日本で味わったさまざまなスタイルのなれずしについて解説し、そのいくつかの作り方を記述する。また、中国の山間部にある勤奮村の女性が、米とスパイスのペーストの中でフナや豚肉を発酵させてイェンユイ（腌魚）やイェンロー（腌肉）を作る方法についても説明する。**ネーム**（naem）――米とニンニクと塩のペーストの中で豚肉を発酵させるタイの発酵食品――のレシピを紹介し、**ソブラサーダ**（sobrasada）について学んだ私の経験をお話しする。ソブラサーダは、大量のパプリカパウダーを炭水化物の供給源として発酵させるマジョルカ島のソーセージだ。

この領域の発酵食品を作るために最も大事なのは、新鮮な地元産の魚や肉の入手先を確保することだ。私がオーストラリアで出会って感銘を受けた、自家製熟成肉の作り手であるBruce Kemp（265ページの「情熱のチーズ作り」を参照）が、「私の使命は、農作物を守るために駆除される野生動物や固有種の消費を増やすことだ」

と言っていた。Bruceは、彼の独創的なチーズに加えて、ポッサムやワラビーのおいしいサラミも食べさせてくれた。「私は最近、オーストラリアの野生化した動物に注目したサラミも作っているんだ。馬やウサギ、ヤギ、イノシシなどだね。これらはすべて、環境にかなりの悪影響を与えている。」彼によれば、多くの人はこれらの肉を調理して食べるという考えに拒否反応を示すが、すべての肉食いにとって発酵には肉をよりおいしく感じさせる効果があるようだ、とも言っていた。

鰹節削り器と、削り節でいっぱいになったその引き出し。引き出しの上に置かれているのが、削り終わった鰹節。

さまざまな種類の魚の干物、ビルマの市場にて。

スティンクヘッド

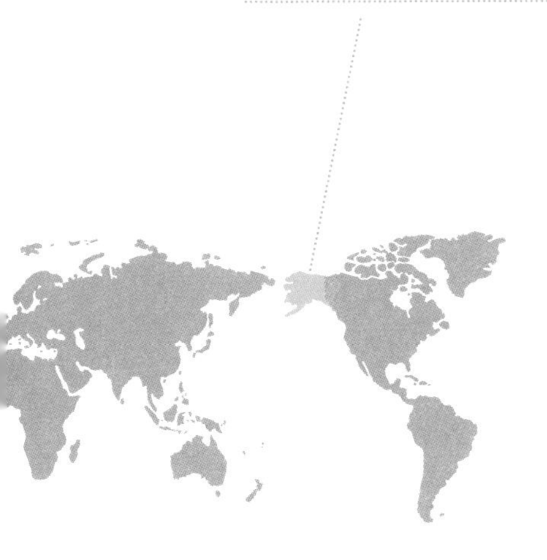

夏が短く、厳しい寒さと暗さの冬が長く続く北極圏にあって、アラスカに人びとが住み着くことができたのは先住民の食料保存テクニックのおかげだ。私はこれまでにアラスカに2度行ったことがあるが、いずれも季節は夏だった。夏のアラスカは豊饒の地だ。多くの人は魚を獲り、獲らない人も友人から分けてもらう。植物の生育期は比較的短いが、一部の野菜は日照時間の非常に長い夏の間に巨大なサイズにまで成長する。ベリー類も豊富だ！　しかし夏の緑の豊かさと同じくらい、冬の食料の乏しさは厳しい。食料を保存することは生活の一部となっている。アラスカ先住民には冬に備えて食料を発酵させ乾燥させる長い伝統があり、数回にわたって波のように押し寄せた入植者たちも彼ら独自の伝統を携えてきた。

私は、アラスカでの伝統的な食品の取り扱いについてアラスカ先住民から学ぶ機会を得た。シトカでお会いしたBertha Karrasという名のトリンギット族のお年寄りは、トリンギットの民に受け継がれてきた伝統的な保存食品について、喜んで教えてくれた。彼女が説明してくれたのはスティンクヘッド（stinkheads）、つまり鮭の頭を発酵させた食品の作り方だ。鮭の頭を麻袋に入れ、浜辺の岩の下に埋めて8日から10日、海水で洗い流す。Berthaによれば、この発酵させた鮭の頭を食べると「身体が浄化される」そうだ。また彼女は、鹿肉のコンビーフについて、どの集落にもある燻製小屋について、鮭の卵をジャーに入れて発酵させることについて、そして鮭を冬に向けて保存するために「骨のように乾く」まで乾燥させ、それから1日かけて水に浸して戻してから調理することについて、話してくれた。セキショウモやサルオガセ、ラブラドルチャ、そしてサーモンベリーの新芽を摘んだ思い出も語ってくれた。

悲しかったのは、Berthaが昔を懐かしむように、これらの食の伝統を若いころの記憶として思い出しながら話していたことだった。「伝統的な食べものは、ほとんどなくなってしまいました」と彼女は嘆いた。何がその原因だと思うか聞いてみたところ、彼女は「ミックスカルチャー」のせいだと言った。住民たちが土地や海からの豊かな恵みを活かして生き抜いてきた地域では、そういった伝統は新来者にも大事にされ、受け継がれてきたのだろうと想像できる。しかし文化の混交が植民地主義と資本主義の影響のもとで推し進められると、それらの影響が支配的となるだけでなく、狡猾なマーケティングにより降り注ぐ新製品や味覚のために、既存の文化が

Bertha Karrasと孫のCayla、アラスカ州シトカの自宅にて。

破壊されてしまうこともある。その相乗効果により、伝統的な手法は駆逐され、周縁化される。Berthaの成人した孫で彼女と同居しているCaylaも同じように感じていた。彼女の世代はトリンギットの食の伝統を学ぶことに非常な興味を持っているのに、その伝統を受け継いでいる人がほとんどいないため、知識や学びの機会が失われている。今こそ、そういった伝統を復活させるときだ。Berthaのように生きた記憶を共有してくれる人たちがいるうちに。伝統が消え去ってしまう前に！

ジュノーで会った別のトリンギットのお年寄りLeona Santiagoは、彼女の祖母から伝統的なトリンギットの食文化を教わった。彼女は、乾燥や燻製、缶詰づくりや発酵など、魚を保存するために用いられるさまざまな方法について話してくれた。私をLeonaに紹介してくれたMarc Wheelerは、ジュノーの中心部にあるCoppaというカフェのオーナーで、想像力豊かな料理で私を感嘆させた人物だ（何年たっても、私は砂糖漬けの鮭のアイスクリームが忘れられずにいる）。Coppaの（終業後の）キッチンで、Leonaは私たちにスティンクヘッドの作り方と、ソープベリー［ムクロジ］から美しい泡を作る方法も見せてくれた。

Leonaのスティンクヘッドは Berthaの説明通りのものだったが、浜辺に埋めたりはしない点だけが異なっていた。「以前は、鮭の頭を浜辺の岩の下に埋めて、満ちてきた潮に鮭の頭が洗われるようにしていました」とLeonaは説明してくれた。「麻袋を使って、その中に鮭の頭を1週間入れておくのです。」今では、鮭の頭を発酵させる人自体がほとんどいなくなってしまい、まだそうしている人もほとんどが樽を使って屋外の燻製小屋に保管している、と彼女は言う。私たちは、陶器製のつぼ（家電製品のスロークッカーに付属していたもの）を使ってスティンクヘッドを作ってみた。Leonaは、彼女が**ギンク**（gink）と呼ぶギンザケの頭を使った。鮭の頭を洗い、顎の下から首に切れ目を入れて切り開き、側面の皮をはぐ。それから皮をはいだ頭を上向きに容器の中に並べ、きちんと積み重ねる。その上からひとつかみの塩を振り、塩をした鮭の頭に水を注いで浸し、ゆるくふたをして、涼しい場所に保管して発酵させる。

Leonaがギンザケの頭を発酵させる準備をしているところ。

鮭の頭を切り開いたところ。

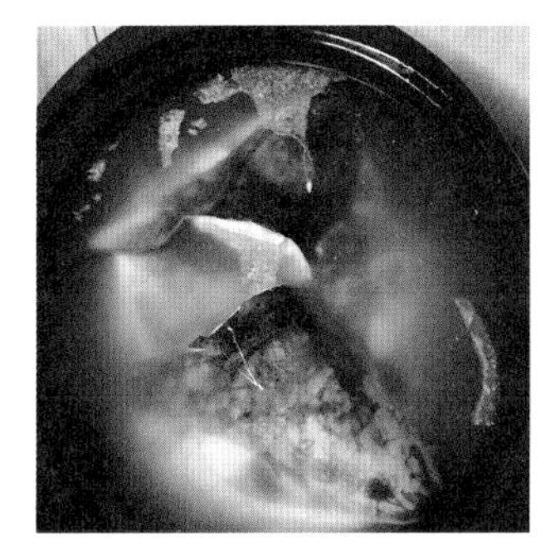

発酵したスティンクヘッド。

Leonaが強調していたのは、鮭の頭を発酵させるときにラップでくるんだり密封したりしてはいけない、ということだった。「何を熟成させるときもプラスチックは使いませんし、ネジぶたもしません。」これはボツリヌス中毒を防ぐための備えだ。ボツリヌス中毒は完全に酸素のない状態でのみ発生するため、伝統的な通気性のある素材ではなくプラスチックを使って作られた伝統的なアラスカの発酵食品による事例が報告された例がある。発酵期間に関しては、普通スティンクヘッドは1週間ほど発酵させるとLeonaは言っていた。「目が赤くなるまで」というのが、彼女のアドバイスだ。手に入るときには、鮭の腹子も同じように発酵させる（発酵させたものはスティンクエッグと呼ばれる）。

次の日、私はいくつか別のアラスカ南東部のコミュニティーで教えるため、出発しなくてはならなかった。しかし1週間後に帰宅する途中、ジュノーで数時間の待ち合わせがあり、Marcが空港まで来て私を外に連れ出して、スティンクヘッドの味見とお別れの乾杯をさせてくれた。Leonaがそこにいてくれたらよかったのに、と私は今でも残念に思っている。そこにいたMarcと私、私のパートナーのShoppingspree3d/Daniel、そしてMarcの友人のJenniferという4人は、全員がもの知らずの白人で、完全に未経験でなじみのない食べものを味わって、そこに何を期待すべきか、あるいはプロセスが想定通りに進んだのか、まったくわからなかったからだ。私たちは全員、少しずつ味見した。私にとって、その風味は不快ではなかったが、特においしいとも思えなかった。あとになってMarcに、Leonaがそれを食べたか聞いてみたところ、「もちろん！」という答えが返ってきた。Leonaの友人のMarieという、やはりトリンギットのお年寄りと連れ立って、スティンクヘッドを食べに来たという。「彼女とLeonaが、それはもうおいしそうに鮭の頭を食べる様子は、見ていてうっとりするほどだったよ。」もし私がそこにいることができたなら、きっと私自身もっとおいしくスティンクヘッドを食べることができただろうと思う。

COLUMN

Iqalluk

アラスカ州コディアクでのホストのひとりBonnie Dillardは、コディアクのハイスクールでアートを教えていて、あり余るほどの現地の資源を利用したアートのプロジェクトを生徒たちと一緒に実施している。その資源とは海洋漂着物、つまりビーチやマリーナなど沿岸部に打ち上げられた海のごみのことだ。コディアクの中心部にあるマリーナで、彼女は生徒たちが作ったこの海洋漂着物の彫刻を見せてくれた。題名のIqallukは、現地のアルティイク語で「魚」という意味だ。

フーリガン

アラスカ滞在中、私はフーリガン（hooligans）あるいはユーラカン（eulachons）という名前の脂の多い小魚の話を聞いた。この魚は一般的には資源量が豊富で、産卵期には特に脂が多く、川の上流部で簡単につかまえられる。アラスカ沿岸部の先住民は伝統的にフーリガンを油の原料として利用しており、発酵を用いて油を抽出する。フーリガンは1週間で自然に分解するので、そこに熱湯を注いで浮かんだ油をすくい取る。残念ながら、私はこのプロセスを実際に見ることはできなかったが、フーリガンを味見することはできた。

フーリガンを食べることに興味を示した私に、ヘインズの人たちはJohn Svensonを紹介してくれた。彼は町はずれにギャラリーを所有するアーティストで、私が現れると熱心にフーリガンを勧めてくれた。Johnと妻のSharonは、毎年産卵期になるとフーリガンをバケツで何杯も獲ってきて缶詰にする。私がこの本を書いているとき、電子メールでJohnに質問してみたところ、彼とSharonは10ケースのフーリガンを缶詰にしたと言っていた。1ケースにはジャーが12個、5ガロン／20リットルのバケツ4杯分ほどの、彼らが網でつかまえた魚が入っている。魚を捕まえるにはほんの数分しかかからないが、それをすべて加工するには何日もかかる。魚1尾ごとに内蔵と頭を取り、燻製にし、ジャーに詰め、そして圧力をかけて缶詰にするのだ。しかし豊富に獲れる脂っこくておいしい魚を保存することには、それだけの手間をかける価値がある！　彼らは私がどれだけフーリガンが好きかを知って、私にジャーを1個待たせてくれた。その脂ののった魚臭い風味が、私にアラスカでの楽しい時間を懐かしく思い出させる。私はそのジャーに入った貴重な油を、1滴残らず使い切った。

私に熱心にフーリガンを勧めてくれるJohn Svenson。

キビヤックなどのグリーンランドの発酵の伝統

この項の筆者はAviaja Lyberth Hauptmann

Aviaja Lyberth Hauptmannはグリーンランドの微生物学者であり、伝統的なグリーンランドの食生活における発酵の多種多様な側面について研究している。彼女は実に寛大なことに、この本のためにキビヤック作りのプロセスを説明し、彼女の重要な研究の他の側面も紹介することを承諾してくれた。[原注1] このセクションの筆者は彼女である。

それは、「最も印象的な肉の発酵の偉業のひとつ」とか、「世界で一番嫌悪感を催させる肉料理」とか、さまざまに呼ばれてきた。この発酵食品の作り手には、それは単純にキビヤック（kiviaq）と呼ばれる。キビヤック、すなわちアザラシの皮の中で保存された海鳥は、グリーンランド北部のアベンナスアーク（地球上で定住者がいる北限の地）に住むグリーンランドのイヌイットに受け継がれてきた食べものだ。言うまでもないことだが、当地の食料資源は常に豊富なわけではない。そのため、食料が豊富な時期、例えばヒメウミスズメ（*Alle alle*）が何千羽もの群れとなってグリーンランド北部に訪れる5月には、できるだけたくさんこの小さな鳥を（7月末にいなくなってしまう前に）つかまえて保存することには大きな意味がある。

そのために必要なのは、kallut——長さ3メートルの柄の付いた網——とアザラシの皮だけだ。鳥たちが巣に出入りする崖のところにkallutを持って行く。アザラシの皮のサイズによって、300羽から600羽の鳥をつかまえる必要がある。鳥は網から手で取り出す。鳥の羽を背中側に折りたたみ、独特のやり方で鳥の胸を親指で押して心臓の鼓動を止める。次に、直射日光を避けて鳥を冷やさなくてはならない。冷えた鳥はアザラシの皮に詰め込む。アザラシの皮からは中身をすべて注意深く取り出し、頭と尾と2つのひれ足がついていた部分に4つの穴が開いた空洞の皮を残す。鳥を皮に詰めながら、手を使うかキビヤックを踏みつけるかして、ときどき空気を押し出してやる。

ウミスズメをkallutでつかまえているところ。

アザラシの皮がいっぱいになり、空気が完全に押し出されたら、皮の穴をしっかりと縫い合わせる。キビヤックをハエから保護するために残り物のアザラシの脂を縫い目に塗り付け、封をしたキビヤックを地面に注意深く置かれた岩の間に押し込む。最後に、キビヤックを最初は小石で、その後は大きな石で覆い、そのまま発酵させる。

数か月の間に、キビヤックのアロマは周りの岩と区別できない程度の匂いから、人によっては発酵中のオリーブのアロマを思わせるはるかに強い匂いに変化して、作り手に完成したことを知らせる。暖かい年には、キビヤックは3か月以内という比較的短い期間で完成することもある。完成したキビヤックは、発酵させたケワタガモの卵、セイウチの胃から得られた発酵ムール貝、イッカクの腸などグリーンランド北部の美味とともに冷凍庫に入れられる。動物性食品が主体の食生活は単調だと思えるかもしれない。しかし動物から得られる食品や風味の多様性は、グリーンランド北部の冷凍庫を見ればよくわかる。ケワタガモの卵の黄色や緑色、そしてエージングされたチーズの風味。イッカクの腸にはカラメルのような粘り気と、言葉では到底言い表せないような風味がある。

地球規模の危機をほとんどすべて解決できる万能薬として宣伝されている植物性食品とはまったく対照的に、イヌイットの食べものが提示するのは、土地から食べる、土地のために食べるという非常に異なるビジョンだ。多くの人にとって、それを理解することは難しい。文化が違えば、発酵と腐敗の間のどこに境界線が引かれるかも違ってくる。大部分の文化では、発酵には腐敗を防ぐために人間による作用と管理が必要とされる。イヌイットにとって、発酵は必ずしも人間の関与を必要とするものではない。また発酵は人間以外の力によっても行われる。カリブーは反芻によって草木を発酵させ、太陽は海辺に放置されたアザラシを発酵させる。デンマークからの入植者は、イヌイットがアザラシを後で使うために放置して発酵させるのを見て、この慣習を食べものを粗末にする行いだと誤解した。この誤解が、イヌイットは食べものを粗末に扱うという極めて弊害の大きな偏見を生み、北極圏における天然資源の管理に影響を及ぼし続けている。そのような管理政策や方針によって、グリーンランド北部で重要な発酵食品であるケワタガモの卵などの食品が非合法化されてしまった。

イヌイットの発酵食品を理解するためには、それらの食品が進化してきた、そして発達し続けている地理的・政治的・文化的な文脈を尊重する必要がある。高緯度の北極圏では住民が栄養価の高い動物性食品主体の食生活を送っており、それが千年にもわたるグリーンランドにおけるイヌイットの生活と文化の基盤となっている。植民地化の始まり以降、北極圏の食生活は大量の輸入食品を含むものへと次第に変化してきた。この変化が公衆衛生にもたらす影響は、かつて北極圏ではまれだった数多くの病気に現在は苦しんでいる大勢のイヌイットが毎日のように感じている。しかしその影響は物理的なものだけではない。グリーンランドにおける狩猟、採集、そして発酵は、家族労働である――家族が交流し、世代を超えて教え学び、大地の上で時間を過ごし、動き回り、共同作業し、そして最終的に皆で食べて祝えることが必要とされる労働なのだ。こういった活動は人間の福祉にとって基本的なものである。その意味で、イヌイットの発酵の慣習には世界各地のほかの人たちの慣習に通底するものがある。それらは私たちの文化の貴重な、重要な、そして複雑な一部なのだ。

ウミスズメをアザラシの皮に詰め込んでいるところ。

アザラシの皮の穴を縫い合わせているところ。

ウミスズメを詰め込んだアザラシの皮は、岩の間に置いて発酵させる。

発酵後のキビヤック。写真はヒメウミスズメとは別種のウミバトという鳥だが、この鳥もキビヤック作りに利用されることがある。

ソブラサーダ

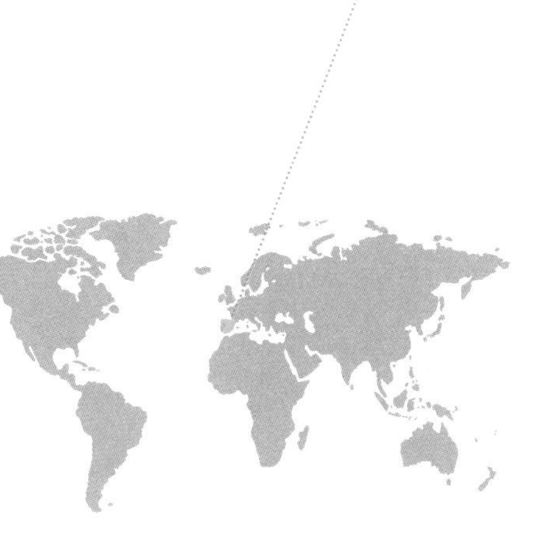

マジョルカ島のSon Moraguesという農場で教えたとき（86ページの「オリーブ」参照）、ホストを務めてくれたBruno Entrecanalesと妻のAinaが、私をその晩のディナーに招いてくれた。彼らは、農場で採れた素晴らしいオリーブと、地元特産の食材を使ったおいしい料理で私をもてなした。その晩の食べものの中で最も印象に残っているのはソブラサーダ（sobrasada）だ。これほど柔らかく、クリーミーに熟成された豚肉はいまだかつて味わったことがない。私たちはオードブルに出てきたソブラサーダを柔らかいバターのようにパンに塗り、ワインとともに味わった。

Brunoとその家族は毎年、彼らが農場で育てて解体した一頭の豚から、肉と脂をほぼ半分ずつ使ってソブラサーダを作っている。Brunoは、ソブラサーダには最上の肉の部位は使わないし、血の混じっていない肉だけを使うと明言していた（血の混じった肉は、butifarronsという、スパイスを混ぜたひき

Brunoの娘（この子の名前もAinaという）がソブラサーダを食べているところ。

Brunoと息子のBalti、そしてもう一人の助手が、ケーシングに詰め込む前のソブラサーダを混ぜているところ。

Brunoのセラーで吊り下げられて熟成されている、さまざまなサイズのソブラサーダ。

肉で作る別の種類のソーセージを作るために取っておく）。肉と脂を一緒に挽き、ブレンドしたスパイスを混ぜ込む。全体重量の5パーセントの乾燥パプリカ――pebre bordという特定の地元の品種――を使うことで、ソブラサーダの特徴である鮮やかな色が出る。重量の2.5パーセントは塩、唐辛子と黒コショウはお好みで、そして0.25パーセントはアスコルビン酸だ。パプリカの抗酸化作用（アスコルビン酸によって増強される）が、発酵中に重要な保護の役割を果たす。Brunoによれば、ある年のソブラサーダは抗酸化作用を失ったパプリカを使ったためにダメになってしまったという。「おそらく、パプリカを乾燥する際の温度が高すぎ、乾くのが速すぎたせいだろう」と彼は言っている。

ソブラサーダは冷涼な気候の中で作られ、マジョルカ島のセラーの特徴であるひんやりと湿った状況で熟成される。Brunoが作っている、豚のさまざまな腸の部位を使ったさまざまな大きさのソブラサーダには、すべて独自の名前がある。小さなものほど熟成は速い。最も細いものは小腸を使って作られ、longanizaと呼ばれるもので、熟成期間はおよそ1か月だ。最も大きいものは大腸と膀胱を使って作られ、熟成期間は少なくとも1年だが、もっと長く熟成を続けることもできる。「膀胱を使ったものはbufetaといい、ダントツに私のお気に入りだ」とBrunoは言う。「2年たつと赤からオレンジ色に変わって、そうなる前よりもさらにおいしくなる」そうだ。

米を使って肉や魚を発酵させる

一般的に言って、発酵が保存の目的で利用される場合、主に保存料の役割を果たすのは乳酸と酢酸、そしてアルコールだ。これらの物質はさまざまな生物によって作り出されるが、その際には常に主要栄養素として炭水化物が消費される。植物性の素材と比較した場合、肉や魚にはきわめて限られた量の炭水化物しか含まれない。この特性のため肉や魚の発酵は、炭水化物が比較的豊富な植物素材の発酵とは非常に異なったものとなる。

発酵による肉や魚の保存を可能とするためには、植物由来の炭水化物を加えればよい。そうすることによって、乳酸発酵が促進される。その目的のため、例えばソブラサーダにはパプリカ（295ページの「ソブラサーダ」を参照）など、ほとんどのサラミには糖や調味料が加えられる。私が学んだアジアの伝統では一般的に米が使われるが、それ以外の穀物も同様に利用できる。以下のレシピや記事では、この発酵のテクニックについて詳述する。

米とスパイスを混ぜたペーストにコーティングされ、発酵の準備ができた豚肉。中国貴州省の勤奮村にて。

なれずし

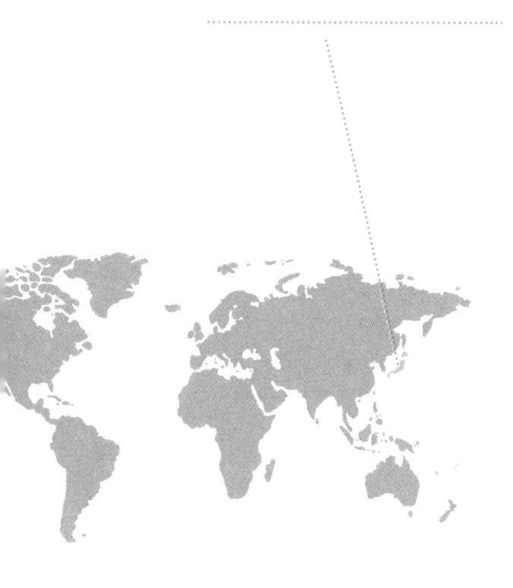

私はこれまでの人生で、寿司がグローバルな食べものになって行くのを目の当たりにしてきた。今や寿司は、世界中のほとんどどこでも食べられる。私は寿司や刺身が大好きだが、それについてより広い文脈で考えるようになったのは、発酵について文章を書き始め、食品保存の伝統的な手法について考えるようになってからのことだ。あなたは、冷蔵庫のないレストランで寿司を食べようと思うだろうか？　グローバルな食べものである寿司は、冷蔵技術があってこそ可能となったのだ。魚は、新鮮なうちに——つまり、締めたその場で——素早く調理すれば、生でも（比較的）安全に食べられる。しかし、それ以外の状況で生魚を食べるためには、腐敗や病原菌の繁殖を遅らせて魚を新鮮に保つ冷蔵技術が不可欠だ。

伝統的に、沿岸部以外で食べられていた寿司は発酵させたものが多かったことを、私は本を読んで知った。そのような寿司は**なれずし**と呼ばれる。なれずしは、酢飯に乗せて供されるのではなく、米の中で発酵させて作るため、その際に生じる乳酸が魚を保存する。私は非常に興味をそそられたが、アメリカに限らずどこの日本食レストランでもなれずしにお目にかかることはできなかった。そのようなわけで私が日本へ行ったとき、なれずしは食べてみたいものリストの筆頭だった。

私は日本滞在中、3種類のなれずしを食べることができた。ひとつはかぶらずしで、ブリをカブの薄切りで挟んで米と米麹に漬けて発酵させたものだ。私がかぶらずしをごちそうになったのは、料理本の著者Nancy Singleton Hachisuとその夫八須理明の、埼玉にある自宅を訪れたときのことだった。Nancyと私はアメリカで開催されたカンファレンスで知り合いになっていたが、理明は私が発酵について本を書いているということしか知らなかったため、あまり知られていない日本の発酵食品を私に食べさせてくれたのだ。そのかぶらずしは、本当においしかった。その風味には、極端なところや食べづらさを感じさせるものは何もなかった。発酵期間は短く、約1週間だ。以下のレシピでは、理明が私に説明してくれたシンプルな作り方を紹介する。

八須理明とかぶらずし（ワイングラスの隣）。
彼とその妻で著述家のNancy Singleton Hachisuが、かぶらずしなどの料理を私に振る舞ってくれた。

ふなずし（1年以上発酵させたフナ）と、それが
漬け込まれていた飯が盛りつけられている。

私が日本に行くずっと前から本で読んで知っていたなれずしが、ふなずしだ。京都にほど近い琵琶湖で獲れる特定の魚［ニゴロブナ］から作るふなずしは、飯の中で少なくとも1年発酵させる（もっと長く発酵させることも多い）。オーストラリアのトラベルライターでツアー企画者のJane Lawsonの助けを借りて、私は京都でふなずしを探し当て、食べることができた。ふなずしにはレモンを思わせる酸っぱさがあり、1年以上発酵させたものは、飯は原形をとどめていなかったが魚の身はまだしっかりとしていた。とてもおいしかったので、私たちはもう一皿注文したほどだ。

私が食べることができた最後のなれずしは**ハタハタずし**だ。ハタハタずしは、北日本の沿岸部の都市である秋田の郷土料理となっている。魚に塩をして数日置き、水洗いして飯、麹、ニンジン、昆布、そしてカブとともに発酵させる。伝統的には冬の保存食として作られてきたものだが、私が食べたものは比較的短期間発酵させたものだったようだ。酸っぱさはあまりなく、私が昔から大好きなニシンの甘酢漬けを思わせるものだった。魚の身はしっかりしていたが、飯はかなり形が崩れていた。

ハタハタずし。ハタハタを飯、麹、野菜とともに発酵させたもの。

COLUMN

イタリアでふなずしを作る

この項の筆者はMaria Tarantino

Maria Tarantinoは、私が旅の途中で知り合ったイタリアの発酵実験家・教育者だ。これは彼女のふなずしの物語。

私が田中紘に出会ったのは、2007年のことだ。彼は滋賀県にある琵琶湖の近くに住んでおり、また最後のふなずし作り職人のひとりでもある。私はヨーロッパに戻ったとき、ヨーロッパで最初のふなずしを作ってみようと決心した。紘に連絡を取ってみると、彼は喜んで協力すると言ってくれた。私は彼からその手順の詳細を教わった。

まず、**フナ**に似た魚を調達しなくてはならなかった。私はパビアにほど近い有機栽培の田んぼで育ったテンチ（*Tinca tinca*）を使うことにした。私は繁殖期のテンチを袋に詰めて持ち帰った。テンチは生きていて、私が車を運転してミラノへ帰るまでの間、ぴちぴちと動き回っていた。鱗を取り除き、えらぶたから内臓を取り出した魚を丸のまま、大量の塩（魚の重量の20パーセント）とともに木桶で40日間漬け込んだ。

その後、魚を塩から取り出して水洗いし、24時間風干しした。虫が卵を産み付けることを防ぐため、魚は目の細かい網で囲わなくてはならなかった。

米を炊き、塩（乾燥重量の15パーセント）を混ぜる。そのわきに、酒と酢を混ぜたものを入れた小さなボウルを準備する。1尾ずつ、頭を酒と酢に浸してから（頭の骨を柔らかくするため）、塩を混ぜた飯を身の中に丁寧に詰め込んで行く。そして飯の残りを木桶の底に敷き、その上に飯を詰めた魚の層と飯の層を交互に積み上げて行く。

最後の飯の層の上に稲わらで作った縄を乗せ、木のふたをして、重い重石を乗せる。はじめ、私はこの縄は単なる伝統的な飾りだと思っていた。幸いなことに、紘に手紙を書いて尋ねたところ、実はこれが発酵のスターターだということがわかったのだ！　私の発酵に関する学びの中で、これは最も鮮烈な瞬間のひとつであり、プロセスの中で最も重要な要素が、一見したところ無関係に見えることもある、ということを明らかにしてくれた。このふなずし作りの経験は、文化の違いを乗り越えようとする力強い実例であり、遠く離れた料理の伝統を結ぶ懸け橋であり、異文化を理解しようとする努力でもあった……

数か月後、私は発酵したテンチを木桶から取り出し、そのうち2つか3つを真空パックして、紘にこの実験を判定してもらうために日本へ送った。「いいね、食卓に出したときにふなずしの匂いがしたよ。いいね、妻と一緒にパックを開けたらよくできている！　二人で拍手したね。本物のふなずしの匂いだったよ、Maria！」

かぶらずし

日本の八須理明氏の自宅で、私は初めてこのおいしい発酵ずしをごちそうになった。このレシピは、彼の妻Nancy Singleton Hachisuの著書『Preserving the Japanese Way』にあるものをアレンジしたものだ。

RECIPE

［発酵期間］

2週間ほど

［器材］

- 金属製以外の大きなボウルと、ボウルの中のカブの上に乗せる落し蓋（皿など）
- 重石：1¾ポンド／800gほどのもの1つ、3ポンド／1.5kgほどのもの1つ（適当な家庭用品で代用してほしい）
- ジッパー付きのフリーザーバッグ
- 蒸し器

［材料］ 6〜8人分
（1人あたり、かぶらずし数個ずつ）

- 小カブ…1¾ポンド／800g
- 塩…大さじ3½／55g、分けて使う
- ブリのさく…¾ポンド／350g
- 生米[*1]…1½カップ／350g
- 米麹…4オンス／100g

［作り方］

1 カブをよく洗い、厚さ¾インチ／2cmの輪切りにする。

2 輪切りにしたカブの厚みを半分にするように、しかし切り離さないように、切込みを入れて二枚貝のような形にする。

3 切込みの入ったカブに大さじ1½／24g（カブの重さの3パーセント）の塩を混ぜ、金属製以外の大きなボウルに敷き詰める。落し蓋をして、その上に1¾ポンド／800gの重石を乗せる。冷暗所に1週間置いておく。

4 4・5日たったら、ブリのさくに大さじ2／31g（魚の重さの10パーセント）の塩をして、ジッパー付きのフリーザーバッグに入れる。フリーザーバッグを巻き上げて空気をすべて追い出し、2・3日冷蔵庫に入れておく。

5 指定された日数だけカブとブリを漬け込んだら、米を研いで数時間水に浸しておく。

6 竹製のせいろか蒸し器に布を敷き、柔らかくなるまで30分間米を蒸す。

7 蒸米をほぐして体温まで冷ます。

8 蒸米の上で麹をほぐすかまき散らして、混ぜ込む。

9 塩漬けにしたカブをざるにあげて水を切る。

＊1 Nancyは「日本の米」と指定している

10 清潔なふきんでブリの水気を拭いてから、斜めにスライスして厚さ¼インチ／6mmの刺身にする。

11 スライスしたブリを、輪切りにしたカブの切込みに挟み込む。

12 カブが入っていた金属製以外のボウル（洗って乾かしておく）の底に、厚さ½インチ／1cmの層になるように蒸米と麹を混ぜたものを押し付ける。「サンドイッチ」したカブを蒸米の上に重ならないように並べる。その上をさらに蒸米で覆い、同じ手順を繰り返す。最後の層は蒸米になるようにすること。

13 表面をラップかモスリンの布で覆い、落し蓋をして3ポンド／1.5kgの重石を乗せる。キッチンの涼しく暗い場所で1週間発酵させる。

14 ボウルをひっくり返してロースト用パン［油を切るための網が乗っている］に空け、4時間水切りしてから切り分けて食卓に出す。

15 かぶらずしはできたてを食べるのが一番だが、冷蔵庫で数週間は保存できる。その場合には水切りする前の状態で、酸素に触れさせないように密封して保存するのが望ましい。冷蔵庫に入れたかぶらずしは次第に酸っぱくなって行く。それを食味の低下と感じる人もいるが、安全性は向上する。

皿に盛りつけたかぶらずし。

イェンユイ(腌魚)とイェンロー(腌肉)

フナを発酵させたイェンユイは、丸のまま食卓に上ることもあれば……

日本のなれずしと非常によく似たイェンユイ(腌魚)は、米飯とスパイスのペーストをフナに詰め、そのペーストにうずめて数か月発酵させた中国の食品だ。このおいしい魚料理は、私たちが勤奮村(中国南西部の辺境にあるトン族の村)に滞在している間は毎日、そのままあるいは少し温めて食卓に出てきた。ほとんど主食のようなものらしい。食べるときにははさみを使う。私たちははさみで魚の身を切り取り、柔らかくておいしい身を指で小骨から外して食べていた。イェンロー(腌肉)は、豚肉を使って作る非常によく似た料理だ。イェンローは私たちの食卓には一度も上らなかったが、作るところは見せてもらった。(そのビデオは「People's Republic of Fermentation」のエピソード4で見ることができる。)

切り分けた状態で供されることもある。

［発酵期間］

冷涼な気候と暖房のない場所で
2〜5か月

［器材］

- 蒸し器
- 蓋付きの陶器製のかめ
- 発酵中の魚から出る液体を流し出すために、魚を持ち上げておくためのありあわせの道具。村では、陶器のかめにアルミニウム缶を入れ、綿布をかぶせて使っていた。私のお勧めは、数個の固い白木のブロックに竹のすのこを乗せて使うことだ（手に入れば）。何を使うにしても、反応性のないもの［金属製以外のもの］を使うようにしてほしい。

［材料］

- 淡水魚…3尾、できればフナ
- 海塩…カップ1／200gほど、分けて使う
- 生のもち米…カップ1／200g
- チュウニャン［米から作る中国の発酵調味料］、甘酒、あるいは酒粕…カップ1／250ml
- ミーチュウまたは日本酒などの米由来のアルコール…カップ¼／60ml
- フレーク状の乾燥唐辛子…カップ½／60g、分けて使う
- 輪切りにしたショウガ…3枚、みじん切りにする
- 四川唐辛子パウダー…小さじ¼

［作り方］

1. 魚を準備する。私たちに作っているところを見せてくれた女性は、非常に独特なテクニックを使っていた。魚を背開きにし、腹の皮を切らずに残しておくことで、魚がまるで本のように開いた状態になる。頭のすぐ後ろから、尾の手前まで切込みを入れる。中骨に沿って、背骨のところまで丁寧に切り開く。中骨の反対側も、尾の手前まで切り開く。できるだけ内臓を傷つけないように注意してほしい。内蔵の上下を切り分けて、魚を開いた状態にする。丁寧に内臓を取り除く（村では胆嚢を取り除いて捨て、それ以外の内臓は調理して食べていた）。魚を水で洗い、背骨をやさしく指でこすって、血がこびりついていれば取り除く。
2. 魚全体にたっぷりと（1尾あたり塩カップ¼ほど）塩をまぶす。表面全体を覆うように、必要ならばさらに塩を足す。このように強めに塩をしても、魚の風味が変わったり、塩辛くなったりすることはない。塩をするのは、魚の身から水分を抜いて締めるためだ。平らに寝かせて覆いをし、55°F／12°C以下の温度の涼しい場所か冷蔵庫に3日間置く。次のステップに進む前に、魚を水洗いして塩を落とす。
3. もち米を数時間、または一晩水に浸す。
4. 沸騰した湯の上で米を蒸す。米の体積の少なくとも2倍の湯を沸かすこと。私は竹製の蒸し器に綿布を敷いて使っている。蒸し器を中華鍋の上に置く場合、沸騰している湯の量をチェックして、必要に応じて湯を足すこと。十分に火が通るまで、しかし米粒の形がまだ残っているように、20〜30分ほど米を蒸す。（ぐずぐずになるまで蒸しすぎないように。）
5. 蒸した米を体温まで冷ます。
6. 米に、チュウニャン、ミーチュウ、唐辛子フレークの半量、ショウガ、そして四川唐辛子を混ぜ込んで、ペースト状にする。
7. 別の容器に、残ったカップ¼の唐辛子フレークと塩カップ¼／60gを混ぜておく。
8. 魚に、まず唐辛子と塩を混ぜたものを全体にまぶす。次にペーストを全体に塗り付け、背開きにした魚の内側にも塗ってサンドイッチ状にする。
9. 発酵容器を準備する。適当な非反応性の道具を使って、魚とペーストを持ち上げて液体を流し出せるように工夫する。

10 魚を容器に敷き詰め、ペーストで魚の間や周囲のすき間をふさぐ。一番上はペーストの層で覆う。

11 涼しい場所で最低2か月、発酵させる。最高の風味を得るには、4～5か月まで発酵させる。

12 発酵が完了したら、蒸米のペーストを大部分削り落として取っておく。魚を鍋に入れて両面を温め、はさみを添えて食卓に出し、骨からおいしい身を取り外しながら味わってもらう。発酵したスパイスの混じった蒸米のペーストを添えて食卓に出す。

イェンロー

1 イェンロー（発酵豚肉）を作るには、魚を2ポンド／1kgの脂身の多い豚肉（できれば皮付きのもの）と置き換えて、同じ手順を踏む。バラ肉か肩ロースが望ましいが、どの部位の豚肉でもよい。

2 豚肉を4～6インチ／10～15cmの大きさに切り分ける。

3 豚肉全体にたっぷりと塩をまぶし、覆いをして、冷蔵庫か涼しい場所に3日間置く。

4 豚肉から塩を洗い流すか削り取り、その後は上記のイェンユイの手順と同じだ。

5 熟成した豚肉は薄切りにして、ベーコンと同じように料理に使う。聞いたところによれば、十分に熟成したイェンローは、プロシュートのように薄くスライスして生でも食べられるらしいが、私は試したことはない。

魚を洗って塩をしているところ。

ペーストを詰める前に、魚に唐辛子と塩をまぶしているところ。

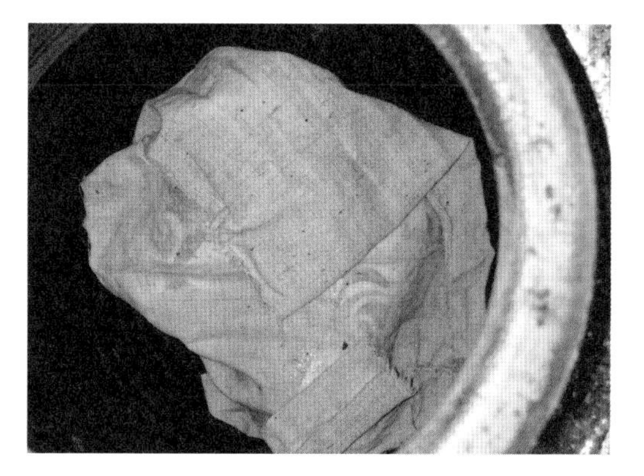

アルミニウム缶は綿布にくるまれていた。

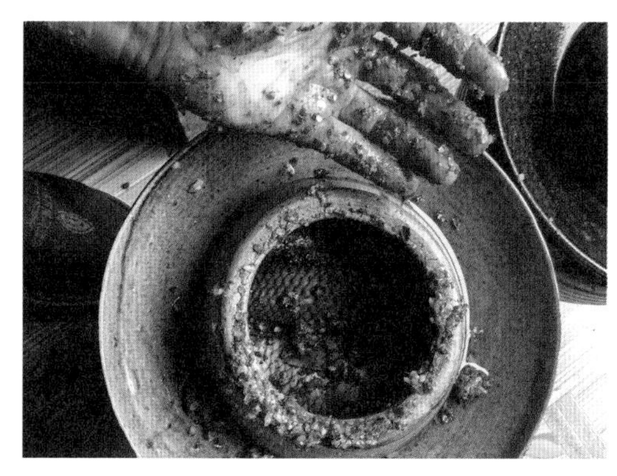

魚をかめに入れるところ。

かめに魚を詰めて発酵させる。

イェンローを作るために豚を解体しているところ。

塩をまぶした豚肉。

豚肉に調味料入りの蒸米ペーストをコーティングして発酵させる。

ネーム

ネーム（naem）は、東販アジア版の肉と飯の発酵食品だ。この発酵食品については、旅先ではなく、自宅に居ながら教わった。あるとき私の研修プログラムに、ニューヨークから来たタイ系アメリカ人学生Justin Ruaysamranが、飯とニンニクと塩のペーストの中で発酵させた豚バラ肉の詰まった大きなジッパー付きのポリ袋を持って現れた。それは日に日においしそうな匂いを放つようになり、数日後にはJustinが豚バラ肉を揚げて私たちに食べさせてくれた。何と滋味ゆたかな味わいだったことだろう。風味は発酵によって深まり、複雑なものになっていた。それ以来、私はネームを自分で何度も作ったり、作り方を人に教えたりしている。ある時、熱帯のパナマに住む私のホストがネームを暑い盛りに5日間発酵させていた。とても野性味あふれる匂いがしたので、ちょっと行き過ぎた風味になってしまったのではないかと私は心配した。しかし調理してみると、誰もが絶賛するおいしさだった。

Justinの両親はタイ出身だが、彼はアメリカに生まれてテキサス州ヒューストンで育った。当時はそこに他のタイ人の家族はほとんど住んでいなかったし、タイ料理のレストランや市場もなかった。「どんな種類の発酵肉も、なかなか見つかりませんでした」と彼は言っていた。「私のレシピはタイを懐かしむ気持ちから生まれたもので、2年か3年おきにしか帰国できないものですから、タイの料理を自分で作る方法を見つけなくてはならなかったのです。」Justinにネームなどの肉料理の作り方を教えてくれたのはタイの市場の行商人たちだったが、そこでは「家と店の境目が（物理的な意味で）あいまいなことが多いのです。店は単にキッチンの延長だったり、臨時のキッチンだったりします。私は質問するだけではなく、彼らが肉をどのように準備し、保存し、そして料理するのかを観察していました」と彼は語った。

飯とニンニクと塩のペーストで豚バラ肉をコーティングし、発酵させてネームを作っているところ。

［発酵期間］

3〜5日

［器材］

- すり鉢とすりこ木、または
  フードプロセッサー
- ジッパー付きのポリ袋

［材料］ 6〜8人分

- ニンニク
  …2玉、鱗片に分けて皮をむく
- 塩…大さじ2／30g
- 炊いて冷ました飯
  …カップ1／175g
- 骨付きの豚バラ肉 *1
  …3ポンド／1.5kg

［作り方］

1 すり鉢とすりこ木を使って、まずニンニクと塩を、次いで飯を加えてすり混ぜ、滑らかなペーストにする。Justinはフードプロセッサーを使っていた。

2 骨付きの豚バラ肉にペーストを塗り広げる。骨1本ごとに、表面全体をコーティングするように注意すること。次にペーストでコーティングされた骨付きの豚バラ肉をジッパー付きのポリ袋へ入れ、できるだけ空気を追い出す。

3 気温（涼しいほど長く）とお好みの風味（長いほど風味は強くなる）に応じて、3〜5日間発酵させる。

4 発酵させたバラ肉は、調理するまでの間、冷蔵庫で保存できる。酸と塩が効いているため、数週間は大丈夫だ。

5 お好きな方法で豚バラ肉を調理する。最初に食べたときはJustinが揚げてくれたが、とてもおいしかった。彼はグリルで焼くのも好きだ。私はオーブンでローストすることもある。

6 バリエーション。Justinが言うには、「このレシピは牛カルビにも応用できますし、ちょっと意外かもしれませんが、蒸した（そして冷ました）キノコでもおいしくできます。香菜などのハーブを少量加えてもおいしかったです。玄米や赤米、黒もち米なども試してみましたが、私は普通の白いジャスミンライスが一番好きです。」

7 また、ネームを食べた後に残った骨からは濃厚な風味たっぷりのスープが取れる。水を張り、酢を少々加えて、ふたをして数時間じっくりと煮出す。

＊1 可能であれば、飯とガーリックのペーストが肉と接触する表面積を増やすため、肉屋に骨を半分に切ってもらうといいだろう

ひき肉のネーム

ネームは、ひき肉で作ることもできる。伝統的には豚ひき肉を使い、バナナの葉に包んで発酵させる。ふだん私が容器として使っているのは、ジャーかジッパー付きのポリ袋だ。特徴的な、酸味と塩味とニンニクの効いたネームの風味は、さまざまな肉や穀物で実現できる。私は牛ひき肉や、米以外の穀物でも実験してみたが、すばらしい出来栄えだった。発酵させた後、私はひき肉のネームを野菜と一緒に調理することが多い。牛ひき肉とカーシャ [kasha、あらびきのそば粉] のネームは、少量のタマネギとキャベツとともにソテーすると、実においしい！　他の野菜とソテーしたり、バーガーを作ったりしてみてほしい。

RECIPE

［発酵期間］

3〜5日

［器材］

- すり鉢とすりこ木、または
  フードプロセッサー
- ジャーまたはジッパー付きのポリ袋

［材料］約¾ポンド／340g分

- 調理済みの穀物
  …カップ½／85g
- ニンニク…3かけ（量はお好みで）
- 塩…小さじ山盛り1／5g
- ひき肉…½ポンド／250g

［作り方］

1. まず、調理済みの穀物を体温または冷蔵温度まで冷ます。
2. すり鉢とすりこ木、フードプロセッサー、あるいはその他の道具を使って、ニンニクと塩をすり混ぜる。
3. 穀物と、ニンニクと塩のペーストを肉に加え、よく混ぜる。
4. ジャーまたはジッパー付きのポリ袋に入れて発酵させる。
5. 常温で3〜5日間発酵させる。毎日、ジャーの中身をかき混ぜるか、ポリ袋をもんで混ぜる。匂いと風味は日ごとに強くなってくる。
6. お好きな方法でネームを調理して召し上がれ。

エピローグ

世界全体をジャーひとつに

読者のあなたは地球という惑星上の人類のひとりなのだから——出身地や住所にかかわらず——発酵はあなたの生まれながらの権利であり、文化遺産でもある。その手法が世界各地で大きく異なっていることは、この本で説明した食べものや飲みものの多様性を見ればわかるだろう。ある文化に属する人が何をどのように発酵させるかは、その文化の本質的な要素だ。その人たちが何を栽培し、収穫し、飼育し、狩猟し、そして漁獲するかを、またその背景にある気候や地形を、発酵は反映している。しかし、これまでに失われてしまった伝統的な手法はあまりにも多く、またさらに多くのものが受け継がれることなく消え去ろうとしている。

発酵の手法を受け継ぎ広めて行くために、世界中を旅行する必要はない。私にとって、多くの場所を訪れて多くの人と出会い、そして数多くのさまざまな発酵食品を味わいつつ学んだことは信じられないほど楽しい経験だったが、これらの旅から私が学んだことのほとんどは、いくつかの発酵の基本原則の重要性をさらに強化し再確認させるものだった。発酵の伝統は、場所によって詳細は異なるにせよ、基本はどこでも同じだ。豊富に得られるものを発酵させること、そして一般的にはその食品自体やその近くに自然に存在する微生物が利用されること。発酵は決して気取ったものではなく、風変わりな材料や謎めいたスターターを必要とするものでもない。

この本を読んだあなたが、ここに書かれた発酵食品のどれかをわくわくしながら実験してくれることを望んでいる。さまざまな伝統や微生物、そして培地を試してみることから、学べることは多いだろう。しかし私が心から切望しているのは、あなたがこの本に収録された発酵食品からヒントを得て、自分の周りに豊富にある食物資源を活用してほしいということだ。食品を再生するというより広い文脈の中で、発酵を再生しよう。できる範囲で地元の食料システムの拡張や強化に参加して、地元の食料資源を充実させるために、あなたの発酵への情熱やスキルや経験を生かしてほしい。世界中の人たちが今も昔もそうしてきたように。

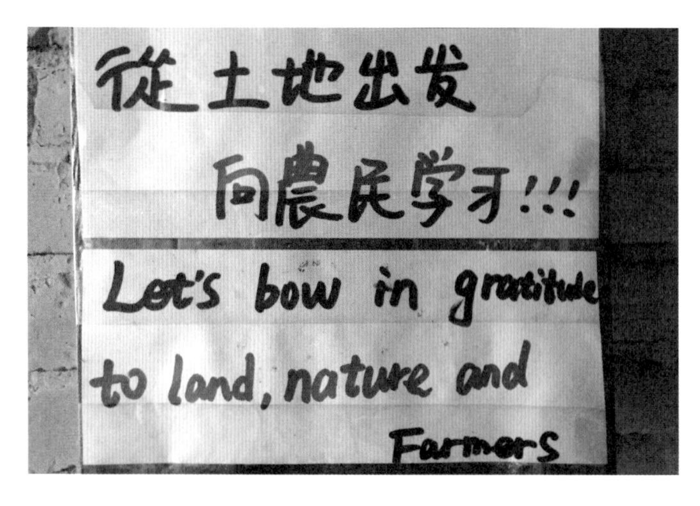
從土地出发
向農民学习!!!
Let's bow in gratitude
to land, nature and
Farmers

謝辞

この本は、膨大な共同作業の産物だ。もちろん、ここに記録した私の旅にはすべてホストや企画者がいたし、彼らの助けなしに私がこれらの体験をすることはできなかっただろう。しかしそういった冒険について書こうとする中で、私はその人たちや旅の途中で出会った人たちの多くと再び連絡を取り、私の記憶に欠けている部分を補うとともに詳細な情報や連絡先、そして写真を提供してもらった。

ここにお名前を挙げそびれた方がいたとすれば、あらかじめお詫びしておきたい。私は以下の方々に感謝する。Etain Addey、Darina Allen、Neal Applebaum、Jordan Aversman、Ana de Azcárate、Johann Li Boscán、Ahren Boulanger、Justin Bullard、Marie T. Cameron、Stephanie Cameron、Javier Carrera、Antonio De Valle Castilla、Nora Chovanec、Sadie Chrestman、Beth Conklin、Hernan Correa、Liz Crain、James Creagh、Felipe Croce、Jennifer De Marco、Bernie Deplazes、Brian Dolphin、Naomi Duguid、Jenna Empey、Bruno Entrecanales、Kevin Farley、Sharon Flynn、Michelle O. Fried、Paulina Garcia、Nerea Zorokiain Garin、Douglas Gayeton、Raquel Guajardo、Bernat Guixer、Nancy Singleton Hachisu、Aviaja Lyberth Hauptmann、Valerie Herrero、Maya Hey、Jennifer Holmes、Alex Hozven、Asha Ironwood、Patrick Ironwood、Paul Iskov、Adam James、Felipe Janicsek、Leticia Janicsek、Bruce Kemp、Dolly Kikon、Judy King、Mara Jane King、Karmela Kis、Galia Kleiman、Kris Knutson、Matteo Leoni、JoAnn Lesh、Pao Liu、Justin Lubecki、間部百合、Harry Mangat、Holly Marban、Melissa Mills、Gordon Monahan、Esteban Yepes Montoya、Ramón Perisé Moré、Anna Mulé、生江史伸、Sean Nash、Donna Neuworth、おのみさ、Lola Osinkolu、Fabian Pacheco、Joel Pember、Andrea Pieroni、Lynne Purvis、Joel Rodrigues、Tim Root、Joshua Pablo Rosenstock、Justin Ruaysamran、Mattia Sacco Botto、Anand Sankar、Leona Santiago、Malcolm Saunders、Sasker Scheerder、Soirée-Leone、Alejandro Solano、Michael Stusser、杉原大、John Svenson、Aylin Öney Tan、Maria Tarantino、寺田聡美、Dana Thompson、Michael Twitty、Anton van Klopper、Mirjam Veenman、Willem Velthoven、Tara Whitsitt、Todd Weir、そしてMarc Wheeler。私の記憶の欠落を補っていただいたにもかかわらず、誤りや誤解が残っていたとすれば、それはすべて私の責任だ。

私の執筆途中の手稿を読んでフィードバックを提供してくれたことについて、親愛なる友人のShoppingspree3d/Daniel Clark、MaxZine Weinstein、Soirée-Leone、Spiky、そしてMara Jane Kingに感謝する。

私のエージェントValerie Borchardt、私の担当編集者Ben WatsonとNatalie WallaceをはじめとするChelsea Green Publishingのチーム全員に感謝する。

原 注

3章：穀物とイモ類

1. Renata Sõukand et al., "An Ethnobotanical Perspective on Traditional Fermented Plant Foods and Beverages in Eastern Europe," *Journal of Ethnopharmacology* 170 (July 2015): 284–96, https://doi.org/10.1016/j.jep.2015.05.018.
2. Sõukand et al., "An Ethnobotanical Perspective," 291.
3. Genevieve Bardwell and Susan Ray Brown, *Salt Rising Bread: Recipes and Heartfelt Stories of a Nearly Lost Appalachian* Tradition (Pittsburgh: St. Lynn's Press, 2016), ix.
4. 著者との個人的なコミュニケーション。
5. Bardwell and Brown, *Salt Rising Bread*, 63.
6. 著者との個人的なコミュニケーション。
7. 著者との個人的なコミュニケーション。
8. Santiago Ospina, *Tucupí: El legado de la Yuca Brava*, Vimeo video, 4:50, October 5, 2018, https://vimeo.com/293652067.
9. Jane Ryan, "Indigenous Australia's Fermented Beverages," Diffords Guide, accessed December 28, 2020, https://www.diffordsguide.com/en-au/encyclopedia/2709/au/bws.
10. Lynne Purvis, "Way Before Daffodil Meadow," self-published.
11. Robin Wall Kimmerer, *Braiding Sweetgrass: Indigenous Wisdom, Scientific Knowledge, and the Teachings of Plants* (Minneapolis: Milkweed Editions, 2013), 9.［日本語版：『植物と叡智の守り人』（築地書館、2018年）22ページ］

4章：カビを育てる

1. Rich Shih and Jeremy Umansky, *Koji Alchemy: Rediscovering the Magic of Mold-Based Fermentation* (White River Junction, VT: Chelsea Green, 2020), 108.
2. René Redzepi and David Zilber, *The Noma Guide to Fermentation* (New York: Artisan, 2018), 363.［日本語版：『ノーマの発酵ガイド』（角川書店、2019年）363ページ］
3. Jeff Gordinier, "Better Eating, Thanks to Bacteria," *The New York Times*, September 17, 2012, https://www.nytimes.com/2012/09/19/dining/fermentation-guru-helps-chefs-find-new-flavors.html.
4. Gordinier, "Better Eating, Thanks to Bacteria."
5. Bernat Guixer, Michael Bom Frøst, and Roberto Flore, "Tempeto—Expanding the Scope and Culinary Applications of Tempe with Post-Fermentation Sousvide Cooking," *International Journal of Gastronomy and Food Science* 9 (October 2017): 1–9, https://doi.org/10.1016/j.ijgfs.2017.03.002.
6. Bernat Guixer, "The Interphase between Science and Gastronomy, a Case Example of Gastronomic Research Based on Fermentation—Tempeto and Its Derivates," International Journal of Gastronomy and Food Science 15 (April 2019): 15–21, https://doi.org/10.1016/j.ijgfs.2018.11.004.

5章：豆類と種子

1. Naomi Duguid, *Burma: Rivers of Flavor* (New York: Artisan Books, 2012), 41.
2. Dolly Kikon, "Fermenting Modernity: Putting Akhuni on the Nation's Table in India," South Asia: Journal of South Asian Studies 38, no. 2 (2015): 320–35, http://doi.org/10.1080/00856401.2015.1031936.
3. Kikon, "Fermenting Modernity," 320–35.
4. Kikon, "Fermenting Modernity," 320–35.
5. Kikon, "Fermenting Modernity," 320–35.
6. "Promoting Origin-Linked Quality Products in Four Countries (GTF/RAF/426/ITA): Mid-Term Progress Report," Slow Food, accessed April 21, 2021, http://www.fao.org/fileadmin/templates/olq/documents/documents/Midtermreport3.pdf.
7. Fuchsia Dunlop, "Rotten Vegetable Stalks, Stinking Bean Curd and Other Shaoxing Delicacies," in *Cured, Fermented and Smoked Foods: Proceedings of the Oxford Symposium on Food and Cookery 2010*, edited by Helen Saberi (Totnes, U.K.: Prospect Books, 2011), 92.
8. Holly Davis, Ferment: *A Guide to the Ancient Art of Culturing Foods, from Kombucha to Sourdough* (Sydney, AU: Murdoch Books, 2017), 251.
9. Miin Chan, "Lost in the Brine," Eater, March 1, 2021, https://www.eater.com/2021/3/1/22214044/fermented-foods-industry-whiteness-kimchi-miso-kombucha.

6章：ミルク

1. Renata Sõukand et al., "An Ethnobotanical Perspective on Traditional Fermented Plant Foods and Beverages in Eastern Europe," *Journal of Ethnopharmacology* 170 (July 2015): 284–96, https://doi.org/10.1016/j.jep.2015.05.018.
2. Andrea Pieroni and Renata Sõukand, "The Disappearing Wild Food and Medicinal Plant Knowledge in a Few Mountain Villages of North-Eastern Albania," *Journal of Applied Botany and Food Quality* 90 (2017): 58–67, https://doi.org/10.5073/JABFQ.2017.090.009.
3. Nilhan Aras and Aylin Öney Tan, "Tarhana: An Anatolian Food Concept as a Promising Idea for the Future," Dublin Gastronomy Symposium 2020, page 1, https://arrow.tudublin.ie/cgi/viewcontent.cgi?article=1198&context=dgs.
4. Johnny Drain, "Aged Butter Part 2: The Science of Rancidity," Nordic Food Lab Archive, January 29, 2016, https://nordicfoodlab.wordpress.com/2016/01/29/2016-1-29-aged-butter-part-2-the-science-of-rancidity.

7章：肉と魚

1. Aviaja Lyberth Hauptmannは以下のように述べている。「Siorapalukのコミュニティー、特にHendriksenの家族にはお世話になりました。キビヤックやその他のAvanersuaqの発酵食品についての私の知識は、すべて彼らから教わったものです。また親切に手伝ってくれた私の同僚Joshua Evansにも、フィードバックをいただいたことに感謝します。」

写真クレジット

以下に記されたもの以外のすべての写真は、著者によるものである。

P.vi	Jessica Tazek
P.x	Todd Weir
P.18	Michael Cannon
P.19 中央	Jeison Castillo, courtesy of El Taller de los Fermentos
P.26 上	Mara Jane King
P.32	Nerea Zorokiain Garín
P.34	Jessica Tazek
P.48 下	Yuri Manabe
P.50 下	Yuri Manabe
P.52 下	Adam James
P.71 上	Antonio De Valle Castilla
P.77 すべて	Kevin Farley
P.78, 79	Photo collage by Douglas Gayeton as part of his Lexicon of Sustainability
P.88	Nerea Zorokiain Garín
P.92−95	Sasker Scheerder
P.103	Jessica Tazek
P.108 上	Mattia Sacco Botto
P.124 上	Poster by Pico de Pajaro Zurdo
P.136	Francesca Cirilli, courtesy of the Slow Food Archive
P.157	Illustration by Misa Ono
P.164	Vine Collective @vinecollective
P.165 上	Hiroshi Sugihara
P.169 下	Mattia Sacco Botto
P.190	Willem Velthoven and Iris van Hulst, Mediamatic
P.191 上	Iris van Hulst, Mediamatic
P.191 下	Willem Velthoven and Iris van Hulst, Mediamatic
P.192, 193	Matteo Leoni
P.197	Joan Pujol-Creus, used with permission from El Celler de Can Roca
P.200 下	Ramon Perisé Moré
P.210	Jessica Tazek
P.217 下	Dolly Kikon
P.218, 222	Dolly Kikon
P.224, 225	Michael Twitty
P.236	Mattia Sacco Botto
P.238 中央, 下	Mattia Sacco Botto
P.257	Jessica Tazek
P.262, 268, 271	Soirée-Leone
P.274 上	Mattia Sacco Botto
P.283	MISA ME Photography (Marisa Weisman), used courtesy of the American Cheese Society
P.289 中央, 下	Marc Wheeler
P.293, 294	Daniel Lyberth Hauptmann
P.295 すべて	Ana de Azcárate
P.296	Llorenç Bauza Esteva
P.304 下	Mattia Sacco Botto
P.312	Jessica Tazek
P.321	Roqué Marcelo

索引

は行

ま行

や行

ら行

わ行

［著者紹介］

Sandor Ellix Katz

サンダー・エリックス・キャッツ

Sandor Ellix Katzは、発酵リバイバリスト（復興主義者）。テネシー州の農村地帯に住み、独学で発酵の実験をしている彼の探求心の源にあるのは、料理、栄養、そして園芸への興味だ。彼はこれまでに『天然発酵の世界』（築地書館）、『The Revolution Will Not Be Microwaved』（未邦訳）、『発酵の技法』（オライリー・ジャパン）――この本は2013年のJames Beard Foundation Awardを受賞している――そして『メタファーとしての発酵』（オライリー・ジャパン）という、4冊の本を書いている。これらの本や、彼が世界中で教えてきた何百回もの発酵ワークショップは、発酵の技法を復興させる大きな役割を果たしてきた。ニューヨーク・タイムズ紙はSandorを「アメリカのフードシーンに誕生した稀有なロックスターのひとり」と評している。さらなる情報については、彼のウェブサイトwww.wildfermentation.comをチェックしてほしい。

［訳者紹介］

水原 文

みずはら ぶん

翻訳者。訳書に『Raspberry Piクックブック 第4版』『デザインと障害が出会うとき』『メタファーとしての発酵』（オライリー・ジャパン）、『ノーマの発酵ガイド』（角川書店）、『スタジオ・オラファー・エリアソン キッチン』（美術出版社）、『ビジュアル 数学全史―人類誕生前から多次元宇宙まで』（岩波書店）など。ツイッター（X）のアカウントは@bmizuhara。

サンダー・キャッツの

発酵の旅

世界中を旅して見つけたレシピ、技術、そして伝統

2024年6月25日　初版第1刷発行

著者　Sandor Ellix Katz（サンダー・エリックス・キャッツ）
訳者　水原 文（みずはら ぶん）

発行人　ティム・オライリー

デザイン　中西 要介（STUDIO PT.）、寺脇 裕子
カバーイラスト　大下 琴弓（STUDIO PT.）

印刷・製本　日経印刷株式会社

発行所　株式会社オライリー・ジャパン
〒160-0002 東京都新宿区四谷坂町12番22号
Tel（03）3356-5227
Fax（03）3356-5263
電子メール japan@oreilly.co.jp

発売元　株式会社オーム社
〒101-8460 東京都千代田区神田錦町3-1
Tel（03）3233-0641（代表）
Fax（03）3233-3440

Printed in Japan（ISBN978-4-8144-0057-7）